新编高等数学

主　编　余宏杰

副主编　张建华　张家昕

编　者（以姓氏笔画为序）
仇海全　杨建安　姜玉明

U0241140

北京师范大学出版集团
BEIJING NORMAL UNIVERSITY PUBLISHING GROUP
安徽大学出版社

图书在版编目(CIP)数据

新编高等数学/余宏杰主编. —合肥:安徽大学出版社,2012.8
ISBN 978 - 7 - 5664 - 0458 - 9

Ⅰ. ①新… Ⅱ. ①余… Ⅲ. ①高等数学—高等学校
—教材 Ⅳ. ①O13

中国版本图书馆 CIP 数据核字(2012)第 141693 号

新编高等数学

主编　余宏杰

出版发行: 北京师范大学出版集团
安 徽 大 学 出 版 社
(安徽省合肥市肥西路 3 号 邮编 230039)
www. bnupg. com. cn
www. ahupress. com. cn
经　销: 全国新华书店
印　刷: 安徽省人民印刷有限公司
开　本: 170mm×240mm
印　张: 15.5
字　数: 300 千字
版　次: 2012 年 8 月第 1 版
印　次: 2013 年 6 月第 2 次印刷
定　价: 29.00 元
ISBN 978 - 7 - 5664 - 0458 - 9

责任编辑:武溪溪　张明举　　　　　　　　责任印制:赵明炎
装帧设计:李　军

前　言

　　高等数学是高等学校一门重要的公共基础课,高等数学课程在培养学生的思维能力、提高学生的创新能力方面都具有非常重要的作用,同时高等数学也是大学其他课程的重要基础.

　　本书基于当前应用型教学改革的导向,注重基础知识的讲述和基本能力的训练,本着重应用、求创新的宗旨,根据目前高等数学课程的教学实际,并参照授课学时精选内容编写而成.内容表述上力求深入浅出、通俗易懂、概念清晰、难点分散.尤为值得一提的是:所遴选的例题典型而且贴近实际或直接来源于实际,以问题触发基本概念的导入、驱动基本理论的构建.注意归纳数学思想方法,便于教师教学与学生自学.

　　本书共分九章,包括函数与极限、导数与微分、微分中值定理与导数的应用、不定积分、定积分、定积分的应用;微分方程、空间解析几何初步、多元函数微分法及其应用、重积分等.每章配有适当的练习题,选题力求能够反映大纲要求和知识的综合应用,使读者通过这些常规练习题熟练掌握大纲所规定内容,并能够做到灵活运用所学知识,书末附有习题参考答案或提示.

　　本书第一章由姜玉明编写,第二、三章由杨建安编写,第四、六章由仇海全编写,第五章由张建华编写,第七、八章由张家昕编写,第九章由余宏杰编写.全书由余宏杰、张建华、张家昕负责统稿.

　　在本书的编写过程中融入了我们多年来的教学心得体会、教改理念,本着与时俱进的精神精心选材,广泛征求授课教师意见、力争完善.然而由于编者们水平所限,难免存在不足之处,欢迎读者们提出宝贵的意见和建议.

编者

2012 年 1 月

目　录

第 1 章

函数、极限与连续

初等数学的研究对象基本上是不变的量,而高等数学的研究对象则是变动的量.函数、极限与连续是高等数学研究的理论基础.本章将在中学代数关于函数知识的基础上进一步介绍函数的概念,研究极限及其基本计算方法,并讨论函数的连续性.

§1.1 集合与函数

1. 集合的概念和基本运算

集合是数学中的一个最基本的概念,它在现代数学和工程技术中有着非常重要的作用.一般地,我们将具有某种确定性质的事物的全体叫做一个集合,简称集.组成集合的事物称为该集合的元素.例如,某大学一年级学生的全体组成一个集合,其中的每一个学生为该集合的一个元素;自然数的全体组成自然数集合,每个自然数是它的元素,等等.

通常我们用大写的英文字母 $A,B,C,\cdots$ 表示集合;用小写的英文字母 $a,b,c,\cdots$ 表示集合的元素.若 a 是集合 A 的元素,则称 a 属于 A,记作 $a \in A$;否则称 a 不属于 A,记作 $a \notin A$.

含有有限个元素的集合称为有限集;不含任何元素的集合称为空集,用 $\varnothing$ 表示;不是有限集也不是空集的集合称为无限集.例如,某大学一年级学生的全体组成的集合是有限集;全体实数组成的集合是无限集;方程 $x^2+1=0$ 的实根组成的集合是空集.

我们常用下面的方法来表示集合.一种是列举法,即将集合的元素一一列举出来,写在一个花括号内.例如,所有正整数组成的集合可以表示为 $N=\{1,2,3,\cdots,n,\cdots\}$;另一种表示方法是指明集合元素所具有的性质,即将具有性质 $p(x)$ 的元素 x 所组成的集合 A 记作

$$A=\{x\,|\,x \text{ 具有性质 } p(x)\}.$$

例如,正整数集也可表示成

$$\mathbf{N}^{+}=\{n\,|\,n=1,2,3,\cdots,n,\cdots\}.$$

所有实数的集合可表示成

$$\mathbf{R}=\{x\,|\,x \text{ 为实数}\}.$$

又如

$$A=\{(x,y)\,|\,x^{2}+y^{2}=1,x,y \text{ 为实数}\}$$

表示 xOy 平面单位圆周上点的集合.

另外,我们简单介绍一下集合的运算.

由属于 A 或属于 B 的所有元素组成的集称为 A 与 B 的并集,记作 $A\bigcup B$,即

$$A\bigcup B=\{x\,|\,x\in A \text{ 或 } x\in B\};$$

由同时属于 A 与 B 的元素组成的集称为 A 与 B 的交集,记作 $A\bigcap B$,即

$$A\bigcap B=\{x\,|\,x\in A \text{ 且 } x\in B\};$$

由属于 A 但不属于 B 的元素组成的集称为 A 与 B 的差集,记作 $A-B$,即

$$A-B=\{x\,|\,x\in A \text{ 但 } x\notin B\}.$$

不含任何元素的集合称为空集,记作 $\varnothing$,并规定空集为任何集合的子集.

在本课程中所用到的集合主要是数集,即元素都是数的集合.如果没有特别说明,以后提到的数均为实数.

区间是一类常用的数集.

设 a 和 b 都是实数,将满足不等式 $a<x<b$ 的所有实数组成的数集称为开区间,记作 (a,b),即

$$(a,b)=\{x\,|\,a<x<b\}.$$

a 和 b 称为开区间 (a,b) 的端点,这里 $a\notin(a,b)$ 且 $b\notin(a,b)$.

类似地,称数集

$$[a,b]=\{x\,|\,a\leqslant x\leqslant b\}$$

为闭区间,a 和 b 也称为闭区间 $[a,b]$ 的端点,这里 $a\in[a,b]$ 且 $b\in[a,b]$.

称数集

$$[a,b)=\{x\,|\,a\leqslant x<b\} \text{ 和 } (a,b]=\{x\,|\,a<x\leqslant b\}$$

为半开半闭区间.

以上这些区间都称为有限区间.数 $b-a$ 称为区间的长度.此外还有无限区间:

$$(-\infty,+\infty)=\{x\mid-\infty<x<+\infty\}=\mathbf{R},$$
$$(-\infty,b]=\{x\mid-\infty<x\leqslant b\},$$
$$(-\infty,b)=\{x\mid-\infty<x<b\},$$
$$[a,+\infty)=\{x\mid a\leqslant x<+\infty\},$$
$$(a,+\infty)=\{x\mid a<x<+\infty\},$$

等等.这里记号"$-\infty$"与"$+\infty$"分别表示"负无穷大"与"正无穷大".

邻域也是常用的一类数集.

设 x_0 是一个给定的实数,δ 是某一正数,称数集:
$$\{x\mid x_0-\delta<x<x_0+\delta\}$$
为点 x_0 的 δ 邻域,记作 $U(x_0,\delta)$. 称点 x_0 为这邻域的中心,δ 为这邻域的半径.(如图 $1-1$).

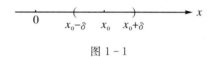

图 $1-1$

称 $U(x_0,\delta)-\{x_0\}$ 为 x_0 的去心 δ 邻域,记作 $\mathring{U}(x_0,\delta)$,即

$$\mathring{U}(x_0,\delta)=\{x\mid 0<\mid x-x_0\mid<\delta\}.$$

当不需要指出邻域的半径时,我们用 $U(x_0)$ 和 $\mathring{U}(x_0)$ 分别表示 x_0 的某邻域和 x_0 的某去心邻域.

2.函数的概念

(1)函数的概念

在一个自然现象或技术过程中,往往同时有几个变量在变化着,他们并不是孤立地变化着,而是相互联系并遵循着一定的变化规律,现在我们先就两个变量的情形举两个例子.

例 1　圆的面积.考虑圆的面积 A 与它的半径 r 之间的相依关系.我们知道,它们之间符合如下公式
$$A=\pi r^2$$
而半径 r 在区间 $(0,+\infty)$ 内任意取定一个数值时,由上式就可以确定圆的面积 A 的相应数值.

例 2　自由落体运动.设物体下落的时间为 t,落下的距离为 s,假定开始下落的时刻为 $t=0$,那么 s 与 t 之间对应关系可以由公式 $s=\dfrac{1}{2}gt^2$ 确定,其中 g 是重力加速度.假定物体落地的时刻为 $t=T$,那么当 t 在

闭区间$[0,T]$上任意取定一个数值时，s按照上述公式就有确定的值与之对应.

撇开这两个例子所涉及的变量的实际意义不谈，我们就会发现，它们都反映了两个变量之间的相依关系.这种相依关系由一种对应法则来确定，根据这种对应法则，当其中的一个变量在其变化范围内任意取定一个数值时，另一个变量就有确定的值与之对应，两个变量间的这种对应关系就是函数概念的实质.

定义 1   设 x 和 y 是两个变量，D 是一个给定的数集.如果对于每个数 $x \in D$，变量 y 按照一定的法则总有唯一确定的数值与之对应，则称变量 y 是变量 x 的函数，记作 $y=f(x)$，其中数集 D 称为这个函数的定义域，x 称为自变量，y 称为因变量.

当 x 取数值 $x_0 \in D$ 时，与 x_0 对应的 y 的数值称为函数 $f(x)$ 在点 x_0 处的函数值，记作 $f(x_0)$.当 x 取遍 D 的各个数值，我们得到所有对应的 y 构成的数集

$$R = \{y \mid y=f(x), x \in D\}$$

称之为函数的值域.

函数 $y=f(x)$ 中表示对应关系的记号 f 也可以用其他字母来表示，如"φ"，"F"等，这时函数就记为 $y=\varphi(x)$，$y=F(x)$ 等.

例 3   求函数 $y = \sqrt{4-x^2} + \dfrac{1}{\sqrt{x-1}}$ 的定义域.

解   要使数学式子有意义，x 必须满足

$$\begin{cases} 4-x^2 \geqslant 0, \\ x-1 > 0, \end{cases} \quad 即 \quad \begin{cases} |x| \leqslant 2, \\ x > 1. \end{cases}$$

由此有

$$1 < x \leqslant 2.$$

因此函数的定义域为 $(1,2]$.

有时一个函数在其定义域的不同子集上要用不同的表达式来表示对应法则，称这种函数为分段函数.下面给出一些今后常用的分段函数.

例 4   绝对值函数

$$y = |x| = \begin{cases} x, & x \geqslant 0, \\ -x, & x < 0. \end{cases}$$

的定义域 $D=(-\infty, -\infty)$，值域 $R=[0, +\infty)$，如图 1-2 所示.

例 5   符号函数

$$y = \operatorname{sgn} x = \begin{cases} -1, & x < 0, \\ 0, & x = 0, \\ 1, & x > 0 \end{cases}$$

的定义域 $D = (-\infty, +\infty)$，值域 $R = \{-1, 0, 1\}$，如图 1-3 所示.

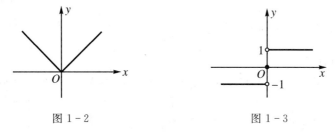

图 1-2　　　　　　　图 1-3

例 6　最大取整函数 $y = [x]$，其中 $[x]$ 表示不超过 x 的最大整数. 例如 $\left[-\dfrac{1}{3}\right] = -1, [0] = 0, [\sqrt{2}] = 1, [\pi] = 3$ 等. 函数 $y = [x]$ 的定义域 $D = (-\infty, -\infty)$，值域 $R = \{$整数$\}$. 一般地，$y = [x] = n, n \leqslant x < n+1$，$n = 0, \pm 1, \pm 2, \cdots$，如图 1-4 所示.

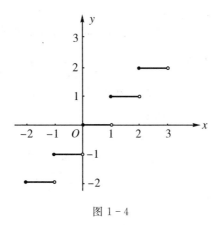

图 1-4

(2) 反函数

定义 2 设函数 $y = f(x)$，其定义域为 D，值域为 R，如果对于 R 中的每一个 y 值 $(y \in R)$，都可以从关系式 $y = f(x)$ 确定唯一的 x 值 $(x \in D)$ 与之对应，那么所确定的以 y 为自变量的函数 $x = \varphi(y)$ 叫做函数 $y = f(x)$ 的反函数，它的定义域为 R，值域为 D.

习惯上，函数的自变量用 x 表示，因此反函数也可以表示为 $y = f^{-1}(x)$. 反函数 $y = f^{-1}(x)$ 与函数 $y = f(x)$ 的图像关于直线 $y = x$ 对称.

例 7   求 $y=4x-1$ 的反函数.

解   由 $y=4x-1$ 可得 $x=\dfrac{1}{4}(y+1)$,然后交换 x 和 y,得 $y=\dfrac{1}{4}(x+1)$,即 $y=\dfrac{1}{4}(x+1)$ 是 $y=4x-1$ 的反函数.

3.函数的几种特性

(1)有界性

设函数 $y=f(x)$ 在区间 I 上有定义,若存在某个正数 M,使得对任一 $x\in I$,都有 $|f(x)|\leqslant M$ 成立,则称函数 $y=f(x)$ 在 I 上有界;如果不存在这样的正数 M,则称函数 $y=f(x)$ 在 I 上无界.

例如,函数 $y=\sin x$ 在其定义域 $(-\infty,+\infty)$ 内是有界的,因为对任意 $x\in(-\infty,+\infty)$ 都有 $|\sin x|\leqslant 1$;函数 $y=\dfrac{1}{x}$ 在 $(0,1)$ 内无上界,但有下界.

从几何上看,有界函数的图像介于直线 $y=\pm M$ 之间.

(2)单调性

设函数 $y=f(x)$ 的定义域为 D,区间 $I\subset D$,如果对于区间 I 中的任意两点 x_1,x_2,当 $x_1<x_2$ 时,恒有

$$f(x_1)<f(x_2),$$

则称函数 $y=f(x)$ 在区间 I 内是单调增加的;如果对于区间 I 中的任意两点 x_1,x_2,当 $x_1<x_2$ 时,恒有

$$f(x_1)>f(x_2),$$

则称函数 $y=f(x)$ 在区间 I 内是单调减少的.如图 1-5 所示.

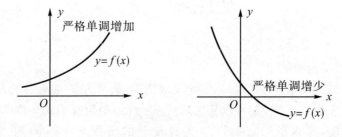

图 1-5

例如,函数 $f(x)=x^3$ 在其定义域 $(-\infty,+\infty)$ 内是严格单调增加的;函数 $f(x)=\cot x$ 在 $(0,\pi)$ 内是严格单调减少的.

从几何上看,若 $y=f(x)$ 是严格单调函数,则任意一条平行于 x 轴

的直线与它的图像最多交于一点,因此 $y=f(x)$ 有反函数.

(3)奇偶性

设函数 $f(x)$ 的定义域 D 关于原点对称(即若 $x\in D$,则必有 $-x\in D$),若对任意的 $x\in D$,都有 $f(-x)=-f(x)$ 成立,则称 $f(x)$ 是 D 上的奇函数;若对任意的 $x\in D$,都有 $f(-x)=f(x)$ 成立,则称 $f(x)$ 是 D 上的偶函数.

奇函数的图像对称于坐标原点,偶函数的图像对称于 y 轴,如图 1-6 所示.

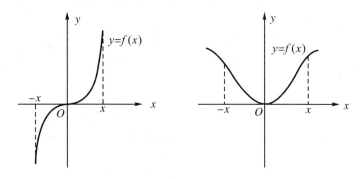

图 1-6

例 8　讨论函数 $f(x)=\ln(x+\sqrt{1+x^2})$ 的奇偶性.

解　函数 $f(x)$ 的定义域 $(-\infty,+\infty)$ 是对称区间,因为

$$f(-x)=\ln(-x+\sqrt{1+x^2})=\ln\left(\frac{1}{x+\sqrt{1+x^2}}\right)$$
$$=-\ln(x+\sqrt{1+x^2})=-f(x)$$

所以,$f(x)$ 是 $(-\infty,+\infty)$ 上的奇函数.

(4)周期性

设函数 $f(x)$ 的定义域为 D,若存在一个不为零的正数 T,使得对任意 $x\in D$,有 $f(x+T)=f(x)$,则称 $f(x)$ 为周期函数,T 称为 $f(x)$ 的周期.通常,函数的周期是指它的最小正周期.

例如,函数 $f(x)=\sin x$ 的周期为 2π;$f(x)=\tan x$ 的周期是 π.

4.基本初等函数

在中学数学里已详细介绍过的幂函数、指数函数、对数函数、三角函数、反三角函数统称为基本初等函数.它们是研究各种函数的基础.为了读者学习的方便,下面我们再对这几类函数作一简单介绍.

(1)幂函数

函数

$$y=x^{\mu}(\mu\text{ 是常数})$$

称为幂函数.

幂函数 $y=x^{\mu}$ 的定义域随 μ 的不同而异,但无论 μ 为何值,函数在 $(0,+\infty)$ 内总是有定义的.

当 $\mu>0$ 时,$y=x^{\mu}$ 在 $[0,+\infty)$ 上是单调增加的,其图像过点 $(0,0)$ 及点 $(1,1)$.图 1-7 列出了 $\mu=\dfrac{1}{2}$,$\mu=1$,$\mu=2$ 时幂函数在第一象限的图像.

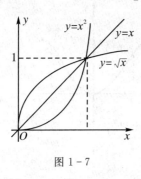

图 1-7

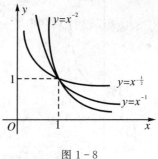

图 1-8

当 $\mu<0$ 时,$y=x^{\mu}$ 在 $(0,+\infty)$ 上是单调减少的,其图像通过点 $(1,1)$.图 1-8 列出了 $\mu=-\dfrac{1}{2}$,$\mu=-1$,$\mu=-2$ 时幂函数在第一象限的图像.

(2)指数函数

函数

$$y=a^{x}\quad(a\text{ 是常数且 }a>0,a\neq1)$$

称为指数函数.

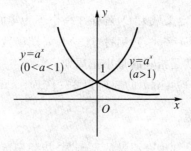

图 1-9

指数函数 $y=a^{x}$ 的定义域是 $(-\infty,+\infty)$,图像通过点 $(0,1)$,且总

在 x 轴上方.当 $a>1$ 时,$y=a^x$ 是单调增加的;当 $0<a<1$ 时,$y=a^x$ 是单调减少的,如图 1-9 所示.

以常数 $e=2.71828182\cdots$ 为底的指数函数

$$y=e^x$$

是科技中常用的指数函数.

（3）对数函数

指数函数 $y=a^x$ 的反函数,记作

$$y=\log_a x \quad (a \text{ 是常数且 } a>0,a\neq1)$$

称为对数函数.

对数函数 $y=\log_a x$ 的定义域为 $(0,+\infty)$,图像过点 $(1,0)$.当 $a>1$ 时,$y=\log_a x$ 单调增加;当 $0<a<1$ 时,$y=\log_a x$ 单调减少,如图 1-10 所示.

科学技术中常用的以 e 为底的对数函数

$$y=\log_e x,$$

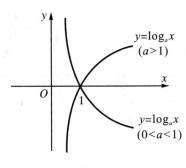

图 1-10

被称为自然对数函数,简记作

$$y=\ln x.$$

（4）三角函数

常用的三角函数有：

正弦函数 $y=\sin x$;

余弦函数 $y=\cos x$;

正切函数 $y=\tan x$;

余切函数 $y=\cot x$.

其中自变量以弧度作单位来表示.

它们的图形如图 1-11,图 1-12,图 1-13 和图 1-14 所示,分别称为正弦曲线、余弦曲线、正切曲线和余切曲线.

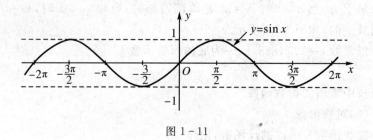

图 1-11

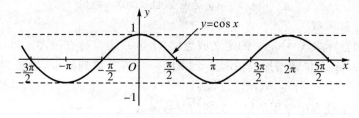

图 1-12

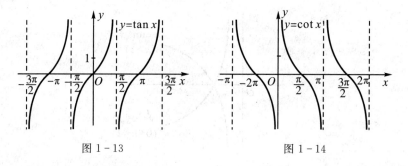

图 1-13   图 1-14

正弦函数和余弦函数都是以 2π 为周期的周期函数,它们的定义域都为 $(-\infty,+\infty)$,值域都为 $[-1,1]$.正弦函数是奇函数,余弦函数是偶函数.

正切函数 $y=\tan x=\dfrac{\sin x}{\cos x}$ 的定义域为

$$D=\left\{x\ \middle|\ x\in \mathbf{R}, x\neq k\pi+\frac{\pi}{2}, k=0,\pm 1,\pm 2,\cdots\right\}.$$

余切函数 $y=\cot x=\dfrac{\cos x}{\sin x}$ 的定义域为

$$D=\{x\mid x\in \mathbf{R}, x\neq k\pi, k=0,\pm 1,\pm 2,\cdots\}.$$

正切函数和余切函数的值域都是 $(-\infty,+\infty)$,且它们都是以 π 为周期的函数,都是奇函数.

另外,常用的三角函数还有正割函数 $y=\sec x$ 和余割函数 $y=\csc x$.

它们都是以 2π 为周期的周期函数,且

$$\sec x = \frac{1}{\cos x}, \quad \csc x = \frac{1}{\sin x}.$$

下面我们给出和差化积公式:

$$(1)\sin \alpha + \sin \beta = 2\sin \left(\frac{\alpha+\beta}{2}\right)\cos \left(\frac{\alpha-\beta}{2}\right);$$

$$(2)\sin \alpha - \sin \beta = 2\cos \left(\frac{\alpha+\beta}{2}\right)\sin \left(\frac{\alpha-\beta}{2}\right);$$

$$(3)\cos \alpha + \cos \beta = 2\cos \left(\frac{\alpha+\beta}{2}\right)\cos \left(\frac{\alpha-\beta}{2}\right);$$

$$(4)\cos \alpha - \cos \beta = -2\sin \left(\frac{\alpha+\beta}{2}\right)\sin \left(\frac{\alpha-\beta}{2}\right).$$

积化和差公式:

$$(1)\sin \alpha \sin \beta = -\frac{1}{2}\left[\cos(\alpha+\beta) - \cos(\alpha-\beta)\right];$$

$$(2)\cos \alpha \cos \beta = \frac{1}{2}\left[\cos(\alpha+\beta) + \cos(\alpha-\beta)\right];$$

$$(3)\sin \alpha \cos \beta = \frac{1}{2}\left[\sin(\alpha+\beta) + \sin(\alpha-\beta)\right];$$

$$(4)\cos \alpha \sin \beta = \frac{1}{2}\left[\sin(\alpha+\beta) - \sin(\alpha-\beta)\right].$$

一些常用三角函数关系式:

$$(1)\sin^2\alpha + \cos^2\alpha = 1;$$
$$(2)1 + \tan^2\alpha = \sec^2\alpha.$$

(5)反三角函数

常用的反三角函数有:

反正弦函数　$y = \arcsin x$(如图 1-15);

反余弦函数　$y = \arccos x$(如图 1-16);

反正切函数　$y = \arctan x$(如图 1-17);

反余切函数　$y = \operatorname{arccot} x$(如图 1-18).

它们分别为三角函数 $y = \sin x, y = \cos x, y = \tan x$ 和 $y = \cot x$ 的反函数.

严格来说,根据反函数的概念,三角函数 $y=\sin x$,$y=\cos x$,$y=\tan x$ 和 $y=\cot x$ 在其定义域内不存在反函数,因为对每一个值域中的数 y,有多个 x 与之对应;但这些函数在其定义域的每一个单调增加(或减少)的子区间上存在反函数. 例如,$y=\sin x$ 在闭区间 $\left[-\dfrac{\pi}{2},\dfrac{\pi}{2}\right]$ 上单调增加,从而存在反函数,称此反函数为反正弦函数 $\arcsin x$ 的主值,记作 $y=\arcsin x$. 通常我们称 $y=\arcsin x$ 为反正弦函数. 其定义域为 $[-1,1]$,值域为 $\left[-\dfrac{\pi}{2},\dfrac{\pi}{2}\right]$. 反正弦函数 $y=\arcsin x$ 在 $[-1,1]$ 上是单调增加的,它的图像如图 1-15 中实线部分所示.

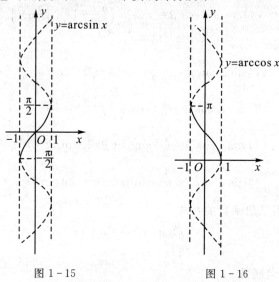

图 1-15   图 1-16

类似地,可以定义其他三个反三角函数的主值 $y=\arccos x$,$y=\arctan x$ 和 $y=\text{arccot}\, x$,它们分别简称为反余弦函数、反正切函数和反余切函数.

反余弦函数 $y=\arccos x$ 的定义域为 $[-1,1]$,值域为 $[0,\pi]$,它在 $[-1,1]$ 上是单调减少的,其图像如图 1-16 中实线部分所示.

反正切函数 $y=\arctan x$ 的定义域为 $(-\infty,+\infty)$,值域为 $\left(-\dfrac{\pi}{2},\dfrac{\pi}{2}\right)$,在 $(-\infty,+\infty)$ 上是单调增加的,其图像如图 1-17 中实线部分所示.

反余切函数 $y = \operatorname{arccot} x$ 的定义域为 $(-\infty, +\infty)$，值域为 $(0, \pi)$，在 $(-\infty, +\infty)$ 上是单调减少的，其图像如图 1-18 中实线部分所示.

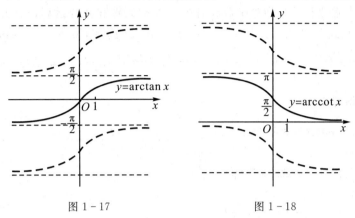

图 1-17　　　　　　　　图 1-18

5. 复合函数与初等函数

(1) 复合函数

定义 3　设 y 是 u 的函数 $y = f(u)$，u 是 x 的函数 $u = \varphi(x)$，如果 $u = \varphi(x)$ 的值域完全或部分包含在 $y = f(u)$ 的定义域中，则 y 是通过中间变量 u 构成的 x 的函数，称为 x 的复合函数，记作 $y = f[\varphi(x)]$. 其中 x 是自变量，u 为中间变量.

应当指出，并非任何两个函数都可以构成复合函数. 例如，函数 $y = \ln u$ 与 $u = x - \sqrt{x^2 + 1}$ 就不能复合，因为 $u = x - \sqrt{x^2 + 1}$ 的值域为 $\{u \mid u < 0\}$，而 $y = \ln u$ 的定义域是 $\{u \mid u > 0\}$.

对于复合函数，须弄清两个问题，那就是函数的"复合"与"分解". 所谓"复合"就是把几个作为中间变量的函数复合成一个函数；所谓"分解"就是把一个复合函数分解为几个简单函数，而这些简单函数往往都是基本初等函数或是基本初等函数与常数的四则运算所得到的函数.

例 9　试将函数 $y = \sqrt{u}$ 与 $u = 1 - x^2$ 复合成一个函数.

解　将 $u = 1 - x^2$ 代入 $y = \sqrt{u}$，即得复合函数 $y = \sqrt{1 - x^2}$，其定义域为 $[-1, 1]$.

例 10　已知 $y = \ln u$，$u = \sin v$，$v = x^2 + 1$，试将 y 表示为 x 的函数.

解　把中间变量依次代入，得到复合函数 $y = \ln \sin(x^2 + 1)$.

例 11　指出函数 $y = \sin(x^3 + 4)$ 是由哪些函数复合而成的.

解　设 $u = x^3 + 4$，则 $y = \sin(x^3 + 4)$ 是由 $y = \sin u$，$u = x^3 + 4$ 复合

而成.

（2）初等函数

由常数和基本初等函数经有限次四则运算和复合运算得到并且能用一个式子表示的函数,称为初等函数. 例如, $y = 3x^2 + \sin 4x$, $y = \ln(x + \sqrt{1+x^2})$, $y = \arctan 2x^3 + \sqrt{\lg(x+1)} + \dfrac{\sin x}{x^2+1}$ 等都是初等函数.

练习 1.1

1. 求下列函数的定义域.

(1) $y = \sqrt{2 - |x|}$;   (2) $y = \ln \ln x$.

2. 确定下列函数的奇偶性.

(1) $f(x) = \sqrt{x}$;   (2) $f(x) = a^x + a^{-x}$ $(a > 0, a \neq 1)$.

3. 求函数 $y = e^x + 1$ 的反函数.

4. 设 $f(x) = \arctan x$, 求 $f(0), f(-1), f(x^2 - 1)$.

5. 设 $f(\sin x) = 2 - \cos 2x$, 求 $f(\cos x)$.

6. 指出下列函数的复合过程.

(1) $y = \cos x^2$;   (2) $y = \sin^5 x$;   (3) $y = \sin^2\left(2x + \dfrac{\pi}{4}\right)$;   (4) $y = e^{\cos 3x}$.

§1.2 极限的概念

1. 引例圆的面积

我国魏晋时期的数学家刘徽,曾试图从圆内接正多边形出发来计算半径等于单位长度的圆的面积. 他从圆内接正六边形开始,每次把边数加倍,直觉地意识到边数越多,内接正多边形的面积越接近于圆的面积. 他曾正确地计算出圆内接正 3072 边形的面积,从而得到圆周率 π 的十分精确的结果 $\pi \approx 3.1416$. 他的算法用现代数学来表达,就是

$$A \approx 6 \times 2^{n-1} \times \frac{1}{2} R^2 \sin \frac{2\pi}{6 \times 2^{n-1}}.$$

其中 A 为半径等于 R 的圆面积,$6 \times 2^{n-1}$ 为正多边形的边数.

然而,刘徽在其所著的"九章算术注"中曾说:"割之弥细,所失弥少,割之又割,以至于不可割,则与圆周合体而无所失矣."这个结论却是不正确的.首先,按他的做法确实可以作出无穷多个正多边形,因此应该是永远地"可割"而非"不可割";其次,无论边数如何增加,毕竟还是多边形,绝不会"与圆周合体而无所失矣".究其原因,是在他那个时代还未找

到克服"有限"与"无限"这对矛盾的工具.因此他只能设想最后总有一个边数很多的正多边形与圆"合体",而把无限变化过程作为有限过程处理了.

从上面的例子可以看出,圆的面积是客观存在的,但用初等数学知识是难以圆满地完成计算工作的.因此,需要一套完整的理论和方法来确定它的真实值.下面来逐步建立这套理论和方法.

函数极限概念是与求一些量的精确值有关的,它研究的是在自变量的某一变化过程中函数的变化趋势.下面就函数在两种不同变化过程中的变化趋势问题,分别加以讨论:

(1)当自变量 x 的绝对值 $|x|$ 无限增大(记为 $x \to \infty$)时,函数 $f(x)$ 的极限;

(2)当自变量 x 无限接近于有限值 x_0(记为 $x \to x_0$)时,函数 $f(x)$ 的极限.

2. 函数的极限

(1)当 $x \to \infty$ 时函数的极限

定义 1　如果当 x 的绝对值无限增大时,函数 $f(x)$ 趋于一个常数 A,则称当 $x \to \infty$ 时,函数 $f(x)$ 以 A 为极限,记作

$$\lim_{x \to \infty} f(x) = A \text{ 或 } f(x) \to A (x \to \infty).$$

上述定义是一个描述性的,我们再给出其精确的数学定义:

定义 1′　设当 $|x|$ 大于某一正数时,函数 $f(x)$ 有定义,如果存在常数 A,对于任意给定的正数 ε(不论它多么小),总存在正数 X,使得当 $|x| > X$ 时,对应的函数值 $f(x)$ 都满足不等式

$$|f(x) - A| < \varepsilon,$$

那么常数 A 就叫做函数 $f(x)$ 当 $x \to \infty$ 时的极限.如果从某一 x 开始,x 只能取正值或取负值并趋于无穷,则有如下定义:

定义 2　如果当 $x > 0$ 且无限增大时,函数 $f(x)$ 趋于一个常数 A,则称当 $x \to +\infty$ 时,函数 $f(x)$ 以 A 为极限,记作

$$\lim_{x \to +\infty} f(x) = A \text{ 或 } f(x) \to A (x \to +\infty).$$

定义 3　如果当 $x < 0$ 且无限减小时,函数 $f(x)$ 趋于一个常数 A,则称当 $x \to -\infty$ 时函数 $f(x)$ 以 A 为极限,记作

$$\lim_{x \to -\infty} f(x) = A \text{ 或 } f(x) \to A (x \to -\infty).$$

例 1　求 $\lim\limits_{x \to \infty} \left(1 + \dfrac{1}{x^2}\right)$.

解　因为当 $x \to \infty$ 时, $\frac{1}{x^2} \to 0$, 所以 $\lim\limits_{x \to \infty}\left(1 + \frac{1}{x^2}\right) = 1$.

例 2　求 $\lim\limits_{x \to -\infty} 3^x$.

解　当 $x \to -\infty$ 时, $3^x \to 0$, 即 $\lim\limits_{x \to -\infty} 3^x = 0$.

（2）当 $x \to x_0$ 时函数的极限

定义 4　设函数 $f(x)$ 在点 x_0 的某个邻域（点 x_0 可以除外）内有定义, 如果 x 趋于 x_0（但 $x \neq x_0$）时, 函数 $f(x)$ 趋于一个常数 A, 称当 $x \to x_0$ 时, 函数 $f(x)$ 以 A 为极限, 记作

$$\lim\limits_{x \to x_0} f(x) = A \text{ 或 } f(x) \to A (x \to x_0).$$

同样, 我们给出精确的数学定义：

定义 4′　设函数 $f(x)$ 在点 x_0 的某一去心邻域内有定义, 如果存在常数 A, 对于任意给定的正数 ε（不论它多么小）, 总存在正数 δ, 使得当 $0 < |x - x_0| < \delta$ 时, 对应的函数值 $f(x)$ 都满足不等式

$$|f(x) - A| < \varepsilon,$$

那么常数 A 就叫做函数 $f(x)$ 当 $x \to x_0$ 时的极限.

定义 4′ 可以简单地表述为：

$\lim\limits_{x \to x_0} f(x) = A \Leftrightarrow \forall \varepsilon > 0, \exists \delta > 0,$ 当 $0 < |x - x_0| < \delta$ 时, 有 $|f(x) - A| < \varepsilon$.

例 3　证明 $\lim\limits_{x \to x_0} C = C$, 此处 C 为常数.

证　这里 $|f(x) - A| = |C - C| = 0$, 因此, $\forall \varepsilon > 0$, 可任取 $\delta > 0$, 当 $0 < |x - x_0| < \delta$ 时, 都能使不等式 $|f(x) - A| = |C - C| = 0 < \varepsilon$ 成立, 所以 $\lim\limits_{x \to x_0} C = C$.

例 4　证明 $\lim\limits_{x \to 1} (2x - 1) = 1$.

证由于

$$|f(x) - A| = |(2x - 1) - 1| = 2|x - 1|,$$

为了使 $|f(x) - A| < \varepsilon$, 只要 $|x - 1| < \frac{\varepsilon}{2}$ 即可.

所以, $\forall \varepsilon > 0$, 可取 $\delta = \frac{\varepsilon}{2}$, 则当 x 满足不等式 $0 < |x - 1| < \delta$ 时, 就有

$$|f(x) - 1| = |(2x - 1) - 1| < \varepsilon,$$

从而

$$\lim\limits_{x \to 1} (2x - 1) = 1.$$

（3）左极限与右极限

定义 5　设函数 $f(x)$ 在点 x_0 右侧的某个邻域（点 x_0 可以除外）内

有定义,如果当 $x > x_0$ 且趋于 x_0 时,函数 $f(x)$ 趋于一个常数 A,称当 $x \to x_0$ 时,函数 $f(x)$ 的右极限是 A,记作

$$\lim_{x \to x_0^+} f(x) = A \text{ 或 } f(x) \to A(x \to x_0^+).$$

设函数 $f(x)$ 在点 x_0 左侧的某个邻域(点 x_0 可以除外)内有定义,如果当 $x < x_0$ 且趋于 x_0 时,函数 $f(x)$ 趋于一个常数 A,称当 $x \to x_0$ 时,函数 $f(x)$ 的左极限是 A,记作

$$\lim_{x \to x_0^-} f(x) = A \text{ 或 } f(x) \to A(x \to x_0^-).$$

由定义 4 和定义 5 我们可以得出极限存在的充分必要条件.

定理 1　当 $x \to x_0$ 时,函数 $f(x)$ 以 A 为极限的充分必要条件是 $f(x)$ 在点 x_0 的左、右极限存在且都等于 A,即

$$\lim_{x \to x_0} f(x) = A \Longleftrightarrow \lim_{x \to x_0^+} f(x) = \lim_{x \to x_0^-} f(x) = A.$$

这个定理是我们判断分段函数在分段点的极限是否存在的一个非常重要的工具.

例 5　设 $f(x) = \begin{cases} x+2, & x \geqslant 1 \\ 3x, & x < 1 \end{cases}$,试判断 $\lim_{x \to 1} f(x)$ 是否存在.

解　因为 $\lim_{x \to 1^-} f(x) = \lim_{x \to 1^-} 3x = 3$,$\lim_{x \to 1^+} f(x) = \lim_{x \to 1^+} (x+2) = 3$,左、右极限存在且相等,所以 $\lim_{x \to 1} f(x)$ 存在,且 $\lim_{x \to 1} f(x) = 3$.

例 6　证明函数 $f(x) = \begin{cases} x-1, & x < 0, \\ 0, & x = 0, \\ x+1, & x > 0 \end{cases}$　当 $x \to 0$ 时,$f(x)$ 的极限不存在.

证明　因为 $\lim_{x \to 0^-} f(x) = \lim_{x \to 0^-} (x-1) = -1$,$\lim_{x \to 0^+} f(x) = \lim_{x \to 0^+} (x+1) = 1$,左极限和右极限尽管都存在,但它们不相等,所以当 $x \to 0$ 时,$f(x)$ 的极限不存在.

例 7　判断 $\lim_{x \to 0} e^{\frac{1}{x}}$ 是否存在.

解　当 $x \to 0^+$ 时,$\frac{1}{x} \to +\infty$,$e^{\frac{1}{x}} \to +\infty$,即 $\lim_{x \to 0^+} e^{\frac{1}{x}} = +\infty$,所以 $\lim_{x \to 0} e^{\frac{1}{x}}$ 不存在.

3. 数列的极限

由函数的定义和数列的定义可知,数列 $\{x_n\}$ 可以视为自变量 n 取

全体自然数时的函数

$$f(n) = x_n \quad (n = 1, 2, \cdots)$$

上述实例"圆的面积"中的 $\left\{ 6 \times 2^{n-1} \times \dfrac{1}{2} R^2 \sin \dfrac{2\pi}{6 \times 2^{n-1}} \right\}$ 就是一个数列.

既然数列是一个函数,它也会遇到极限问题. 对此,给出如下定义:

定义 6   对于数列 $\{x_n\}$,如果当 n 无限大时,x_n 趋于一个常数 a,则称当 n 趋于无穷大时,数列 $\{x_n\}$ 以 a 为极限,记作

$$\lim_{n \to \infty} x_n = a \text{ 或 } x_n \to a (n \to \infty),$$

也称数列 $\{x_n\}$ 收敛于 a. 如果数列 $\{x_n\}$ 没有极限,就称 $\{x_n\}$ 是发散的.

下面给出数列极限的精确定义:

定义 6′   设 $\{x_n\}$ 为数列,如果存在常数 a,对于任意给定的正数 ε(不论它多么小),总存在正整数 **N**,使得当 $n > \mathbf{N}$ 时,不等式

$$|x_n - a| < \varepsilon$$

都成立,那么就称常数 a 是数列 $\{x_n\}$ 的极限,记作

$$\lim_{n \to \infty} x_n = a \text{ 或 } x_n \to a (n \to \infty).$$

例如 $\lim\limits_{n \to \infty} \dfrac{1}{n} = 0$,$\lim\limits_{n \to \infty} n^2$ 不存在,也就是说,数列 $\left\{ \dfrac{1}{n} \right\}$ 收敛于 0,数列 $\{n^2\}$ 发散.

例 8   求下列数列的极限.

(1) $\lim\limits_{n \to \infty} \dfrac{3n+1}{2n+1}$；   (2) $\lim\limits_{n \to \infty} \dfrac{\sqrt{n^2 + a^2}}{n}$.

解   (1) $\lim\limits_{n \to \infty} \dfrac{3n+1}{2n+1} = \lim\limits_{n \to \infty} \dfrac{3 + \dfrac{1}{n}}{2 + \dfrac{1}{n}} = \dfrac{3}{2}$；

(2) $\lim\limits_{n \to \infty} \dfrac{\sqrt{n^2 + a^2}}{n} = \lim\limits_{n \to \infty} \dfrac{\sqrt{1 + \left(\dfrac{a}{n} \right)^2}}{1} = 1$.

练习 1.2

1. 判断下列说法是否正确?

(1) 有界数列一定收敛;

(2) 单调数列一定收敛;

(3) 发散数列一定是无界数列;

(4) 如果函数 $f(x)$ 在点 x_0 处无定义,那么 $f(x)$ 在 x_0 处极限一定不存在;

(5) 如果 $\lim\limits_{x \to x_0^+} f(x)$ 和 $\lim\limits_{x \to x_0^-} f(x)$ 都存在,那么 $\lim\limits_{x \to x_0} f(x)$ 一定存在.

2.观察下列数列,写出它们的极限.

(1) $x_n = \dfrac{1}{2^n}$;　(2) $x_n = (-1)^n \dfrac{1}{n}$;　(3) $x_n = (-1)^n n$;　(4) $x_n = \dfrac{n-1}{n+1}$.

3.求下列函数的极限.

(1) $\lim\limits_{x \to +\infty} e^x$;　(2) $\lim\limits_{x \to 1} \ln x$;　(3) $\lim\limits_{x \to \infty} \left(2 + \dfrac{1}{x}\right)$;　(4) $\lim\limits_{x \to -2} \dfrac{x^2-4}{x+2}$.

4.证明函数 $f(x) = \begin{cases} x^2-1, & x<1, \\ 0, & x=1, \\ 1, & x>1. \end{cases}$ 当 $x \to 1$ 时,极限不存在.

§1.3　无穷小与无穷大

1.无穷小

有些函数在自变量的某个变化过程中,其绝对值可以无限地趋近于 0,也就是以 0 为极限,例如 $\lim\limits_{x \to 0} x^2 = 0$, $\lim\limits_{x \to \infty} \dfrac{1}{x} = 0$ 等,这样的函数我们称之为无穷小.

定义 1　若函数 $f(x)$ 在自变量 x 的某个变化过程中以 0 为极限,则称这个变化过程中 $f(x)$ 为无穷小. 通常我们用 α, β, γ 来表示无穷小.

例如,当 $x \to 0$ 时,$\sin x, x^2, e^x - 1$ 都是无穷小.

注意:

(1)自变量的变化过程包括 $x \to \infty$, $x \to +\infty$, $x \to -\infty$, $x \to x_0$, $x \to x_0^-$, $x \to x_0^+$.

(2)一个函数 $f(x)$ 是无穷小,是与自变量 x 的变化过程紧密联系的,因此必须指明自变量 x 的变化过程. 如 $x \to \infty$ 时,$\dfrac{1}{x}$ 是无穷小,但当 $x \to 1$ 时,$\dfrac{1}{x}$ 就不是无穷小了.

(3)不能把绝对值很小的数说成是无穷小,但 0 是无穷小,因为它的任何极限都是 0.

建立了无穷小的概念后,我们有极限函数和无穷小的一个重要关系,即如下定理:

定理 1　函数 $f(x)$ 以 A 为极限的充分必要条件是 $f(x)$ 可以表示为 A 与一个无穷小之和,即 $\lim f(x) = A \Leftrightarrow f(x) = A + \alpha$,其中 $\lim \alpha = 0$.

例如 $\lim\limits_{x \to 1}(x^2 + 2) = 3 \Leftrightarrow x^2 + 2 = 3 + \alpha$,其中 $\alpha = x^2 - 1$ 且 $\lim\limits_{x \to 1} \alpha = 0$.

2. 无穷大

定义 2　若在自变量 x 的某个变化过程中,函数 $y = \dfrac{1}{f(x)}$ 是无穷

小,即 $\lim y = \dfrac{1}{f(x)} = 0$,则称在该变化过程中,$f(x)$ 为无穷大,记

为 $\lim f(x) = \infty$.

注意:

(1)一个函数 $f(x)$ 是无穷大,是与自变量 x 的变化过程紧密联系的,因此必须指明自变量 x 的变化过程;

(2)不能把绝对值很大的数说成是无穷大;

(3)无穷小和无穷大存在倒数关系.

3. 无穷小的性质

性质 1　有限个无穷小的代数和仍为无穷小.

性质 2　有界变量与无穷小的乘积仍为无穷小.

性质 3　常数乘以无穷小仍为无穷小.

性质 4　有限个无穷小的乘积仍为无穷小.

例 1　求 $\lim\limits_{x \to 0}\left(x\sin\dfrac{1}{x}\right)$.

解　因为 $\left|\sin\dfrac{1}{x}\right| \leqslant 1$,所以 $\sin\dfrac{1}{x}$ 是有界变量,而 $\lim\limits_{x \to 0} x = 0$,即 x 是

在 $x \to 0$ 时的无穷小,所以由性质 2 知 $\lim\limits_{x \to 0}\left(x\sin\dfrac{1}{x}\right) = 0$.

例 2　求 $\lim\limits_{x \to \infty}(x^{-2}\arctan x)$.

解　因为 $|\arctan x| \leqslant \dfrac{\pi}{2}$,所以 $\arctan x$ 是有界变量,而 $\lim\limits_{x \to \infty} x^{-2} = 0$,

即 x^{-2} 是当 $x \to \infty$ 时的无穷小,所以 $\lim\limits_{x \to \infty}(x^{-2}\arctan x) = 0$.

4. 无穷小的比较

从上面我们知道,两个无穷小的和、差及乘积仍是无穷小,但是两个无穷小的商可能会会出现不同的情形.例如当 $x \to 0$ 时,$3x, x^2, \sin x$ 都是无穷小,而

$$\lim_{x \to 0}\frac{x^2}{3x} = 0, \lim_{x \to 0}\frac{3x}{x^2} = \infty, \lim_{x \to 0}\frac{\sin x}{x} = 1.$$

下面就无穷小之比的极限存在或为无穷大时,来说明两个无穷小之间的比较.

定义 3　设 α,β 是在自变量的同一个变化过程中的两个无穷小,如果 $\lim\dfrac{\beta}{\alpha}=0$,称 β 是比 α 高阶的无穷小,记为 $\beta=o(\alpha)$;如果 $\lim\dfrac{\beta}{\alpha}=C\neq 0$,其中 C 为常数,称 β 是 α 同阶的无穷小;如果 $\lim\dfrac{\beta}{\alpha}=1$,称 β 与 α 是等价无穷小,记为 $\alpha\sim\beta$.

例如,$\lim\limits_{x\to 0}\dfrac{\sin x}{x}=1$,所以当 $x\to 0$ 时,x 与 $\sin x$ 是等价无穷小.

在这里,我们列出一些必须记住的等价无穷小,当 $x\to 0$ 时,
$$x\sim\sin x\sim\tan x\sim\ln(1+x)\sim e^x-1,$$
$$1-\cos x\sim\frac{x^2}{2}.$$

关于等价无穷小,有如下一个重要性质.

定理 2　如果 $\alpha\sim\alpha',\beta\sim\beta'$,且 $\lim\dfrac{\alpha'}{\beta'}$ 存在,则 $\lim\dfrac{\alpha}{\beta}=\lim\dfrac{\alpha'}{\beta'}$.

这个定理表明,求两个无穷小之比的极限时,分子、分母都可以用等价无穷小来代替.

例 3　求 $\lim\limits_{x\to 0}\dfrac{\tan 2x}{\sin 3x}$.

解　当 $x\to 0$ 时,$\tan 2x\sim 2x,\sin 3x\sim 3x$,所以
$$\lim_{x\to 0}\frac{\tan 2x}{\sin 3x}=\lim_{x\to 0}\frac{2x}{3x}=\frac{2}{3}.$$

例 4　求 $\lim\limits_{x\to 0}\dfrac{\sin x}{x^3+3x}$.

解　当 $x\to 0$ 时,$\sin x\sim x$,所以
$$\lim_{x\to 0}\frac{\sin x}{x^3+3x}=\lim_{x\to 0}\frac{x}{x^3+3x}=\lim_{x\to 0}\frac{1}{x^2+3}=\frac{1}{3}.$$

例 5　求 $\lim\limits_{x\to 0}\dfrac{\tan x-\sin x}{\sin^3 x}$.

解
$$\lim_{x\to 0}\frac{\tan x-\sin x}{\sin^3 x}=\lim_{x\to 0}\frac{\sin x(1-\cos x)}{\sin^3 x}\cdot\frac{1}{\cos x}=\lim_{x\to 0}\frac{1-\cos x}{x^2}$$
$$=\lim_{x\to 0}\frac{\frac{1}{2}x^2}{x^2}=\frac{1}{2}.$$

练习 1.3

1.指出下列函数在相应的自变量的变化过程中是无穷大,还是无穷小.

(1)2^{-x} $(x \to +\infty)$; 　　　　　(2)e^x $(x \to -\infty)$;

(3)$\lg x (x \to 1)$; 　　　　　(4)$\dfrac{x^4-4}{x+1}$ $(x \to -1)$.

2.计算下列极限.

(1)$\lim\limits_{x \to -1} \dfrac{x^2+5x+6}{x^2-3x-4}$; 　　　　　(2)$\lim\limits_{x \to \infty} \dfrac{x^2+2x-5}{x^3+x+5}$;

(3)$\lim\limits_{x \to 0} x^2 \sin \dfrac{1}{x}$; 　　　　　(4)$\lim\limits_{x \to \infty} \dfrac{\arctan x}{x}$.

§1.4　函数极限的性质与运算法则

1.函数极限的性质

性质 1 (唯一性)若 $\lim f(x)$ 存在,则必唯一.

性质 2 (有界性)若 $\lim\limits_{x \to x_0} f(x)$ 存在,则函数 $f(x)$ 是在 x_0 的某个去心邻域内有界.

性质 3(保号性) 若 $f(x)$ 当 $x \to x_0$ 时以 A 为极限,即 $\lim\limits_{x \to x_0} f(x) = A$,且 $A > 0$(或 $A < 0$),则在 x_0 的某个去心邻域内恒有 $f(x) > 0$(或 $f(x) < 0$);

若 $\lim\limits_{x \to x_0} f(x) = A$,且在 x_0 的某个去心邻域内恒有 $f(x) \geqslant 0$(或 $f(x) \leqslant 0$),则 $A \geqslant 0$(或 $A \leqslant 0$).

注 就性质 2 和性质 3 而言,自变量 x 的变化过程可以是其他形式,我们可以得到类似的有界性和保号性.

2.极限的四则运算法则

定理 1 若 $\lim f(x) = A, \lim g(x) = B$,则

(1)$\lim [f(x) \pm g(x)] = \lim f(x) \pm \lim g(x) = A \pm B$;

(2)$\lim [f(x) \cdot g(x)] = \lim f(x) \cdot \lim g(x) = A \cdot B$;

(3)当 $\lim g(x) = B \neq 0$ 时,$\lim \dfrac{f(x)}{g(x)} = \dfrac{\lim f(x)}{\lim g(x)} = \dfrac{A}{B}$.

上述运算法则,不难推广到有限个函数的代数和及乘积的情形.

推论 设 $\lim f(x)$ 存在,C 为常数,n 为正整数,则有:

(1)$\lim [C \cdot f(x)] = C \cdot \lim f(x)$;

(2)$\lim [f(x)]^n = [\lim f(x)]^n$.

在利用极限的四则运算法则求极限时，我们还要注意以下两点：

(1)每个参与运算的函数须是有极限的；

(2)商的运算要求分母的极限不为零.

例 1　求 $\lim\limits_{x \to 1}(x^2 - 2x + 3)$.

解　$\lim\limits_{x \to 1}(x^2 - 2x + 3) = \lim\limits_{x \to 1}x^2 - \lim\limits_{x \to 1}2x + \lim\limits_{x \to 1}3$

$$= (\lim\limits_{x \to 1}x)^2 - 2\lim\limits_{x \to 1}x + 3 = 1^2 - 2 \times 1 + 3 = 2.$$

一般地，有 $\lim\limits_{x \to x_0}(a_n x^n + a_{n-1}x^{n-1} + \cdots + a_1 x + a_0) = a_n x_0^n + a_{n-1}x_0^{n-1} + \cdots + a_1 x_0 + a_0$，即多项式函数当 $x \to x_0$ 时的极限等于该函数在 x_0 处的函数值.

例 2　求 $\lim\limits_{x \to 0}\dfrac{2x^2 - 3x + 1}{x + 2}$.

解　因为 $\lim\limits_{x \to 0}(x + 2) = 2 \neq 0$，则由商的运算法则有

$$\lim\limits_{x \to 0}\dfrac{2x^2 - 3x + 1}{x + 2} = \dfrac{\lim\limits_{x \to 0}(2x^2 - 3x + 1)}{\lim\limits_{x \to 0}(x + 2)} = \dfrac{1}{2}.$$

例 3　求 $\lim\limits_{x \to 3}\dfrac{x^2 - 4x + 3}{x^2 - 9}$.

解　因为 $\lim\limits_{x \to 3}x^2 - 9 = 0$，所以商的运算不能进行，但分子分母有公因子 $(x - 3)$，而且当 $x \to 3$ 时，$x - 3 \neq 0$，因此可以约去这个公因子. 于是有

$$\lim\limits_{x \to 3}\dfrac{x^2 - 4x + 3}{x^2 - 9} = \lim\limits_{x \to 3}\dfrac{(x - 3)(x - 1)}{(x - 3)(x + 3)} = \lim\limits_{x \to 3}\dfrac{(x - 1)}{(x + 3)} = \dfrac{1}{3}.$$

例 4　求 $\lim\limits_{x \to \infty}\dfrac{2x^2 - x + 3}{x^2 + 2x + 2}$.

解　注意到当 $x \to \infty$ 时，分子、分母的极限均不存在，所以，不能用商的运算法则，但我们可以进行适当变形予以求解. 分子、分母同除以它们的最高次幂 x^2，有

$$\lim\limits_{x \to \infty}\dfrac{2x^2 - x + 3}{x^2 + 2x + 2} = \lim\limits_{x \to \infty}\dfrac{2 - \dfrac{1}{x} + \dfrac{3}{x^2}}{1 + \dfrac{2}{x} + \dfrac{2}{x^2}} = \dfrac{\lim\limits_{x \to \infty}2 - \dfrac{1}{x} + \dfrac{3}{x^2}}{\lim\limits_{x \to \infty}1 + \dfrac{2}{x} + \dfrac{2}{x^2}} = 2.$$

一般地，当 $x \to \infty$ 时，有理分式 $(a_0 \neq 0, b_0 \neq 0)$ 的极限有如下结论：

$$\lim\limits_{x \to \infty}\dfrac{a_0 x^n + a_1 x^{n-1} + \cdots + a_n}{b_0 x^m + b_1 x^{m-1} + \cdots + b_m} = \begin{cases} 0, & n < m, \\ \dfrac{a_0}{b_0}, & n = m, \\ \infty, & n > m. \end{cases}$$

练习 1.4

1.计算下列题中的极限.

$(1) \lim\limits_{x\to 2}\dfrac{x+2}{x-1};$ $(2) \lim\limits_{x\to 3}\dfrac{x^2-9}{x^4+x^2+1};$ $(3) \lim\limits_{x\to -2}\dfrac{x^2-4}{x+2};$

$(4) \lim\limits_{x\to 5}\dfrac{x^2-6x+5}{x-5};$ $(5) \lim\limits_{x\to 1}\dfrac{x^2-2x+1}{x^3-x};$ $(6) \lim\limits_{x\to 1}\dfrac{x^m-1}{x^n-1}.$

§1.5 极限存在准则和两个重要极限

1. 极限存在准则

这里,我们不加证明地给出极限存在的两个基本准则.

准则Ⅰ(夹逼准则) 如果函数 $f(x), g(x), h(x)$ 在同一变化过程中满足

$$g(x) \leqslant f(x) \leqslant h(x),$$

且 $\lim g(x) = \lim h(x) = A$,则 $\lim f(x)$ 存在且等于 A.

对于数列,有类似的夹逼准则,即

准则Ⅰ′ 设 $n > N$ 时有 $y_n \leqslant x_n \leqslant z_n$,且 $\lim\limits_{n\to\infty} y_n = \lim\limits_{n\to\infty} z_n = a$,则

$$\lim\limits_{n\to\infty} x_n = a.$$

例 1 求 $\lim\limits_{n\to\infty}\left(\dfrac{n}{n^2+1}+\dfrac{n}{n^2+2}+\cdots+\dfrac{n}{n^2+n}\right).$

解 记 $x_n = \dfrac{n}{n^2+1}+\dfrac{n}{n^2+2}+\cdots+\dfrac{n}{n^2+n}$,则 $\dfrac{n^2}{n^2+n} \leqslant x_n \leqslant \dfrac{n^2}{n^2+1}.$

又 $\lim\limits_{n\to\infty}\dfrac{n^2}{n^2+n} = \lim\limits_{n\to\infty}\dfrac{1}{1+\dfrac{1}{n}} = 1,$

$$\lim\limits_{n\to\infty}\dfrac{n^2}{n^2+1} = \lim\limits_{n\to\infty}\dfrac{1}{1+\dfrac{1}{n^2}} = 1.$$

由准则Ⅰ′,有 $\lim\limits_{n\to\infty}\left(\dfrac{n}{n^2+1}+\dfrac{n}{n^2+2}+\cdots+\dfrac{n}{n^2+n}\right) = 1.$

准则Ⅱ 如果数列 $\{x_n\}$ 有界且单调,则 $\lim\limits_{n\to\infty} x_n$ 一定存在;即数列 $\{x_n\}$ 单调有界必有极限,准则Ⅱ常叙述为单调增加有上界的数列必有极限,单调减少有下界的数列必有极限.

2.两个重要极限

$(1)\lim\limits_{x\to 0}\dfrac{\sin x}{x}=1$

我们首先证明 $\lim\limits_{x\to 0^+}\dfrac{\sin x}{x}=1$. 因为 $x\to 0^+$，可设 $x\in\left(0,\dfrac{\pi}{2}\right)$. 如图 $1-35$ 所示,其中, $\overparen{EAB}$ 为单位圆弧,且

$$OA=OB=1,\angle AOB=x,$$

则 $OC=\cos x,AC=\sin x,DB=\tan x$，又 $\triangle AOC$ 的面积 $<$ 扇形 OAB 的面积 $<\triangle DOB$ 的面积,

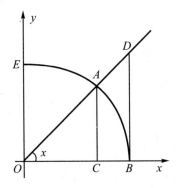

图 $1-35$

即 $$\cos x\sin x<x<\tan x,$$

因为 $x\in\left(0,\dfrac{\pi}{2}\right)$，则 $\cos x>0,\sin x>0$，故上式可写为

$$\cos x<\frac{\sin x}{x}<\frac{1}{\cos x},$$

由于 $\lim\limits_{x\to 0}\cos x=1,\lim\limits_{x\to 0}\dfrac{1}{\cos x}=1$，运用夹逼定理得

$$\lim\limits_{x\to 0^+}\frac{\sin x}{x}=1,$$

注意到 $\dfrac{\sin x}{x}$ 是偶函数,从而有

$$\lim\limits_{x\to 0^-}\frac{\sin x}{x}=\lim\limits_{x\to 0^-}\frac{\sin(-x)}{-x}=\lim\limits_{z\to 0^+}\frac{\sin z}{z}=1,$$

综上所述,得

$$\lim\limits_{x\to 0}\frac{\sin x}{x}=1.$$

例 2 证明 $\lim\limits_{x\to 0}\dfrac{\tan x}{x}=1.$

证
$$\lim_{x\to 0}\frac{\tan x}{x}=\lim_{x\to 0}\left(\frac{\sin x}{x}\cdot\frac{1}{\cos x}\right)$$
$$=\lim_{x\to 0}\frac{\sin x}{x}\cdot\lim_{x\to 0}\frac{1}{\cos x}=1.$$

例 3 求 $\lim\limits_{x\to 0}\dfrac{1-\cos x}{x^2}.$

解 $\lim\limits_{x\to 0}\dfrac{1-\cos x}{x^2}=\lim\limits_{x\to 0}\dfrac{2\left(\sin\dfrac{x}{2}\right)^2}{x^2}=\dfrac{1}{2}\lim\limits_{x\to 0}\left(\dfrac{\sin\dfrac{x}{2}}{\dfrac{x}{2}}\right)^2=\dfrac{1}{2}.$

例 4 求 $\lim\limits_{x\to 0}\dfrac{\tan x-\sin x}{x^3}.$

解
$$\lim_{x\to 0}\frac{\tan x-\sin x}{x^3}=\lim_{x\to 0}\frac{\sin x(1-\cos x)}{x^3\cos x}$$
$$=\lim_{x\to 0}\left(\frac{\sin x}{x}\cdot\frac{1-\cos x}{x^2}\cdot\frac{1}{\cos x}\right)=\frac{1}{2}.$$

例 5 求 $\lim\limits_{x\to\infty}\left(x\sin\dfrac{1}{x}\right).$

解 令 $u=\dfrac{1}{x}$，则当 $x\to\infty$ 时，$u\to 0$，故

$$\lim_{x\to\infty}x\sin\frac{1}{x}=\lim_{u\to 0}\frac{\sin u}{u}=1.$$

(2) $\lim\limits_{x\to\infty}\left(1+\dfrac{1}{x}\right)^x=\mathrm{e}$

这个极限的存在性我们可以利用准则 Ⅱ 来证明，等式中的 e 就是自然对数的底，即 $\mathrm{e}=2.718\cdots$，由这个公式，我们可以写出一些等价的结论.

(1) $\lim\limits_{n\to\infty}\left(1+\dfrac{1}{n}\right)^n=\mathrm{e}.$

(2) $\lim\limits_{x\to 0}(1+x)^{\frac{1}{x}}=\mathrm{e}.$

例 6 求 $\lim\limits_{x\to\infty}\left(1+\dfrac{k}{x}\right)^x\ (k\neq 0).$

解 $\lim\limits_{x\to\infty}\left(1+\dfrac{k}{x}\right)^x=\lim\limits_{x\to\infty}\left(1+\dfrac{k}{x}\right)^{\frac{x}{k}\cdot k}$

$$=\lim_{x\to\infty}\left[\left(1+\frac{k}{x}\right)^{\frac{x}{k}}\right]^k=\mathrm{e}^k.$$

例 7 求 $\lim\limits_{x\to\infty}\left(\dfrac{x+1}{x+2}\right)^x$.

解 $\lim\limits_{x\to\infty}\left(\dfrac{x+1}{x+2}\right)^x=\lim\limits_{x\to\infty}\left(1+\dfrac{-1}{x+2}\right)^x=\lim\limits_{x\to\infty}\left(1+\dfrac{-1}{x+2}\right)^{x+2-2}$

$$=\lim_{x\to\infty}\left(1+\dfrac{-1}{x+2}\right)^{x+2}\cdot\lim_{x\to\infty}\left(1+\dfrac{-1}{x+2}\right)^{-2}=\mathrm{e}^{-1}.$$

例 8 求 $\lim\limits_{x\to0}\dfrac{\ln(1+x)}{x}$.

解 $\lim\limits_{x\to0}\dfrac{\ln(1+x)}{x}=\lim\limits_{x\to0}\ln(1+x)^{\frac{1}{x}}=\ln\mathrm{e}=1.$

例 9 求 $\lim\limits_{x\to0}\dfrac{\mathrm{e}^x-1}{x}$.

解 令 $u=\mathrm{e}^x-1$，则 $x=\ln(1+u)$，当 $x\to0$ 时，$u\to0$，故

$$\lim_{x\to0}\dfrac{\mathrm{e}^x-1}{x}=\lim_{u\to0}\dfrac{u}{\ln(1+u)}=\lim_{u\to0}\dfrac{1}{\dfrac{\ln(1+u)}{u}}=1$$

练习 1.5

1.计算下列题中的极限.

(1) $\lim\limits_{x\to0}\dfrac{\tan kx}{x}$;　　　(2) $\lim\limits_{x\to0}\dfrac{\sin x^2}{\sin^2 x}$;　　　(3) $\lim\limits_{x\to0}\dfrac{1-\cos 2x}{x\sin x}$;

(4) $\lim\limits_{x\to0^+}\dfrac{2x}{\sqrt{1-\cos x}}$;　　(5) $\lim\limits_{x\to-1}\dfrac{\sin(x^2-1)}{x+1}$;　　(6) $\lim\limits_{x\to0}\dfrac{\arcsin x}{x}$;

(7) $\lim\limits_{x\to\infty}\left(1-\dfrac{4}{x}\right)^{2x}$;　　(8) $\lim\limits_{x\to\infty}\left(\dfrac{x}{1+x}\right)^{x+2}$.

§1.6　函数的连续与间断

1.连续函数的概念

定义 1　设函数 $f(x)$ 在 x_0 的某邻域 $U(x_0)$ 内有定义，且有 $\lim\limits_{x\to x_0}f(x)$ $=f(x_0)$，则称函数 $f(x)$ 在点 x_0 连续，x_0 称为函数 $f(x)$ 的连续点.

例 1　证明函数 $f(x)=3x^2-1$ 在 $x=1$ 处连续.

证　因为 $f(1)=3\times1-1=2$，且

$$\lim_{x\to1}f(x)=\lim_{x\to1}(3x^2-1)=2,$$

故函数 $f(x)=3x^2-1$ 在 $x=1$ 处连续.

例 2　证明函数 $y=f(x)=|x|$ 在 $x=0$ 处连续.

证 因为 $y=f(x)=|x|$ 在 $x=0$ 的邻域内有定义,且

$$f(0)=0, \lim_{x\to 0} f(x)=\lim_{x\to 0}|x|=\lim_{x\to 0}\sqrt{x^2}=0.$$

由定义 1 可知,函数 $y=f(x)=|x|$ 在 $x=0$ 处连续.

设变量 u 从它的一个初值 u_1 变到终值 u_2,终值 u_2 与初值 u_1 的差 u_2-u_1 称为变量 u 的增量,记为 Δu,即

$$\Delta u=u_2-u_1.$$

变量的增量 Δu 可能为正,可能为负,还可能为 0.

设函数 $f(x)$ 在 $U(x_0)$ 内有定义,若 $x\in U(x_0)$,则

$$\Delta x=x-x_0$$

称为自变量 x 在点 x_0 处的增量. 显然,$x=x_0+\Delta x$,此时,函数值相应地由 $f(x_0)$ 变到 $f(x)$,于是

$$\Delta y=f(x)-f(x_0)=f(x_0+\Delta x)-f(x_0)$$

称为函数 $f(x)$ 在点 x_0 处相应于自变量增量 Δx 的增量.

函数 $f(x)$ 在点 x_0 处的连续性可等价地通过函数的增量与自变量的增量关系来描述.

定义 2 设函数 $f(x)$ 在 $U(x_0)$ 内有定义,如果当自变量的增量 Δx 趋于 0 时,相应的函数的增量 $\Delta y=f(x_0+\Delta x)-f(x_0)$ 也趋于 0,即 $\lim_{\Delta x\to 0}\Delta y=0$,则称函数 $f(x)$ 在点 x_0 处连续.

定义 3 如果 $f(x)$ 在区间 (a,b) 内任何一点都连续,则称 $f(x)$ 在区间 (a,b) 内连续.

2. 初等函数的连续性

我们遇到的函数大部分为初等函数,它是由基本初等函数经过有限次四则运算及有限次复合运算而成的. 由函数极限的讨论以及函数的连续性的定义可知:基本初等函数在其定义域内是连续的. 进而由连续函数的定义及运算法则,我们可得出:初等函数在其有定义的区间内是连续的.

由上可知,对初等函数在其有定义的区间的点求极限时,只需求相应的函数值即可.

例 3 求 $\lim_{x\to 1}\dfrac{x^2+\ln(4-3x)}{\arctan x}$.

解 初等函数 $f(x)=\dfrac{x^2+\ln(4-3x)}{\arctan x}$ 在 $x=1$ 的某邻域内有定义,所以

$$\lim_{x\to 1}\frac{x^2+\ln(4-3x)}{\arctan x}=\frac{1+\ln(4-3)}{\arctan 1}=\frac{4}{\pi}.$$

例 4　求 $\lim\limits_{x\to 0}\dfrac{4x^2-1}{2x^2-3x+5}$.

解　$\lim\limits_{x\to 0}\dfrac{4x^2-1}{2x^2-3x+5}=\dfrac{4\times 0-1}{2\times 0-3\times 0+5}=-\dfrac{1}{5}$

3. 函数的间断点

定义 4　如果函数 $f(x)$ 在点 x_0 不连续,则称 x_0 为 $f(x)$ 的一个间断点.

由函数在某点连续的定义可知,如果 $f(x)$ 在点 x_0 处有下列情形之一,则点 x_0 是 $f(x)$ 的一个间断点:

(1) $f(x)$ 在点 x_0 没有定义;

(2) $\lim\limits_{x\to x_0}f(x)$ 不存在;

(3) 虽然 $\lim\limits_{x\to x_0}f(x)$ 存在,但 $\lim\limits_{x\to x_0}f(x)\neq f(x_0)$.

下面举例说明函数间断点的类型.

例 5　讨论函数

$$y=\begin{cases}2x,& x\neq 0,\\ 1,& x=0,\end{cases}$$

在点 $x_0=0$ 处的连续性.

解　由于 $\lim\limits_{x\to 0}y=\lim\limits_{x\to 0}2x=0$,而 $y\Big|_{x=0}=1$,由定义知函数 y 在点 $x_0=0$ 处不连续. 若修改函数 y 在 $x_0=0$ 的定义,令 $f(0)=0$,则函数

$$f(x)=\begin{cases}2x,& x\neq 0,\\ 0,& x=0.\end{cases}$$

在点 $x_0=0$ 处连续(见图 1-36).

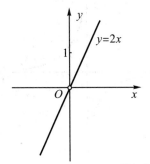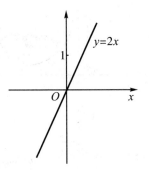

图 1-36

若 $\lim\limits_{x \to x_0} f(x)$ 存在,且 $\lim\limits_{x \to x_0} f(x) = a$,而函数 $y = f(x)$ 在点 x_0 处无定义,或者虽然有定义,但 $f(x_0) \neq a$,则点 x_0 是函数 $y = f(x)$ 的一个间断点,称此类间断点为函数的可去间断点. 此时,若补充或改变函数 $y = f(x)$ 在点 x_0 处的值为 $f(x_0) = a$,则可得到一个在点 x_0 处连续的函数,这也是为什么把这类间断点称为可去间断点的原因.

例 6 讨论函数

$$y = f(x) = \begin{cases} \arctan \dfrac{1}{x}, & x \neq 0, \\ 0, & x = 0, \end{cases} \quad \text{在点 } x_0 = 0 \text{ 处的连续性.}$$

解 由于

$$\lim_{x \to 0^+} \arctan \frac{1}{x} = \frac{\pi}{2},$$

$$\lim_{x \to 0^-} \arctan \frac{1}{x} = -\frac{\pi}{2},$$

函数 $y = f(x)$ 在点 $x_0 = 0$ 处的左右极限存在但不相等,故 $y = f(x)$ 在 $x_0 = 0$ 处不连续. 此时,不论如何改变函数在点 $x_0 = 0$ 处的函数值,均不能使函数在这点连续(见图 1 - 37).

若函数 $y = f(x)$ 在点 x_0 处的左、右极限均存在,但不相等,则点 x_0 为 $f(x)$ 的间断点,且称这样的间断点为跳跃间断点.

函数的可去间断点与跳跃间断点统称为第一类间断点. 在第一类间断点处,函数的左右极限均存在.

凡不属于第一类间断点的间断点,我们统称为第二类间断点,在第二类间断点处,函数的左、右极限中至少有一个不存在.

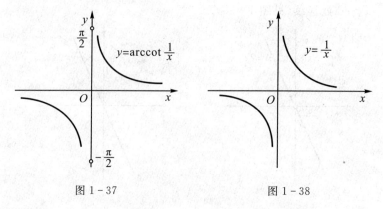

图 1 - 37   图 1 - 38

例 7　讨论函数

$$y=\begin{cases} \dfrac{1}{x}, & x\neq 0, \\ 0, & x=0, \end{cases}$$

在点 $x_0=0$ 处的连续性.

解　由于 $\lim\limits_{x\to 0}\dfrac{1}{x}=\infty$,故函数在点 $x_0=0$ 处间断(见图 1-38).

若函数 $y=f(x)$ 在点 x_0 处的左、右极限中至少有一个为无穷大,则称点 x_0 为 $y=f(x)$ 的无穷间断点.

例 8　讨论函数

$$y=\begin{cases} \sin\dfrac{1}{x}, & x\neq 0, \\ 0, & x=0, \end{cases}$$

在 $x_0=0$ 处的连续性.

解　由于 $\lim\limits_{x\to 0}\sin\dfrac{1}{x}$ 不存在,随着 x 趋近于零,函数值在 -1 与 1 之间来回振荡,故函数在点 $x_0=0$ 处间断(见图 1-39).

若函数 $y=f(x)$ 在 $x\to x_0$ 时呈振荡无极限状态,则称点 x_0 为函数 $y=f(x)$ 的振荡间断点.

无穷间断点和振荡间断点都是第二类间断点.

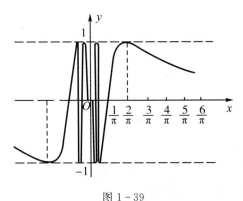

图 1-39

练习 1.6

1.判断下列说法是否正确.

(1)若函数 $f(x)$ 在 x_0 处有定义,且 $\lim\limits_{x\to x_0}f(x)=A$,则 $f(x)$ 在 x_0 处连续;

(2)若函数 $f(x)$ 在 x_0 处连续,则 $\lim\limits_{x\to x_0}f(x)$ 必存在;

(3)若函数 $f(x)$ 在 $(-\infty,+\infty)$ 内连续,则它在闭区间 $[a,b]$ 上一定连续;

(4)初等函数在其定义域内一定连续.

2. 求函数 $f(x)=\dfrac{x^3+3x^2}{x^2+x-6}$ 的连续区间,并求 $\lim\limits_{x\to 0}f(x)$,$\lim\limits_{x\to -3}f(x)$.

3. 设函数 $f(x)=\begin{cases}e^x, & x<0 \\ a+x, & x\geqslant 0\end{cases}$ 在 $(-\infty,+\infty)$ 内连续,求 a 的值.

4. 函数 $f(x)$ 在指定点处是否连续? 若不连续,指出是哪一类间断点.

$(1)f(x)=\begin{cases}x+\dfrac{1}{x}, & x\neq 0, \\ 0, & x=0;\end{cases}$　$(2)f(x)=\dfrac{2^{\frac{1}{x}}-1}{2^{\frac{1}{x}}+1},x=0.$

§1.7　闭区间上连续函数的性质

闭区间上连续的函数有一些重要的性质,它们可作为分析和论证某些问题时的理论依据,这些性质的几何意义十分明显,我们一般不给出证明.

1. 根的存在定理(零点存在定理)

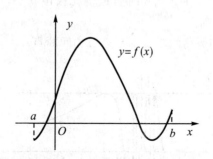

图 1-40

定理 1　若函数 $y=f(x)$ 在闭区间 $[a,b]$ 上连续,且 $f(a)\cdot f(b)<0$,则至少存在一点 $x_0\in(a,b)$,使 $f(x_0)=0$.

定理 1 的几何意义十分明显. 若函数 $y=f(x)$ 在闭区间 $[a,b]$ 上连续,且 $f(a)$ 与 $f(b)$ 不同号,则函数 $y=f(x)$ 对应的曲线在开区间 (a,b) 内至少穿过 x 轴一次(见图 1-40).

2. 介值定理

定理 2　设函数 $y=f(x)$ 在闭区间 $[a,b]$ 上连续,$f(a)\neq f(b)$,则对介于 $f(a)$ 与 $f(b)$ 之间的任意值 c,至少存在一点 $x_0\in(a,b)$,使 $f(x_0)=c$.

定理 2 的几何意义为:若 $y=f(x)$ 在闭区间 $[a,b]$ 上连续,c 为介于 $f(a)$ 与 $f(b)$ 之间的数,则直线 $y=c$ 与曲线 $y=f(x)$ 在开区间 (a,b) 内至少相交一次(见图 $1-41$).

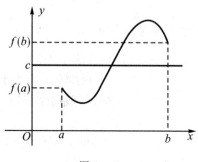

图 $1-41$

3. 最大、最小值定理

我们首先引入最大值和最小值的概念.

定义 1　设函数 $y=f(x)$ 在区间 I 上有定义,如果存在点 $x_0\in I$,使得对任意的 $\forall x\in I$,有
$$f(x_0)\geqslant f(x)(\text{或 } f(x_0)\leqslant f(x)),$$
则称 $f(x_0)$ 为函数 $y=f(x)$ 在区间 I 上的最大(小)值,记为
$$f(x_0)=\max_{x\in I}f(x)(\text{或 } f(x_0)=\min_{x\in I}f(x)).$$

一般来说,在一个区间上连续的函数,在该区间上不一定存在最大值或最小值. 但是,如果函数在一个闭区间上连续,那么它必定在该闭区间上取得最大值和最小值.

定理 3　若函数 $y=f(x)$ 在闭区间 $[a,b]$ 上连续,则它一定在闭区间 $[a,b]$ 上取得最大值和最小值.

定理 3 表明:若函数 $y=f(x)$ 在闭区间 $[a,b]$ 上连续,则存在 x_1, $x_2\in[a,b]$,使得
$$f(x_1)=\min_{x\in[a,b]}f(x),f(x_2)=\min_{x\in[a,b]}f(x).$$
于是,对任意 $x\in[a,b]$,有 $f(x_2)\leqslant f(x)\leqslant f(x_1)$,若取 $M=\max\{|f(x_1)|,|f(x_2)|\}$,则有 $|f(x)|\leqslant M$,从而有下述结论.

推论 1　若函数 $y=f(x)$ 在闭区间 $[a,b]$ 上连续,则 $f(x)$ 在 $[a,b]$ 上有界.

由介值定理我们可得出下面的推论.

推论2   若函数 $y=f(x)$ 在闭区间 $[a,b]$ 上连续，$M=\max\limits_{x\in[a,b]} f(x)$，$m=\min\limits_{x\in[a,b]} f(x)$，则 $f(x)$ 必取得介于 M 与 m 之间的任何值.

例1   函数 $y=\tan x$ 在区间 $\left(-\dfrac{\pi}{2},\dfrac{\pi}{2}\right)$ 内连续，但 $y=\tan x$ 在 $\left(-\dfrac{\pi}{2},\dfrac{\pi}{2}\right)$ 内取不到最大值与最小值.

由例1可知，定理3中闭区间的要求不能少.

例2   证明方程 $\ln (1+e^x)=2x$ 至少有一个小于1的正根.

证   设 $f(x)=\ln (1+e^x)-2x$，则显然 $f(x)$ 在闭区间 $[0,1]$ 上连续，又

$$f(0)=\ln 2>0,\ f(1)=\ln (1+e)-2=\ln (1+e)-\ln e^2<0,$$

由根的存在定理知，至少存在一点 $x_0\in(0,1)$，使 $f(x_0)=0$. 即方程 $\ln (1+e^x)=2x$ 至少有一个小于1的正根.

例2表明，我们可利用根的存在定理来证明某些方程的解的存在性.

练习1.7

1. 证明方程 $x^5-3x=1$ 至少有一个根介于1和2之间.

2. 证明方程 $x=a\sin x+b$ 至少有一个正根，并且它不超过 $(a+b)$. 其中 $a>0$，$b>0$.

§1.8   应用举例

1. 龟兔赛跑悖论

古希腊的学者曾经提出一个著名的龟兔赛跑悖论. 它是这样的：乌龟先爬了一段在 A_1 点，兔子在起点 B 点. 兔子想要追上乌龟. 但是，它在追乌龟的同时乌龟在往前爬. 兔子想要追上乌龟，就必须到达乌龟开始所在的点 A_1. 当它到达 A_1 点时，乌龟又爬了一段到达 A_2 点（它们之间的相对距离减小了）. 然后兔子又必须追赶到达 A_2 点，可是此时乌龟又到达 A_3 点（它们之间相对距离继续缩小）. 兔子想追上乌龟必须到达 A_3 点，可是乌龟已经爬到 A_4 点……这样下去，兔子和乌龟之间的距离会越来越小，也就是，一直跑下去，兔子和乌龟之间的距离会达到无穷小，但是，兔子无论如何也追不上乌龟.

可以看到，这个悖论在逻辑上是没有问题的，那么问题究竟出在什

么地方呢? 经过分析可以发现,这个问题的关键就在于:无限小是不是有尽头? 兔子和乌龟之间的相对距离会随着运动变成无限小,但是只有这个相对距离变成 0,兔子才能够追上乌龟,否则它们之间就隔着一道正无限小的鸿沟. 可是在现实之中,兔子追上了乌龟(兔子速度大于乌龟),那么在数学的理想模型中,正无限小是否有个尽头呢?

为了更加清晰地理解和研究这个问题,不妨取一些特殊值来进行计算. 例如:如果兔子和乌龟之间的距离是 8 m,兔子的速度是 2 m/s,乌龟的速度是 1 m/s. 按照悖论的逻辑,它们的运动过程是这样:兔子跑完 8 m 用了 4 s,在这 4 s 中,乌龟又爬了 4 m. 等到兔子跑完 4 米用了 2 秒,乌龟又爬了 2 米……. 乌龟的起点在 A_1,兔子的起点在 B. 兔子和乌龟的距离为 8 米,随着时间推移,兔子和乌龟的距离不断减小:4 m,2 m,1 m,1/2 m,1/4 m,1/8 m…那么,可以看出兔子所跑过的距离一共为 $S_1 = 8 + 4 + 2 + 1 + 1/2 + 1/4 + 1/8 +$ …同时,乌龟走过的距离一共为 $S_2 = 4 + 2 + 1 + \dfrac{1}{2} + \dfrac{1}{4} +$ …这两个涉及无限的式子很难处理,如何计算出它们的值呢?

如果我们越过这个无限小,而采用间接的方法来求是极其简单的:假设乌龟不动,兔子与乌龟的相对速度为 1 m/s,那么兔子追上乌龟只需要 8 s. 也就是说,8 秒以后,兔子跑了 16 米,乌龟爬了 8 米,那么兔子就追上了乌龟.

也就是说,兔子是可以追上乌龟的,这个无限小的距离最后被越过了! 这就要求,从数学角度来说,**一个无限小的正数在某个条件下最终能够取到 0,这个正无限小的运动必须有个极限!** 而这个极限就是 0. 再来看一看上面式子,它是一个公比为 1/2 的等比数列的无限项的和. 按照我们的理论,无限持续下去就可以达到极限,这里一共有 1/0 项,最后一项为 0. $S_1 = 8 + 4 + 2 + 1 + 1/2 + 1/4 + \cdots + 0$. 既然知道了首项、公比和项数,那么就可以使用等比数列求和公式来计算了.

通过计算结果可以知道,只要承认了 1/0 的存在,就可以引用极限概念从数学角度解决这个悖论. 同时,这将对数学概念产生极大的影响. **一个正无限小的趋势,运行到极限时,就可以取到 0. 而无限大和无限小运行到极限时,就都会变成一个极限数.** 这个观念如果得到承认,将是一个理念上的巨大突破.

同时,从物理意义来说,这也启示我们:**物质的分割是有一个尽头的,在分到极限时,可以将物质分到虚无,它是不存在,就是一种特殊的存在状态.** 人们在分割物质的时候没有能力分到极限,但这并不意味着在自然之中的运动和变化无法达到极限. 在这个龟兔赛跑的悖论中, 运动达到了极限, 最终使这个无限小运动到了 0, 使兔子追上了乌龟.

本章小结

本章主要讲述了极限和连续这两个基本问题.

1. 极限

在了解数列极限的定义、函数极限的定义、极限存在的充分必要条件的基础上, 掌握极限的运算法则和求极限的方法:

(1)利用函数的连续性求极限.

(2)当函数 $f(x)$ 在点 x_0 处连续时, 可以交换函数符号和极限符号, 即

$$\lim_{x \to x_0} f(x) = f(\lim_{x \to x_0} x).$$

(3)利用无穷小与有界变量的乘积仍是无穷小求极限.

(4)利用无穷小与无穷大的倒数关系求极限.

(5)利用夹逼准则求极限.

(6)利用两个重要极限求极限.

2. 连续

函数的连续性是本章的另一重要概念. 主要应掌握函数在点 x_0 连续的两个等价定义, 函数在点 x_0 连续和该点有极限的关系, 判断函数间断点的条件和初等函数的连续性, 此外还应了解闭区间上连续函数的性质.

第 1 章综合练习题

1.求下列函数的定义域:

(1)$y = \dfrac{1}{x} - \sqrt{1 - x^2}$;

(2)$y = \dfrac{x}{x^2 - 3x + 2}$;

(3)$y = \arcsin(x - 3)$;

(4)$y = \sqrt{3 - x} + \arctan \dfrac{1}{x}$.

2.判断下列函数的奇偶性:

(1)$y = 2x^3 - 8\sin x$;

(2)$y = a^x + a^{-x} \quad (a > 0)$;

(3)$y = \dfrac{1 - x^2}{1 + x^2}$;

(4)$y = x(x - 1)(x + 1)$.

3. 下列函数可以看成是由哪些简单函数复合而成的：

(1) $y=\sqrt{3-x}$；

(2) $y=(1+\lg x)^5$；

(3) $y=\sqrt{\lg \sqrt{x}}$；

(4) $y=\ln(\arccos x^3)$.

4. 求下列数列的极限：

(1) $x_n=\dfrac{1}{2^n}$；

(2) $x_n=(-1)^n \dfrac{1}{n}$；

(3) $x_n=2+\dfrac{1}{n^2}$；

(4) $x_n=\dfrac{n-1}{n+1}$.

5. 求下列极限：

(1) $\lim\limits_{x \to -2}(3x^2-5x+1)$；

(2) $\lim\limits_{x \to \sqrt{3}}\dfrac{x^2-3}{x^4+x^2+1}$；

(3) $\lim\limits_{x \to 0}\left(1-\dfrac{2}{x-3}\right)$；

(4) $\lim\limits_{x \to 2}\dfrac{x^2-3}{x-2}$；

(5) $\lim\limits_{x \to 1}\dfrac{x^2-1}{2x^2-x-1}$；

(6) $\lim\limits_{x \to 0}\dfrac{4x^3-2x^2+x}{3x^2+2x}$；

(7) $\lim\limits_{x \to \infty}\dfrac{3x+2}{6x-1}$；

(8) $\lim\limits_{x \to \infty}\dfrac{500x}{1+x^3}$.

6. 求下列极限：

(1) $\lim\limits_{x \to 0}\dfrac{\sin 3x}{\sin 5x}$；

(2) $\lim\limits_{x \to 0}\dfrac{\tan 2x-\sin x}{x}$；

(3) $\lim\limits_{x \to 0}\dfrac{\cos x-\cos 3x}{x^2}$；

(4) $\lim\limits_{x \to 0}\dfrac{\tan(2x+x^3)}{\sin(x-x^2)}$.

7. 求下列极限：

(1) $\lim\limits_{x \to \infty}\left(1+\dfrac{4}{x}\right)^{2x}$；

(2) $\lim\limits_{x \to \infty}\left(1-\dfrac{2}{x}\right)^{\frac{x}{2}-1}$；

(3) $\lim\limits_{x \to 0}\left(\dfrac{3-x}{3}\right)^{\frac{2}{x}}$；

(4) $\lim\limits_{x \to \infty}\left(\dfrac{x-1}{x+1}\right)^x$.

8. 求下列函数的间断点，并说明理由.

(1) $y=\dfrac{1}{(x+3)^2}$；

(2) $y=x\cos\dfrac{1}{x}$；

(3) $y=\dfrac{x^3-1}{x^2-1}$；

(4) $y=(1+x)^{\frac{1}{x}}$.

9. 设 $f(x)=\begin{cases} e^x, & x<0, \\ a+x, & x \geqslant 0, \end{cases}$ 应当选择怎样的数 a，使得 $f(x)$ 在 $(-\infty,+\infty)$ 内连续.

10. 若 $f(x)$ 在 $[a,b]$ 上连续，$a<x_1<x_2<\cdots<x_n<b$，证明在 $[x_1,x_n]$ 上必有点 ξ，使得

$$f(\xi)=\dfrac{f(x_1)+f(x_2)+\cdots f(x_n)}{n}.$$

第 2 章

导数与微分

微分学是微积分的重要组成部分,它的基本概念是导数与微分.导数与微分在生产、生活及其它学科中都有广泛的应用.本章主要介绍导数和微分的概念、计算方法及其在实际问题中的一些简单应用.

§2.1　导数的概念

1.导数概念的产生

曲线的切线问题是导数概念的产生背景之一.如图 2-1 建立直角坐标系,函数 $y=f(x)$ 的图形为曲线,我们发现,当点 $P_n(x_n,f(x_n))$ 沿着曲线无限接近点 $P(x_0,f(x_0))$ 时,割线 PP_n 趋近于确定的位置,这个确定位置的直线 PT 称为曲线在点 P 处的切线.

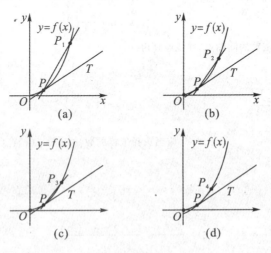

图 2-1

割线 PP_n 的斜率是 $k_n = \dfrac{f(x_n) - f(x_0)}{x_n - x_0}$，当点 P_n 沿着曲线无限接近点 P 时，k_n 无限趋近于切线 PT 的斜率 k，即

$$k = \lim_{x_n \to x_0} \frac{f(x_n) - f(x_0)}{x_n - x_0}. \tag{1}$$

2. 导数的定义

(1)导数

定义 1　设函数 $y = f(x)$ 在点 x_0 的某个邻域内有定义，当自变量 x 在 x_0 处取得增量 Δx（点 $x_0 + \Delta x$ 仍在该邻域内）时，相应地函数 y 取得增量 $\Delta y = f(x_0 + \Delta x) - f(x_0)$；如果 Δy 与 Δx 之比在 $\Delta x \to 0$ 时的极限存在，则称函数 $y = f(x)$ 在点 x_0 处可导，并称这个极限为函数 $y = f(x)$ 在点 x_0 处的导数，记为 $f'(x_0)$，即

$$f'(x_0) = \lim_{\Delta x \to 0} \frac{\Delta y}{\Delta x} = \lim_{\Delta x \to 0} \frac{f(x_0 + \Delta x) - f(x_0)}{\Delta x} \tag{2}$$

或记为

$$y' \big|_{x=x_0}, \frac{\mathrm{d}y}{\mathrm{d}x} \Big|_{x=x_0}, \frac{\mathrm{d}f(x)}{\mathrm{d}x} \Big|_{x=x_0}.$$

函数 $y = f(x)$ 在点 x_0 处可导有时也说成 $y = f(x)$ 在点 x_0 具有导数或导数存在.

导数的定义也可取不同的形式，常见的有：

$$f'(x_0) = \lim_{h \to 0} \frac{f(x_0 + h) - f(x_0)}{h}, \tag{3}$$

$$f'(x_0) = \lim_{x \to x_0} \frac{f(x) - f(x_0)}{x - x_0}. \tag{4}$$

在实际中，需要讨论有不同意义的变量的变化"快慢"问题，在数学上就是所谓函数的变化率问题.导数概念就是函数变化率这一概念的精确描述.

(2)导函数

定义 2　如果函数 $y = f(x)$ 在开区间 I 内的每点处都可导，就称函数 $y = f(x)$ 在开区间 I 内可导.对任意 $x \in I$ 都对应着 $y = f(x)$ 的一个确定的导数值，这样就构成了一个新的函数，这个函数叫做 $y = f(x)$ 的导函数，记作

$$y', f'(x), \frac{\mathrm{d}y}{\mathrm{d}x}, \frac{\mathrm{d}f(x)}{\mathrm{d}x}, \tag{5}$$

由式(3)得

$$f'(x) = \lim_{h \to 0} \frac{f(x + h) - f(x)}{h}. \tag{6}$$

导函数 $f'(x)$ 简称导数.

注　函数 $f(x)$ 在点 x_0 处的导数 $f'(x_0)$ 就是先求导函数 $f'(x)$ 再把 $x=x_0$ 代入,这也是求函数在点 x_0 处的导数的方法之一.

在经济学中,常称导数 $f'(x)$ 为 $f(x)$ 的边际函数. 在点 x_0 处的导数 $f'(x_0)$ 称为 $f(x)$ 在点 x_0 处的边际函数值.

例1　求函数 $f(x)=x^n(n\in \mathbf{N}^+)$ 在 $x=a$ 处的导数.

解　$f'(a)=\lim\limits_{x\to a}\dfrac{f(x)-f(a)}{x-a}=\lim\limits_{x\to a}\dfrac{x^n-a^n}{x-a}$

$=\lim\limits_{x\to a}(x^{n-1}+ax^{n-2}+\cdots+a^{n-1})$

$=na^{n-1}.$

将 a 换成 x 得 $f'(x)=nx^{n-1}$ 即 $(x^n)'=nx^{n-1}.$

一般地,幂函数 $y=x^u$ （u 为常数）的导数公式为：$(x^u)'=ux^{u-1}.$

例2　求函数 $f(x)=\sin x$ 的导数.

解　$f'(x)=\lim\limits_{h\to 0}\dfrac{f(x+h)-f(x)}{h}=\lim\limits_{h\to 0}\dfrac{\sin(x+h)-\sin x}{h}$

$=\lim\limits_{h\to 0}\left(\dfrac{1}{h}\cdot 2\cos\left(x+\dfrac{h}{2}\right)\sin\dfrac{h}{2}\right)$

$=\lim\limits_{h\to 0}\left[\cos\left(x+\dfrac{h}{2}\right)\cdot\dfrac{\sin\dfrac{h}{2}}{\dfrac{h}{2}}\right]=\cos x.$

正弦函数的导数是余弦函数,即 $(\sin x)'=\cos x.$

同理可证 $(\cos x)'=-\sin x.$

例3　求函数 $f(x)=\log_a x(a>0,a\ne 1)$ 的导数.

解　$f'(x)=\lim\limits_{h\to 0}\dfrac{f(x+h)-f(x)}{h}=\lim\limits_{h\to 0}\dfrac{\log_a(x+h)-\log_a x}{h}$

$=\lim\limits_{h\to 0}\dfrac{1}{h}\log_a\left(\dfrac{x+h}{x}\right)=\dfrac{1}{x}\lim\limits_{h\to 0}\dfrac{x}{h}\log_a\left(1+\dfrac{h}{x}\right)$

$=\dfrac{1}{x}\lim\limits_{h\to 0}\log_a\left(1+\dfrac{h}{x}\right)^{\frac{x}{h}}$

$=\dfrac{1}{x}\log_a \mathrm{e}=\dfrac{1}{x\ln a}.$

即　　　　　　　　　　$(\log_a x)'=\dfrac{1}{x\ln a}.$

特殊地

$$(\ln x)'=\dfrac{1}{x}.$$

（3）单侧导数

根据函数 $f(x)$ 在点 x_0 处的导数 $f'(x_0)$ 的定义，

$$f'(x_0) = \lim_{h \to 0} \frac{f(x_0 + h) - f(x_0)}{h},$$

把点 x_0 处的极限换成点 x_0 处的左、右极限得左、右导数的定义.

定义 3　左导数的定义：

$$f'_-(x_0) = \lim_{h \to 0^-} \frac{f(x_0 + h) - f(x_0)}{h}. \tag{7}$$

定义 4　右导数的定义：

$$f'_+(x_0) = \lim_{h \to 0^+} \frac{f(x_0 + h) - f(x_0)}{h}. \tag{8}$$

因为极限存在的充分必要条件是左、右极限都存在且相等，所以函数在点 x_0 处可导的充分必要条件是左导数和右导数都存在且相等.

若函数 $f(x)$ 在开区间 (a,b) 的内可导，及 $f'_+(a)$ 和 $f'_-(b)$ 都存在，我们就说 $f(x)$ 在闭区间 $[a,b]$ 上可导.

例 4　求函数 $f(x) = |x|$ 在 $x = 0$ 处的导数.

解　$\because \lim_{x \to 0} \frac{f(x) - f(0)}{x - 0} = \lim_{x \to 0} \frac{|x|}{x}$,

而 $\lim_{x \to 0^+} \frac{|x|}{x} = \lim_{x \to 0^+} \frac{x}{x} = 1$，$\lim_{x \to 0^-} \frac{|x|}{x} = \lim_{x \to 0^-} \frac{x}{-x} = -1$.

所以 $\lim_{x \to 0} \frac{|x|}{x}$ 不存在.

即函数 $f(x) = |x|$ 在 $x = 0$ 处不可导.

注　分段函数在分段点处的导数要用单例导数求.

3. 导数的几何意义

由切线问题的讨论知，函数 $y = f(x)$ 在点 x_0 处的导数 $f'(x_0)$ 在几何上表示曲线 $y = f(x)$ 在点 $P(x_0, f(x_0))$ 处的切线的斜率，即

$$f'(x_0) = k = \lim_{h \to 0} \frac{f(x_0 + h) - f(x_0)}{h} = \tan \alpha.$$

其中 α 是切线的倾斜角.

注　1. 如果 $f'(x_0) = \infty$，则曲线 $y = f(x)$ 在点 $P(x_0, f(x_0))$ 处有垂直于 x 轴的切线 $x = x_0$；

2. 如果 $f'(x_0) = 0$，则曲线 $y = f(x)$ 在点 $P(x_0, f(x_0))$ 处有平行于 x 轴的切线 $y = f(x_0)$.

由直线的点斜式方程知,曲线在点 $P(x_0, f(x_0))$ 处的切线方程为:

$$y - f(x_0) = f'(x_0)(x - x_0); \tag{9}$$

曲线在点 $P(x_0, f(x_0))$ 处的法线方程为:

$$y - f(x_0) = -\frac{1}{f'(x_0)}(x - x_0). \tag{10}$$

例 5 求曲线 $y = \frac{1}{x}$ 在点 $\left(\frac{1}{2}, 2\right)$ 处的切线的斜率,并写出在该点处的切线方程和法线方程.

解 根据导数的几何意义,得切线的斜率为

$$k_1 = y' \mid _{x=\frac{1}{2}} = -\frac{1}{x^2} \mid _{x=\frac{1}{2}} = -4.$$

切线方程为

$$y - 2 = -4\left(x - \frac{1}{2}\right),$$

即

$$4x + y - 4 = 0.$$

法线的斜率为

$$k_2 = -\frac{1}{k_1} = \frac{1}{4}.$$

法线方程为

$$y - 2 = \frac{1}{4}\left(x - \frac{1}{2}\right),$$

即

$$2x - 8y + 15 = 0.$$

4. 可导与连续的关系

设函数 $y = f(x)$ 在点 x_0 处可导,即 $\lim\limits_{\Delta x \to 0}\frac{\Delta y}{\Delta x} = f'(x_0)$ 存在. 则

$$\lim_{\Delta x \to 0} \Delta y = \lim_{\Delta x \to 0}\left(\frac{\Delta y}{\Delta x} \cdot \Delta x\right) = \lim_{\Delta x \to 0}\frac{\Delta y}{\Delta x} \cdot \lim_{\Delta x \to 0}\Delta x = f'(x_0) \cdot 0 = 0.$$

这就是说,函数 $y = f(x)$ 在点 x_0 处是连续的. 所以,如果函数 $y = f(x)$ 在点 x 处可导,则函数在该点必连续. 但是一个函数在某点连续却不一定在该点处可导,简言之,可导必连续、连续不一定可导. 如函数 $f(x) = |x|$ 在区间 $(-\infty, +\infty)$ 内连续,但在点 $x = 0$ 处不可导. 简言之,可导一定连续,连续不一定可导.

练习 2.1

1.求下列函数的导数:

(1)$y=\dfrac{1}{x^2}$; (2)$y=\sqrt[3]{x^2}$; (3)$y=x^3\sqrt[5]{x}$;(4)$y=\dfrac{1}{\sqrt{x}}$.

2.已知物体的运动规律为 $s=t^3(\mathrm{m})$,求这物体在 $t=2$ 秒时的速度.

3.求曲线 $y=\sin x$ 在具有下列横坐标的各点处切线的斜率:$x=\dfrac{2}{3}\pi,x=\pi$.

4.求曲线 $y=\mathrm{e}^x$ 在点$(0,1)$处的切线方程.

5.讨论下列函数在 $x=0$ 处的连续性与可导性:

(1)$y=|\sin x|$; (2)$y=\begin{cases} x^2\sin\dfrac{1}{x}, & x\neq 0,\\ 0, & x=0.\end{cases}$

6.设函数 $f(x)=\begin{cases} x^2, & x\leqslant 1,\\ ax+b, & x>1,\end{cases}$ 为了使函数 $f(x)$ 在 $x=1$ 处连续且可导,a,b 应取什么值?

7.已知 $f(x)=\begin{cases} x^2, & x\geqslant 0,\\ -x, & x<0,\end{cases}$ 求 $f'_+(0)$ 及 $f'_-(0)$,并说明 $f'(0)$ 是否存在?

8.证明:双曲线 $xy=a^2$ 上任一点处的切线与两坐标轴构成的三角形的面积都等于 $2a^2$.

9.为了比较不同液体的酸性,化学家利用了 pH 值,pH 值由液体中氢离子的浓度 x 决定:$\mathrm{pH}=-\lg x$,求当 pH 为 2 时对氢离子的浓度的变化率.

§2.2 函数的求导法则

1.导数的四则运算法则

定理 1 如果函数 $u=u(x)$ 及 $v=v(x)$ 都在点 x 处有导数,那么它们的和、差、积、商(除分母为零的点外)都在点 x 处有导数,且

(1)$[u(x)\pm v(x)]'=u'(x)\pm v'(x)$;

(2)$[u(x)v(x)]'=u'(x)v(x)+u(x)v'(x)$;

(3)$\left[\dfrac{u(x)}{v(x)}\right]'=\dfrac{u'(x)v(x)-u(x)v'(x)}{v^2(x)}$ $(v(x)\neq 0)$.

仅证结论(1).

证 $[u(x)\pm v(x)]'=\lim\limits_{\Delta x\to 0}\dfrac{[u(x+\Delta x)\pm v(x+\Delta x)]-[u(x)\pm v(x)]}{\Delta x}$

$=\lim\limits_{\Delta x\to 0}\dfrac{u(x+\Delta x)-u(x)}{\Delta x}\pm\lim\limits_{\Delta x\to 0}\dfrac{v(x+\Delta x)-v(x)}{\Delta x}$

$=u'(x)\pm v'(x).$

定理 1 中的法则的 (1),(2) 能推广到任意有限个导函数的情形. 其中, 在有三个函数的情况下,

$$(u+v-w)'=u'+v'-w';$$

$$(uvw)'=[(uv)w]'=(uv)'w+(uv)w'=u'vw+uv'w+uvw'.$$

在结论 (2) 中, 如果 $u=C$ (C 为常数), 则 $(Cu)'=Cu'$.

在结论 (3) 中, 如果 $u=1$, 则 $\left(\dfrac{1}{v}\right)'=-\dfrac{v'}{v^2}$, 特殊地 $\left(\dfrac{1}{x}\right)'=-\dfrac{1}{x^2}$.

例 1 已知 $f(x)=x^3+4\cos x-\sin\dfrac{\pi}{2}$, 求 $f'(x)$ 及 $f'\left(\dfrac{\pi}{2}\right)$.

解 $f'(x)=3x^2-4\sin x, f'\left(\dfrac{\pi}{2}\right)=\dfrac{3}{4}\pi^2-4.$

例 2 已知 $y=\sec x$, 求 y'.

解
$$y'=(\sec x)'=\left(\frac{1}{\cos x}\right)'=\frac{(1)'\cos x-1\cdot(\cos x)'}{\cos^2 x}$$
$$=\frac{\sin x}{\cos^2 x}=\sec x\tan x.$$

例 3 已知 $y=\tan x$, 求 y'.

解
$$y'=(\tan x)'=\left(\frac{\sin x}{\cos x}\right)'=\frac{(\sin x)'\cos x-\sin x\cdot(\cos x)'}{\cos^2 x}$$
$$=\frac{\cos^2 x+\sin^2 x}{\cos^2 x}=\frac{1}{\cos^2 x}=\sec^2 x.$$

2. 复合函数求导法则(链式法则)

定理 2 如果 $y=f(u)$, $u=g(x)$, 且 $f(u)$ 及 $g(x)$ 可导, 那么复合函数 $y=f[g(x)]$ 的导数为

$$\frac{\mathrm{d}y}{\mathrm{d}x}=\frac{\mathrm{d}y}{\mathrm{d}u}\cdot\frac{\mathrm{d}u}{\mathrm{d}x}.$$

即 $y'(x)=f'(u)\cdot g'(x)$.

应用复合函数求导法则时, 最关键的是要分析所给函数由哪些函数复合而成, 如果所给函数能分解成比较简单的函数, 而这些简单函数的导数我们已经会求, 那么应用复合函数求导法则"由外向内, 逐层求导"就可以求所给函数的导数了.

例 4 已知 $y=\sin x^3$, 求 $\dfrac{\mathrm{d}y}{\mathrm{d}x}$.

解 函数看成 $y=\sin u, u=x^3$ 复合而成, 因此

$$\frac{\mathrm{d}y}{\mathrm{d}x}=\frac{\mathrm{d}y}{\mathrm{d}u}\cdot\frac{\mathrm{d}u}{\mathrm{d}x}=\cos u\cdot 3x^2=3x^2\cos x^3.$$

熟悉后可不写出中间变量.

例 5 已知 $y = \sqrt[3]{1-2x^2}$，求 $\dfrac{\mathrm{d}y}{\mathrm{d}x}$.

解 $\dfrac{\mathrm{d}y}{\mathrm{d}x} = \left[(1-2x^2)^{\frac{1}{3}}\right]' = \dfrac{1}{3}(1-2x^2)^{-\frac{2}{3}} \cdot (1-2x^2)'$

$\qquad = \dfrac{-4x}{3\sqrt[3]{(1-2x^2)^2}}.$

例 6 已知 $y = \ln(x + \sqrt{x^2+a^2})$，求 $\dfrac{\mathrm{d}y}{\mathrm{d}x}$.

解 $\dfrac{\mathrm{d}y}{\mathrm{d}x} = \dfrac{1}{x+\sqrt{x^2+a^2}} \cdot (x+\sqrt{x^2+a^2})'$

$\qquad = \dfrac{1}{x+\sqrt{x^2+a^2}} \cdot \left(1 + \dfrac{1}{2} \cdot \dfrac{1}{\sqrt{x^2+a^2}} \cdot 2x\right)$

$\qquad = \dfrac{1}{x+\sqrt{x^2+a^2}} \cdot \dfrac{x+\sqrt{x^2+a^2}}{\sqrt{x^2+a^2}} = \dfrac{1}{\sqrt{x^2+a^2}}.$

现将基本初等函数的导数公式归结如下：

(1) $(C)' = 0$，C 为常数；　　　(2) $(x^m)' = mx^{m-1}$；

(3) $(\sin x)' = \cos x$；　　　　　(4) $(\cos x)' = -\sin x$；

(5) $(\tan x)' = \sec^2 x$；　　　　(6) $(\cot x)' = -\csc^2 x$；

(7) $(\sec x)' = \sec x \cdot \tan x$；　(8) $(\csc x)' = -\csc x \cdot \cot x$；

(9) $(\log_a x)' = \dfrac{1}{x\ln a}$；　　　(10) $(\ln x)' = \dfrac{1}{x}$；

(11) $(a^x)' = a^x \ln a$；　　　　(12) $(e^x)' = e^x$；

(13) $(\arcsin x)' = \dfrac{1}{\sqrt{1-x^2}}$；　(14) $(\arccos x)' = -\dfrac{1}{\sqrt{1-x^2}}$；

(15) $(\arctan x)' = \dfrac{1}{1+x^2}$；　(16) $(\text{arccot } x)' = -\dfrac{1}{1+x^2}.$

注 另有 $(\ln|x|)' = \dfrac{1}{x}$，$\left(\dfrac{1}{x}\right)' = -\dfrac{1}{x^2}$，$(\sqrt{x})' = \dfrac{1}{2\sqrt{x}}$ 也要熟记.

练习 2.2

1. 推导余切函数及余割函数的导数公式.

(1) $(\cot x)' = -\csc^2 x$；　　　　(2) $(\csc x)' = -\csc x\cot x$.

2. 求下列函数的导数.

(1) $y = \dfrac{4}{x^5} + \dfrac{7}{x^4} - \dfrac{2}{x} + 12$；　　(2) $y = 5x^3 - 2^x + 3e^x$；

(3) $y = 2\tan x + \sec x - 1$；　　　(4) $y = \sin x\cos x$；

(5)$y=x^2\ln x$;　　　　　　　　　(6)$y=3e^x\cos x$;

(7)$y=\dfrac{\ln x}{x}$;　　　　　　　　　(8)$y=\dfrac{e^x}{x^2}+\ln 3$.

3.求下列函数在给定点处的导数.

(1)$y=\sin x-\cos x$,求 $y'\Big|_{x=\frac{\pi}{6}}$ 和 $y'\Big|_{x=\frac{\pi}{4}}$;

(2)$\rho=\theta\sin\theta+\dfrac{1}{2}\cos\theta$,求 $\dfrac{d\rho}{d\theta}\Big|_{\theta=\frac{\pi}{4}}$.

(3)$f(x)=\dfrac{3}{5-x}+\dfrac{x^2}{5}$,求 $f'(0)$ 和 $f'(2)$.

4.求曲线 $y=2\sin x+x^2$ 在点 $x=0$ 处的切线方程和法线方程.

5.求下列函数的导数:

(1)$y=(2x+5)^4$;　　　　　　　　(2)$y=\cos(4-3x)$;

(3)$y=e^{-3x^2}$;　　　　　　　　　(4)$y=\ln(1+x^2)$;

(5)$y=\sin^2 x$;　　　　　　　　　(6)$y=\sqrt{a^2-x^2}$;

(7)$y=\tan x^2$.

6.求下列函数的导数:

(1)$y=\dfrac{1}{\sqrt{1-x^2}}$;　　　　　　　(2)$y=e^{-\frac{x}{2}}\cos 3x$;

(3)$y=\dfrac{1-\ln x}{1+\ln x}$;　　　　　　　(4)$y=\dfrac{\sin 2x}{x}$;

(5)$y=\sqrt{x+\sqrt{x}}$;　　　　　　　(6)$y=\ln\cos\dfrac{1}{x}$;

(7)$y=e^{-\sin^2\frac{1}{x}}$.

7.相对论预言,一个静止时质量为 m_0 的物体,当运动速度为 v 时,其质量

$m=\dfrac{m_0}{\sqrt{1-\dfrac{v^2}{c^2}}}$,其中 c 为光速,求 $\dfrac{dm}{dv}$.

§2.3　高阶导数

一般地,函数 $y=f(x)$ 的导数 $y'=f'(x)$ 仍然是 x 的函数.我们把 $y'=f'(x)$ 的导数叫做函数 $y=f(x)$ 的二阶导数,记作 y'',$f''(x)$ 或 $\dfrac{d^2y}{dx^2}$.

即　$y''=(y')'$,$f''(x)=[f'(x)]'$,$\dfrac{d^2y}{dx^2}=\dfrac{d}{dx}\left(\dfrac{dy}{dx}\right)$.

相应地,把 $y=f(x)$ 的导数 $f'(x)$ 叫做函数 $y=f(x)$ 的一阶导数.

类似地,二阶导数的导数叫做三阶导数,三阶导数的导数叫做四阶导数,…,一般地,$(n-1)$ 阶导数的导数叫做 n 阶导数,分别记作:

$$y''', y^{(4)}, \cdots, y^{(n)} \text{ 或 } \frac{\mathrm{d}^3 y}{\mathrm{d}x^3}, \frac{\mathrm{d}^4 y}{\mathrm{d}x^4}, \cdots, \frac{\mathrm{d}^n y}{\mathrm{d}x^n}.$$

如果函数 $f(x)$ 具有 n 阶导数,也常说成函数 $f(x)$ 为 n 阶可导. 如果函数 $f(x)$ 在点 x 处具有 n 阶导数,那么函数 $f(x)$ 在点 x 的某一邻域内必定具有一切低于 n 阶的导数. y' 称为一阶导数, y'', y''', $y^{(4)}, \cdots, y^{(n)}$ 都称为高阶导数.

例 1　证明:函数 $y = \sqrt{2x - x^2}$ 满足关系式 $y^3 y'' + 1 = 0$.

证　因为 $y' = \dfrac{2 - 2x}{2\sqrt{2x - x^2}} = \dfrac{1 - x}{\sqrt{2x - x^2}}$,

$$y'' = \frac{-\sqrt{2x - x^2} - (1 - x)\dfrac{2 - 2x}{2\sqrt{2x - x^2}}}{2x - x^2}$$

$$= \frac{-2x + x^2 - (1 - x)^2}{(2x - x^2)\sqrt{(2x - x^2)}}$$

$$= -\frac{1}{(2x - x^2)^{\frac{3}{2}}} = -\frac{1}{y^3},$$

所以 $y^3 y'' + 1 = 0$.

例 2　已知 $s = \sin wt$,求 s''.

解　$s' = w\cos wt, s'' = -w^2 \sin wt.$

例 3　求幂函数 $y = x^m$　(m 是任意常数)的 n 阶导数公式.

解　$y' = mx^{m-1}$,

$$y'' = m(m - 1)x^{m-2},$$
$$y''' = m(m - 1)(m - 2)x^{m-3},$$
$$y^{(4)} = m(m - 1)(m - 2)(m - 3)x^{m-4},$$

一般地,可得

$$y^{(n)} = m(m - 1)(m - 2)\cdots(m - n + 1)x^{m-n},$$

即　　$(x^m)^{(n)} = m(m - 1)(m - 2)\cdots(m - n + 1)x^{m-n}.$

当 $m = n$ 时,得到

$$(x^n)^{(n)} = n(n - 1)(n - 2)\cdots 3 \cdot 2 \cdot 1 = n!.$$

而　　$(x^n)^{(n+1)} = 0.$

例 4　求函数 $y = \mathrm{e}^x$ 的 n 阶导数.

解　$y' = \mathrm{e}^x, y'' = \mathrm{e}^x, y''' = \mathrm{e}^x, y^{(4)} = \mathrm{e}^x,$

一般地,可得　　　　　　　$y^{(n)} = \mathrm{e}^x,$

即　　　　　　　　　　　$(\mathrm{e}^x)^{(n)} = \mathrm{e}^x.$

例 5 求正弦函数与余弦函数的 n 阶导数.

解 $y = \sin x$,

$$y' = \cos x = \sin\left(x + \frac{\pi}{2}\right),$$

$$y'' = \cos\left(x + \frac{\pi}{2}\right) = \sin\left(x + \frac{\pi}{2} + \frac{\pi}{2}\right) = \sin\left(x + 2 \cdot \frac{\pi}{2}\right),$$

$$y''' = \cos\left(x + 2 \cdot \frac{\pi}{2}\right) = \sin\left(x + 2 \cdot \frac{\pi}{2} + \frac{\pi}{2}\right) = \sin\left(x + 3 \cdot \frac{\pi}{2}\right),$$

$$y^{(4)} = \cos\left(x + 3 \cdot \frac{\pi}{2}\right) = \sin\left(x + 4 \cdot \frac{\pi}{2}\right),$$

一般地,有

$$y^{(n)} = \sin\left(x + n \cdot \frac{\pi}{2}\right), \text{即} (\sin x)^{(n)} = \sin\left(x + n \cdot \frac{\pi}{2}\right).$$

用类似方法,可得 $(\cos x)^{(n)} = \cos\left(x + n \cdot \frac{\pi}{2}\right)$.

例 6 求对数函数 $\ln(1+x)$ 的 n 阶导数.

解 $y = \ln(1+x), y' = (1+x)^{-1}, y'' = -(1+x)^{-2},$

$y''' = (-1)(-2)(1+x)^{-3}, y^{(4)} = (-1)(-2)(-3)(1+x)^{-4} \cdots$

一般地,可得

$$y^{(n)} = (-1)(-2)\cdots(-n+1)(1+x)^{-n} = (-1)^{n-1}\frac{(n-1)!}{(1+x)^n},$$

即

$$[\ln(1+x)]^{(n)} = (-1)^{n-1}\frac{(n-1)!}{(1+x)^n}.$$

练习 2.3

1.求函数的二阶导数:

(1) $y = 2x^2 + \ln x$;   (2) $y = e^{2x-1}$;

(3) $y = x\cos x$;   (4) $y = e^{-t}\sin t$;

(5) $y = \sqrt{a^2 - x^2}$;   (6) $y = \ln(1 - x^2)$;

(7) $y = \tan x$;   (8) $y = \dfrac{1}{x^3 + 1}$;

(9) $y = (1 + x^2)\arctan x$;   (10) $y = \dfrac{e^x}{x}$.

2.验证函数 $y = C_1 e^{lx} + C_2 e^{-lx}$ (l, C_1, C_2 是常数)满足关系式. $y'' - l^2 y = 0$.

3.求下列函数的 n 阶导数的一般表达式:

(1) $y = x\ln x$;   (2) $y = xe^x$.

§2.4　隐函数的导数及对数求导法

1. 隐函数的导数

定义 1　形如 $y=f(x)$ 的函数称为显函数.

例如 $y=\sin x, y=\ln x+e^x$.

定义 2　如果在方程 $F(x,y)=0$ 中，当 x 取某区间内的任意值时，相应地总有满足这方程的唯一的 y 值存在，那么就说方程 $F(x,y)=0$ 在该区间内确定了一个隐函数.

把一个隐函数化成显函数，叫做隐函数的显化. 隐函数的显化有时是有困难的，甚至是不可能的. 例如方程 $x+y^3-1=0$ 确定的显函数为 $y=\sqrt[3]{1-x}$，而方程 $e^y+xy-e=0$ 就无法显化. 但在实际问题中，有时需要计算隐函数的导数，那么在不解出 y 的情况下，如何求导数 y' 呢？其办法是在方程 $F(x,y)=0$ 中，把 y 看成 x 的函数 $y=y(x)$，在等式两端同时对 x 求导（左端要用到复合函数的求导法则），然后解出 y' 即可.

例 1　求由方程 $e^y+xy-e=0$ 所确定的隐函数 $y=f(x)$ 的导数.

解　把方程两边对 x 求导数得
$$(e^y)'+(xy)'-(e)'=(0)',$$
即
$$e^y \cdot y'+y+xy'=0,$$
从而
$$y'=-\frac{y}{x+e^y}.$$

例 2　求由方程 $y^5+2y-x-3x^7=0$ 所确定的隐函数 $y=f(x)$ 在 $x=0$ 处的导数 $y'|_{x=0}$.

解　把方程两边分别对 x 求导数得
$$5y^4 \cdot y'+2y'-1-21x^6=0,$$
由此得
$$y'=\frac{1+21x^6}{5y^4+2}.$$
因为当 $x=0$ 时，$y=0$，所以
$$y'|_{x=0}=\frac{1+21x^6}{5y^4+2}\bigg|_{x=0}=\frac{1}{2}.$$

2. 对数求导法

对数求导法适用于求幂指函数 $y=[u(x)]^{v(x)}$ 的导数及多因子之积或商的导数. 这种方法是先在 $y=f(x)$ 的两边取对数，然后利用隐函数

求导法求出 y 的导数.

设 $y=f(x)$,两边取对数,得 $\ln y=\ln f(x)$,

两边对 x 求导,得　$\dfrac{1}{y}y'=[\ln f(x)]'$,

$\therefore y'=f(x)[\ln f(x)]'$.

例 3　求 $y=x^{\sin x}$　$(x>0)$ 的导数.

解法一　两边取对数,得　$\ln y=\sin x\ln x$,

上式两边对 x 求导,得　$\dfrac{1}{y}y'=\cos x\cdot\ln x+\sin x\cdot\dfrac{1}{x}$,

于是　　$y'=y\left(\cos x\cdot\ln x+\sin x\cdot\dfrac{1}{x}\right)$

$$=x^{\sin x}\left(\cos x\cdot\ln x+\dfrac{\sin x}{x}\right).$$

解法二　这种幂指函数的导数也可按下面的方法求:

$\because y=x^{\sin x}=e^{\sin x\cdot\ln x}$,

$\therefore y'=e^{\sin x\cdot\ln x}(\sin x\cdot\ln x)'=x^{\sin x}\left(\cos x\cdot\ln x+\dfrac{\sin x}{x}\right)$.

例 4　求函数 $y=\sqrt{\dfrac{(x-1)(x-2)}{(x-3)(x-4)}}$ 的导数.

解　在两边取对数,得

$$\ln y=\dfrac{1}{2}[\ln(x-1)+\ln(x-2)-\ln(x-3)-\ln(x-4)],$$

上式两边对 x 求导,得

$$\dfrac{1}{y}y'=\dfrac{1}{2}\left(\dfrac{1}{x-1}+\dfrac{1}{x-2}-\dfrac{1}{x-3}-\dfrac{1}{x-4}\right),$$

于是

$$y'=\dfrac{y}{2}\left(\dfrac{1}{x-1}+\dfrac{1}{x-2}-\dfrac{1}{x-3}-\dfrac{1}{x-4}\right).$$

练习 2.4

1.求由下列方程所确定的隐函数 y 的导数 $\dfrac{\mathrm{d}y}{\mathrm{d}x}$:

(1)$y^2-2xy+9=0$;　　　　　　　　(2)$x^3+y^3-3axy=0$;

(3)$xy=e^{x+y}$;　　　　　　　　　　(4)$y=1-xe^y$.

2.求曲线 $x^{\frac{2}{3}}+y^{\frac{2}{3}}=a^{\frac{2}{3}}$ 在点 $\left(\dfrac{\sqrt{2}}{4}a,\dfrac{\sqrt{2}}{4}a\right)$ 处的切线方程和法线方程.

3.用对数求导法求下列函数的导数：

$(1)y=\left(\dfrac{x}{1+x}\right)^{x}$；

$(2)y=\sqrt[5]{\dfrac{x-5}{\sqrt[5]{x^{2}+2}}}$；

$(3)y=\dfrac{\sqrt{x+2}(3-x)^{4}}{(x+1)^{5}}$；

$(4)y=\sqrt{x\sin x\ \sqrt{1-e^{x}}}$．

§2.5　函数的微分

1.微分的定义

引例　一块正方形金属薄片受温度变化的影响，其边长由 x_{0} 变到 $x_{0}+\Delta x$，问此薄片的面积改变了多少？

设此正方形的边长为 x，面积为 A，则 A 是 x 的函数：$A=x^{2}$．金属薄片的面积改变量为：

$$\Delta A=(x_{0}+\Delta x)^{2}-(x_{0})^{2}=2x_{0}\Delta x+(\Delta x)^{2}.$$

几何意义：$2x_{0}\Delta x$ 表示两个长为 x_{0}，宽为 Δx 的长方形面积；$(\Delta x)^{2}$ 表示边长为 Δx 的正方形的面积．

数学意义：当 $\Delta x\to 0$ 时，$(\Delta x)^{2}$ 是比 Δx 高阶的无穷小，即 $(\Delta x)^{2}=o(\Delta x)$；$2x_{0}\Delta x$ 是 Δx 的线性函数，是 ΔA 的主要部分，可以近似地代替 ΔA．

定义 1　设函数 $y=f(x)$ 在某区间内有定义，x_{0} 及 $x_{0}+\Delta x$ 在此区间内，如果函数的增量

$$\Delta y=f(x_{0}+\Delta x)-f(x_{0}) \tag{1}$$

可表示为

$$\Delta y=A\Delta x+o(\Delta x) \tag{2}$$

其中 A 是不依赖于 Δx 的常数，那么称函数 $y=f(x)$ 在点 x_{0} 是可微的，而 $A\Delta x$ 称做函数 $y=f(x)$ 在点 x_{0} 相应于自变量增量 Δx 的微分，记作 $\mathrm{d}y$，即　$\mathrm{d}y=A\Delta x$．

定理 1　函数 $f(x)$ 在点 x_{0} 可微的充分必要条件是函数 $f(x)$ 在点 x_{0} 可导，且当函数 $f(x)$ 在点 x_{0} 可微时，其微分一定是

$$\mathrm{d}y=f'(x_{0})\Delta x \tag{3}$$

证　设函数 $f(x)$ 在点 x_{0} 可微，则按(2)有 $\Delta y=A\Delta x+o(\Delta x)$，上式两边除以 Δx，得

$$\frac{\Delta y}{\Delta x}=A+\frac{o(\Delta x)}{\Delta x}.$$

于是,当 $\Delta x \to 0$ 时,由上式就得到 $\quad \lim\limits_{\Delta x \to 0} \dfrac{\Delta y}{\Delta x} = A = f'(x_0)$,

因此,如果函数 $f(x)$ 在点 x_0 可微,则 $f(x)$ 在点 x_0 也一定可导,且 $A = f'(x_0)$;

反之,如果 $f(x)$ 在点 x_0 可导,即 $\lim\limits_{\Delta x \to 0} \dfrac{\Delta y}{\Delta x} = f'(x_0)$ 存在,

根据极限与无穷小的关系,上式可写成 $\quad \dfrac{\Delta y}{\Delta x} = f'(x_0) + \alpha$,

其中 $\alpha \to 0 (\Delta x \to 0)$,且 $A = f(x_0)$ 是常数,$\alpha \Delta x = o(\Delta x)$,由此又有

$$\Delta y = f'(x_0)\Delta x + \alpha \Delta x = f(x_0)\Delta x + o(\Delta x).$$

因 $f'(x_0)$ 不依赖于 Δx,所以 $f(x)$ 在点 x_0 也是可微的.

在 $f'(x_0) \neq 0$ 的条件下,以微分 $\mathrm{d}y = f'(x_0)\Delta x$ 近似代替增量 $\Delta y = f(x_0 + \Delta x) - f(x_0)$ 时,其误差为 $o(\Delta)$. 因此在 $|\Delta x|$ 很小时,有近似等式

$$\Delta y \approx \mathrm{d}y \qquad\qquad (4)$$

函数 $y = f(x)$ 在任意点 x 的微分,称为函数的微分,记作 $\mathrm{d}y$ 或 $\mathrm{d}f(x)$,即

$$\mathrm{d}y = \mathrm{d}f(x) = f'(x)\Delta x$$

通常把自变量 x 的增量 Δx 称为自变量的微分,记作 $\mathrm{d}x$,即 $\mathrm{d}x = \Delta x$. 于是函数 $y = f(x)$ 的微分又可记作

$$\mathrm{d}y = f'(x)\mathrm{d}x \qquad\qquad (5)$$

从而有

$$\frac{\mathrm{d}y}{\mathrm{d}x} = f'(x). \qquad\qquad (6)$$

这就是说,函数的微分 $\mathrm{d}y$ 与自变量的微分 $\mathrm{d}x$ 之商等于该函数的导数. 因此,导数也叫做"微商".

例如 $\qquad \mathrm{d}\cos x = (\cos x)'\Delta x = -\sin x \Delta x = -\sin x \mathrm{d}x$;

$\qquad\qquad \mathrm{d}e^x = (e^x)'\Delta x = e^x \Delta x = e^x \mathrm{d}x.$

定理 2 设 y 与 x 的函数关系是由参数方程 $\begin{cases} x = \varphi(t) \\ y = \psi(t) \end{cases}$ 确定的. 则称此函数关系所表达的函数为由参数方程所确定的函数. 若 $x = \varphi(t)$ 和 $y = \psi(t)$ 都可导,则

$$\frac{\mathrm{d}y}{\mathrm{d}x} = \frac{\mathrm{d}\psi(t)}{\mathrm{d}\varphi(t)} = \frac{\psi'(t)\mathrm{d}t}{\varphi'(t)\mathrm{d}t} = \frac{\psi'(t)}{\varphi'(t)}$$

例 1 求函数 $y = x^2$ 在 $x = 3$ 处的微分.

解 函数 $y = x^2$ 在 $x = 3$ 处的微分为

$$\mathrm{d}y = (x^2)'\big|_{x=3}\mathrm{d}x = 6\mathrm{d}x.$$

例 2 求函数 $y=x^3$ 当 $x=2, \Delta x=0.02$ 时的微分.

解 先求函数在任意点 x 的微分

$$\mathrm{d}y=(x^3)'\Delta x=3x^2\Delta x.$$

再求函数当 $x=2, \Delta x=0.02$ 时的微分

$$\mathrm{d}y\big|_{x=2,\Delta x=0.02}=3x^2\cdot\Delta x\big|_{x=2,\Delta x=0.02}=3\cdot 2^2\cdot 0.02=0.24.$$

例 3 求参数方程 $\begin{cases} x=a\cos t \\ y=b\sin t \end{cases}$ 在相应于 $t=\dfrac{\pi}{4}$ 点处的切线方程.

解 $\dfrac{\mathrm{d}y}{\mathrm{d}x}=\dfrac{(b\sin t)'}{(a\cos t)'}=\dfrac{b\cos t}{-a\sin t}=-\dfrac{b}{a}\cot t.$

所求切线的斜率为 $\dfrac{\mathrm{d}y}{\mathrm{d}x}\bigg|_{t=\frac{\pi}{4}}=-\dfrac{b}{a}.$

切点的坐标为 $x_0=a\cos\dfrac{\pi}{4}=a\dfrac{\sqrt{2}}{2}, y=b=b\sin\dfrac{\pi}{4}=b\dfrac{\sqrt{2}}{2}.$

切线方程为 $y-b\dfrac{\sqrt{2}}{2}=-\dfrac{b}{a}\left(x-a\dfrac{\sqrt{2}}{2}\right)$

即 $bx+ay-\sqrt{2}ab=0.$

2. 微分的几何意义

在直角坐标系中,函数 $y=f(x)$ 的图形是一条曲线,对于某一固定的 x_0 值,曲线上有一个定点 $M(x_0,y_0)$,当自变量 x 有微小增量 Δx 时,就得到曲线上另一点 $N(x_0+\Delta x, y_0+\Delta y)$,从图可知 $MQ=\Delta x, QN=\Delta y$,过点 M 作曲线的切线 MT,它的倾角为 α,则

$$QP=MQ\cdot\tan\alpha=\Delta x\cdot f'(x_0), \text{即 } \mathrm{d}y=QP.$$

所以函数 $y=f(x)$ 在点 x_0 处的微分的几何意义就是曲线在点 $M(x_0,y_0)$ 处的切线 MT 的纵坐标的增量 QP. 当 $|\Delta x|$ 很小时,$|\Delta y-\mathrm{d}y|$ 比 $|\Delta y|$ 小得多,因此在点 M 的邻近可以用直线段来近似代替曲线段.

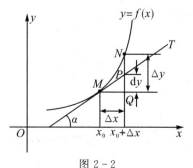

图 2-2

3. 微分的近似计算

在工程问题中,经常会遇到一些复杂的计算公式,如果直接用这些公式进行计算,那是很费力的.利用微分往往可以把一些复杂的计算公式改用简单的近似公式来代替.

如果函数 $y = f(x)$ 在点 x_0 处的导数 $f'(x) \neq 0$,且 $|\Delta x|$ 很小时,我们有

$$\Delta y \approx \mathrm{d}y = f'(x_0)\Delta x,$$
$$\Delta y = f(x_0 + \Delta x) - f(x_0) \approx \mathrm{d}y = f'(x_0)\Delta x,$$
$$f(x_0 + \Delta x) \approx f(x_0) + f'(x_0)\Delta x.$$

若令 $x = x_0 + \Delta x$,即 $\Delta x = x - x_0$,那么又有

$$f(x) \approx f(x_0) + f'(x_0)(x - x_0).$$

特别当 $x_0 = 0$ 时,有

$$f(x) \approx f(0) + f'(0)x.$$

这些都是近似计算公式.

例 3　计算 $\sqrt{1.05}$ 的近似值.

解　已知 $\sqrt[n]{1+x} \approx 1 + \dfrac{1}{n}x$,$1.05 = 1 + 0.05$,$x_0 = 1$,$\Delta x = 0.05$.

故　　$\sqrt{1.05} = \sqrt{1 + 0.05} \approx 1 + \dfrac{1}{2} \times 0.05 = 1.025$.

直接开方的结果是 $\sqrt{1.05} = 1.02470$.

例 4　测量值与被测量真值之差,称为绝对误差.测量值的绝对误差与测量值之比叫相对误差.若正方形边长为 2.41 ± 0.005 m,求它的面积,并估计绝对误差与相对误差.

解　设正方形边长为 x,面积为 y,则 $y = x^2$.

当 $x = 2.41$ 时,$y = (2.41)^2 = 5.8081(\mathrm{m}^2)$.

$y'|_{x=2.41} = 2x|_{x=2.41} = 4.82$.

$\because$ 边长的绝对误差为 $\delta_x = 0.005$,

$\therefore$ 面积的绝对误差为 $\delta_y = 4.82 \times 0.005 = 0.0241$,

$\therefore$ 面积的相对误差为 $\dfrac{\delta_y}{|y|} = \dfrac{0.0241}{5.8081} \approx 0.4\%$.

4. 一阶微分形式不变性

设 $y = f(u)$ 及 $u = \varphi(x)$ 都可导,则复合函数 $y = f[\varphi(x)]$ 的微分为

$$\mathrm{d}y = y'\mathrm{d}x = f'(u)\varphi'(x)\mathrm{d}x.$$

由于 $\varphi'(x)\mathrm{d}x=\mathrm{d}u$,所以复合函数 $y=f[\varphi(x)]$ 的微分公式也可以写成 $\mathrm{d}y=f'(u)\mathrm{d}u$ 或 $\mathrm{d}y=y'\mathrm{d}u$. 由此可见,无论 u 是自变量还是中间变量,微分形式 $\mathrm{d}y=f'(u)\mathrm{d}u$ 保持不变,这一性质称为一阶微分形式不变性.

例 5 已知 $y=\sin(2x+1)$,求 $\mathrm{d}y$.

解 把 $2x+1$ 看成中间变量 u,则

$$\mathrm{d}y=\mathrm{d}(\sin u)=\cos u\mathrm{d}u=\cos(2x+1)\mathrm{d}(2x+1)$$
$$=\cos(2x+1)\cdot 2\mathrm{d}x=2\cos(2x+1)\mathrm{d}x.$$

例 6 已知 $y=\ln(1+\mathrm{e}^{x^2})$,求 $\mathrm{d}y$.

解 $\mathrm{d}y=\mathrm{d}\ln(1+\mathrm{e}^{x^2})=\dfrac{1}{1+\mathrm{e}^{x^2}}\mathrm{d}(1+\mathrm{e}^{x^2})$

$$=\frac{1}{1+\mathrm{e}^{x^2}}\cdot\mathrm{e}^{x^2}\mathrm{d}(x^2)=\frac{1}{1+\mathrm{e}^{x^2}}\cdot\mathrm{e}^{x^2}\cdot 2x\mathrm{d}x=\frac{2x\mathrm{e}^{x^2}}{1+\mathrm{e}^{x^2}}\mathrm{d}x.$$

练习 2.5

1. 已知 $y=x^3-x$,计算在 $x=2$ 处当 Δx 分别等于 $1,0.1,0.01$ 时的 Δy 及 $\mathrm{d}y$.

2. 设函数 $y=f(x)$ 的图形如图所示,试在图(a),(b),(c),(d)中分别标出在点 x_0 的 $\mathrm{d}y$、Δy 及 $\Delta y-\mathrm{d}y$ 并说明其正负.

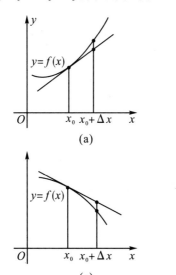

(a)　　　　　　　　(b)

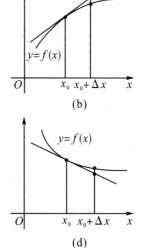

(c)　　　　　　　　(d)

3. 求下列函数的微分:

(1) $y=\dfrac{1}{x}+2\sqrt{x}$; 　　(2) $y=x\sin 2x$; 　　(3) $y=\dfrac{x}{\sqrt{x^2+1}}$;

(4) $y=\ln^2(1-x)$; 　　(5) $y=x^2\mathrm{e}^{2x}$; 　　(6) $y=\mathrm{e}^{-x}\cos(3-x)$;

$(7) y=\arcsin \sqrt{1-x^2}$;　　　$(8) y=\tan^2(1+2x^2)$.

4.将适当的函数填入下列括号内,使等式成立:

$(1) d(\quad)=2dx$;　　　$(2) d(\quad)=3xdx$;　　　$(3) d(\quad)=\cos tdt$;

$(4) d(\quad)=\sin wxdx$;　　$(5) d(\quad)=\dfrac{1}{x+1}dx$;　　$(6) d(\quad)=e^{-2x}dx$;

$(7) d(\quad)=\dfrac{1}{\sqrt{x}}dx$;　　$(8) d(\quad)=\sec^2 3xdx$.

5.设扇形的圆心角 $\alpha=60°$,半径 $R=100$ cm(如图),如果 R 不变,α 减少 $30'$,问扇形面积大约改变了多少? 又如果 α 不变,R 增加 1 cm,问扇形面积大约改变了多少?

6.计算下列三角函数值的近似值:

$(1) \cos 29°$;　　　　　$(2) \tan 136°$.

7.计算下列各根式的的近似值:

$(1) \sqrt[3]{996}$;　　　　　$(2) \sqrt[6]{65}$.

8.海平面的大气压为 76 cm 汞柱,距海平面上方 h 处的大气压 P 为

$$P=76e^{-1.06\times10^{-4}h}.$$

旅行家们常凭经验认为每升高 100 m,大气压减少 0.8 cm 汞柱,解释上述经验为什么是对的.

本章小结

1.理解导数与微分的概念,理解导数的几何意义及函数可导与连续的关系.

2.掌握基本求导公式,掌握导数的四则运算法则和复合函数求导法.

3.熟练掌握初等函数一、二阶导数的求法.

4.掌握隐函数所确定的函数的一、二阶导数的求法.

5.了解对数求导法.

6.了解微分的运算法则及一阶微分形式不变性.

第 2 章综合练习题

1.在"充分"、"必要"和"充要"三者中选择一个正确的填入下列空格内.

$(1) f(x)$ 在点 x_0 可导是 $f(x)$ 在点 x_0 连续的_____条件,$f(x)$ 在点 x_0 连续是 $f(x)$ 在点 x_0 可导的_____条件.

$(2) f(x)$ 在点 x_0 的左导数 $f'_-(x)$ 及右导数 $f'_+(x)$ 都存在且相等是 $f(x)$ 在点 x_0 可导的_____条件.

$(3) f(x)$ 在点 x_0 可导是 $f(x)$ 在点 x_0 可微的_____条件.

2.求下列函数 $f(x)$ 的 $f'_-(0)$ 及 $f'_+(0)$,并说明 $f'(0)$ 是否存在?

$(1) f(x)=\begin{cases} \sin x, & x<0, \\ \ln(1+x), & x\geqslant 0; \end{cases}$　　$(2) f(x)=\begin{cases} \dfrac{x}{1+e^{\frac{1}{x}}}, & x\neq 0, \\ 0, & x=0. \end{cases}$

3. 讨论函数 $f(x)=\begin{cases} x\sin\dfrac{1}{x}, & x\neq 0, \\ 0, & x=0, \end{cases}$ 在 $x=0$ 处的连续性与可导性.

4. 求下列函数的导数：

(1) $y=\arcsin(\sin x)$;　　　　　　(2) $y=\arctan\dfrac{1+x}{1-x}$;

(3) $y=\ln\tan\dfrac{x}{2}-\cos x\cdot\ln\tan x$;　　(4) $y=\ln(\mathrm{e}^x+\sqrt{1+\mathrm{e}^{2x}})$;

(5) $y=\sqrt[x]{x}\,(x>0)$.

5. 求下列函数的二阶导数：

(1) $y=\cos^2 x\cdot\ln x$;　　　　　　(2) $y=\dfrac{x}{\sqrt{1-x^2}}$.

6. 求下列函数的 n 阶导数：

(1) $y=\sqrt[m]{1+x}$;　　　　　　(2) $y=\dfrac{1-x}{1+x}$.

7. 设函数 $y=y(x)$ 由方程 $\mathrm{e}^y+xy=\mathrm{e}$ 所确定,求 $y''(0)$.

8. 利用函数的微分代替函数的增量求 $\sqrt[3]{1.02}$ 的近似值.

第 3 章

微分中值定理与导数的应用

微分中值定理是导数应用的理论基础,是沟通导数和函数关系的桥梁,使我们能用导数来研究函数及曲线的某些性态,并解决一些实际问题.

§3.1　微分中值定理

1. 罗尔定理

首先,观察图 3-1,其中设曲线弧 $\overparen{AB}$ 是函数 $y=f(x)$,$x\in[a,b]$ 的图形.

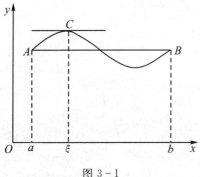

图 3-1

这是一条连续的曲线弧,除端点外,处处具有不垂直于 x 轴的切线,且两个端点的纵坐标相等,即 $f(a)=f(b)$. 可以发现曲线的最高点或最低点 C 处,曲线有水平的切线. 如果记 C 点的横坐标为 ξ,那么就有 $f'(\xi)=0$,这就是罗尔定理. 我们用费马引理来证明它.

费马引理　设函数 $f(x)$ 在点 x_0 的某邻域 $U(x_0)$ 内有定义并且在 x_0 处可导,如果对任意的 $x\in U(x_0)$,有

$$f(x)\leqslant f(x_0)\quad(\text{或 } f(x)\geqslant f(x_0)),$$

那么 $f'(x_0)=0$.

证　不妨设 $x\in U(x_0)$ 时，$f(x)\leqslant f(x_0)$（如果 $f(x)\geqslant f(x_0)$，可以类似地证明）.

于是，对于 $x_0+\Delta x\in U(x_0)$，有　　$f(x_0+\Delta x)\leqslant f(x_0)$，

从而当 $\Delta x>0$ 时，$\dfrac{f(x_0+\Delta x)-f(x_0)}{\Delta x}\leqslant 0$；

当 $\Delta x<0$ 时，$\dfrac{f(x_0+\Delta x)-f(x_0)}{\Delta x}\geqslant 0$.

根据函数 $f(x)$ 在 x_0 可导的条件及极限的保号性，便得到

$$f'(x_0)=f'_+(x_0)=\lim_{\Delta x\to 0^+}\frac{f(x_0+\Delta x)-f(x_0)}{\Delta x}\leqslant 0,$$

$$f'(x_0)=f'_-(x_0)=\lim_{\Delta x\to 0^-}\frac{f(x_0+\Delta x)-f(x_0)}{\Delta x}\geqslant 0.$$

所以 $f'(x_0)=0$.

通常称导数等于 0 的点为函数的驻点（或稳定点、临界点）.

定理 1（罗尔定理）　如果函数 $f(x)$ 满足：

(1)在闭区间 $[a,b]$ 上连续；

(2)在开区间 (a,b) 内可导；

(3)在区间端点的函数值相等，即 $f(a)=f(b)$，那么在 (a,b) 内至少有一点 $\xi(a<\xi<b)$，使得 $f'(\xi)=0$.

证　由于 $f(x)$ 在闭区间 $[a,b]$ 上连续，根据闭区间上连续函数的最大值和最小值定理，$f(x)$ 在闭区间 $[a,b]$ 上必定取得它的最大值 M 和最小值 m. 这样，只有两种可能情形：

(1)$M=m$. 这时 $f(x)$ 在区间 $[a,b]$ 上必然取相同的数值 M，即 $f(x)=M$ 由此，$\forall x\in(a,b)$，有 $f'(x)=0$. 因此，任取 $\xi\in(a,b)$，有 $f'(\xi)=0$.

(2)$M>m$. 因为 $f(a)=f(b)$，所以 M 和 m 这两个数中至少有一个不等于 $f(x)$ 在区间 $[a,b]$ 的端点处的函数值. 不妨设 $M\neq f(a)$（如果设 $m\neq f(a)$，证明完全类似）. 那么必定在开区间 (a,b) 内有一点 ξ 使 $f(\xi)=M$. 因此，$\forall x\in[a,b]$，有 $f(x)\leqslant f(\xi)$，从而由费马引理可知 $f'(\xi)=0$.

注　(1)证明方程有根首先考虑两种方法，一是零点定理，二是罗尔定理.

(2)三个条件只要有一个不满足，结论就不一定成立，读者自己可找些反例.

例 1　设 $f(x)$ 在 $[0,1]$ 上连续，$(0,1)$ 内可导，且 $f(0)=f(1)=0$，

$f\left(\dfrac{1}{2}\right)=1$,试证:至少存在一个 $\xi\in(0,1)$,使 $f'(\xi)=1$.

证 令 $F(x)=f(x)-x$,则 $F(0)=0,F\left(\dfrac{1}{2}\right)=\dfrac{1}{2},F(1)=-1$. 由

闭区间上连续函数的零点定理可知,存在 $\eta\in\left(\dfrac{1}{2},1\right)$,使 $F(\eta)=0$. 再由

罗尔定理得,至少存在一个 $\xi\in(0,\eta)\subset(0,1)$,使 $F'(\xi)=0$,即 $f'(\xi)=1$.

2. 拉格朗日中值定理

罗尔定理中 $f(a)=f(b)$ 这个条件是相当特殊的,它使罗尔定理的应用受到限制. 如果把 $f(a)=f(b)$ 这个条件取消,但仍保留其余两个条件,并相应地改变结论,那么就得到微分学中十分重要的拉格朗日中值定理.

定理 2(拉格朗日中值定理) 如果函数 $f(x)$ 满足:

(1)在闭区间 $[a,b]$ 上连续;

(2)在开区间 (a,b) 内可导,

那么在 (a,b) 内至少有一点 $\xi(a<\xi<b)$,使等式

$$f(b)-f(a)=f'(\xi)(b-a) \tag{1}$$

成立.

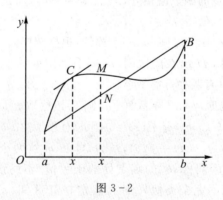

图 3-2

在证明之前,先看一下定理的几何意义. 如果把(1)式改写成

$$\frac{f(b)-f(a)}{b-a}=f'(\xi),$$

由图 3-2 可看出,$\dfrac{f(b)-f(a)}{b-a}$ 为弦 AB 的斜率,而 $f'(\xi)$ 为曲线在点 C 处的切线的斜率. 因此,拉格朗日中值定理的几何意义是:如果连续曲线 $y=f(x)$ 的弦 AB 上除端点外处处具有不垂直于 x 轴的切线,那

么这弧上至少有一点 C,使曲线在 C 点处的切线平行于弦 AB.

从罗尔定理的几何意义中(图 3-1)看出,由于 $f(a)=f(b)$,弦 AB 是平行于 x 轴的,因此点 C 处的切线实际上也平行于弦 AB. 由此可见,罗尔定理是拉格朗日中值定理的特殊情形. 但在拉格朗日中值定理中,函数 $f(x)$ 不一定具备 $f(a)=f(b)$ 这个条件,为此我们设想构造一个与 $f(x)$ 有密切联系的函数 $\phi(x)$(称为辅助函数),使 $\phi(x)$ 满足条件 $\phi(a)=\phi(b)$,然后对 $\phi(x)$ 应用罗尔定理. 从图 3-2 中看到,有向线段 NM 的值是 x 的函数,把它表示为 $\phi(x)$,它与 $f(x)$ 有密切的联系:当 $x=a$ 及 $x=b$ 时,点 M 与点 N 重合,即有 $\phi(a)=\phi(b)=0$. 为求得函数 $\phi(x)$ 的表达式,设直线 AB 的方程为 $y=L(x)$,则

$$L(x)=f(a)+\frac{f(b)-f(a)}{b-a}(x-a),$$

由于点 M,N 的纵坐标依次为 $f(x)$ 及 $L(x)$,故表示有向线段 NM 的值的函数

$$\phi(x)=f(x)-L(x)=f(x)-f(a)-\frac{f(b)-f(a)}{b-a}(x-a).$$

下面就利用这个辅助函数来证明拉格朗日中值定理.

证　引进辅助函数

$$\phi(x)=f(x)-f(a)-\frac{f(b)-f(a)}{b-a}(x-a).$$

容易验证函数 $\phi(x)$ 适合罗尔定理的条件:$\phi(a)=\phi(b)=0$;$\phi(x)$ 在闭区间 $[a,b]$ 上连续,在开区间 (a,b) 内可导,且

$$\phi'(x)=f'(x)-\frac{f(b)-f(a)}{b-a}.$$

根据罗尔定理,可知在 (a,b) 内至少有一点 ξ,使 $\phi'(\xi)=0$,即

$$f'(\xi)-\frac{f(b)-f(a)}{b-a}=0.$$

由此得　　　　　$$\frac{f(b)-f(a)}{b-a}=f'(\xi),$$

即　　　　　$$f(b)-f(a)=f'(\xi)(b-a).$$

显然,公式(1)对于 $b<a$ 也成立.(1)式叫做拉格朗日中值公式. 它还有以下常见表示

$$f(x+\Delta x)-f(x)=f'(x+\theta\Delta x)\cdot\Delta x \quad (0<\theta<1), \qquad (2)$$

$$\Delta y=f'(x+\theta\Delta x)\cdot\Delta x \quad (0<\theta<1). \qquad (3)$$

我们知道,函数的微分 $\mathrm{d}y=f'(x)\cdot\Delta x$ 是函数的增量 Δy 的近似表达式,一般说来,以 $\mathrm{d}y$ 近似代替 Δy 时所产生的误差只有当 $\Delta x\to0$ 时才

趋于零;而(3)式却给出了自变量取得有限增量 Δx($|\Delta x|$ 不一定很小)时,函数增量 Δy 的准确表达式.因此这个定理也叫做有限增量定理,(3)式称为有限增量公式.它精确地表达了函数在一个区间上的增量与函数在该区间内某点处的导数之间的关系.

我们知道,如果函数 $f(x)$ 在某区间上是一个常数,那么 $f(x)$ 在该区间上的导数恒为 0.它的逆命题也是成立的,这就是:

推论 1   如果函数 $f(x)$ 在区间 I 上的导数恒为 0,那么 $f(x)$ 在区间 I 上是一个常数.

证   在区间 I 上任取两点 $x_1,x_2(x_1<x_2)$,应用(1)式就得

$$f(x_2)-f(x_1)=f'(\xi)(x_2-x_1)   (x_1<\xi<x_2),$$

由假定,$f'(\xi)=0$,所以 $f(x_2)-f(x_1)=0$,

即 $f(x_2)=f(x_1).$

因为 x_1,x_2 是 I 上任意两点,所以上面的等式表明:$f(x)$ 在 I 上的函数值总是相等的,这就是说,$f(x)$ 在区间 I 上是一个常数.

推论 2   如果函数 $f(x)$ 与 $g(x)$ 在区间 (a,b) 内满足条件 $f'(x)=g'(x)$,则这两个函数至多相差一个常数,即 $f(x)=g(x)+C.$

例 2   证明当 $x>0$ 时,$\dfrac{x}{1+x}<\ln(1+x)<x.$

证   设 $f(x)=\ln(1+x)$,显然 $f(x)$ 在区间 $[0,x]$ 上满足拉格朗日中值定理的条件,根据定理,应有

$$f(x)-f(0)=f'(\xi)(x-0),0<\xi<x.$$

由于 $f(0)=0,f'(\xi)=\dfrac{1}{1+\xi}$,因此上式即为 $\ln(1+x)=\dfrac{x}{1+\xi}.$

又由 $0<\xi<x$,有 $\dfrac{x}{1+x}<\dfrac{x}{1+\xi}<x,$

即 $\dfrac{x}{1+x}<\ln(1+x)<x.$

注   利用拉格朗日中值定理证明不等式时,关键是选择与所要证明的问题相近的函数与区间,利用拉格朗日中值定理得 $f'(\xi)$ 的表达式,再对 $f'(\xi)$ 作合适的放缩.

练习 3.1

1.验证罗尔定理对函数 $y=\sin x$ 在区间 $\left[\dfrac{\pi}{6},\dfrac{5\pi}{6}\right]$ 上的正确性.

2.验证拉格朗日中值定理对函数 $y=4x^3-5x^2+x-2$ 在区间 $[0,1]$ 上的正确性.

3. 不用求出函数 $f(x)=(x-1)(x-2)(x-3)(x-4)$ 的导数,说明方程 $f'(x)=0$ 有几个实根,并指出它们所在的区间.

4. 证明恒等式:$\arcsin x+\arccos x=\dfrac{\pi}{2}$,$-1\leqslant x\leqslant1$.

5. 若函数 $f(x)$ 在 (a,b) 内具有二阶导数,且 $f(x_1)=f(x_2)=f(x_3)$,其中 $a<x_1<x_2<x_3<b$,证明在 (x_1,x_3) 内至少有一点 ξ,使得 $f''(\xi)=0$.

6. 设 $a>b>0$,$n>1$,证明:$nb^{n-1}(a-b)<a^n-b^n<na^{n-1}(a-b)$.

7. 设 $a>b>0$,证明 $\dfrac{a-b}{a}<\ln\dfrac{a}{b}<\dfrac{a-b}{b}$.

8. 证明方程 $x^5+x-1=0$ 只有一个正根.

9. 证明若函数 $f(x)$ 在 $(-\infty,+\infty)$ 内满足关系式 $f'(x)=f(x)$ 且 $f(0)=1$,则 $f(x)=e^x$.

10. 证明当 $x>0$ 时,$\dfrac{1}{x+1}<\ln\left(1+\dfrac{1}{x}\right)<\dfrac{1}{x}$.

§3.2　洛必达法则

1. 洛必达法则

如果当 $x\to a$(或 $x\to\infty$)时,两个函数 $f(x)$ 与 $F(x)$ 都趋于 0 或都趋于 ∞,那么极限 $\lim\limits_{\substack{x\to a\\(x\to\infty)}}\dfrac{f(x)}{F(x)}$ 可能存在、也可能不存在. 通常把这种极限叫做未定式,并分别简记为 $\dfrac{0}{0}$ 或 $\dfrac{\infty}{\infty}$. 极限 $\lim\limits_{x\to0}\dfrac{\sin x}{x}$ 就是 $\dfrac{0}{0}$ 型未定式,极限 $\lim\limits_{x\to+\infty}\dfrac{\ln x}{x^n}(n>0)$ 就是 $\dfrac{\infty}{\infty}$ 型未定式.

定理 1　设(1)当 $x\to a$ 时,函数 $f(x)$ 及 $F(x)$ 都趋于 0;

(2)在点 a 的某去心邻域内,$f'(x)$ 及 $F'(x)$ 都存在且 $F'(x)\neq0$;

(3)$\lim\limits_{x\to a}\dfrac{f'(x)}{F'(x)}$ 存在(或为无穷大),

那么　$\lim\limits_{x\to a}\dfrac{f(x)}{F(x)}=\lim\limits_{x\to a}\dfrac{f'(x)}{F'(x)}$.

证明略.

这种在一定条件下通过分子、分母分别求导,再求极限,来确定未定式的值的方法称为洛必达法则.

例 1　求 $\lim\limits_{x\to0}\dfrac{\sin ax}{\sin bx}$　$(b\neq0)$.

解 $\lim\limits_{x\to 0}\dfrac{\sin ax}{\sin bx}=\lim\limits_{x\to 0}\dfrac{a\cos ax}{b\cos bx}=\dfrac{a}{b}.$

例 2   求 $\lim\limits_{x\to 1}\dfrac{x^3-3x+2}{x^3-x^2-x+1}.$

解 $\lim\limits_{x\to 1}\dfrac{x^3-3x+2}{x^3-x^2-x+1}=\lim\limits_{x\to 1}\dfrac{3x^2-3}{3x^2-2x-1}=\lim\limits_{x\to 1}\dfrac{6x}{6x-2}=\dfrac{3}{2}.$

注   上式中的 $\lim\limits_{x\to 1}\dfrac{6x}{6x-2}$ 已不是未定式,不能对它应用洛必达法则,以后使用洛必达法则时应当经常注意这一点.如果不是未定式,就不能应用洛必达法则.

例 3   求 $\lim\limits_{x\to 0}\dfrac{x-\sin x}{x^3}.$

解 $\lim\limits_{x\to 0}\dfrac{x-\sin x}{x^3}=\lim\limits_{x\to 0}\dfrac{1-\cos x}{3x^2}=\lim\limits_{x\to 0}\dfrac{\sin x}{6x}=\dfrac{1}{6}.$

对于 $x\to\infty$ 时的未定式 $\dfrac{0}{0}$,以及对于 $x\to a$ 或 $x\to\infty$ 时的未定式 $\dfrac{\infty}{\infty}$,也有相应的洛必达法则.例如,对于 $x\to\infty$ 时的未定式 $\dfrac{0}{0}$ 有以下定理:

定理 2   设(1)当 $x\to\infty$ 时,函数 $f(x)$ 及 $F(x)$ 都趋于 0;

(2)当 $|x|>N$ 时 $f'(x)$ 与 $F'(x)$ 都存在,且 $F'(x)\neq 0$;

(3)$\lim\limits_{x\to\infty}\dfrac{f'(x)}{F'(x)}$ 存在(或为无穷大),

那么 $\lim\limits_{x\to\infty}\dfrac{f(x)}{F(x)}=\lim\limits_{x\to\infty}\dfrac{f'(x)}{F'(x)}.$

证明略.

例 4   求 $\lim\limits_{x\to+\infty}\dfrac{\dfrac{\pi}{2}-\arctan x}{\dfrac{1}{x}}.$

解 $\lim\limits_{x\to+\infty}\dfrac{\dfrac{\pi}{2}-\arctan x}{\dfrac{1}{x}}=\lim\limits_{x\to+\infty}\dfrac{-\dfrac{1}{1+x^2}}{-\dfrac{1}{x^2}}=\lim\limits_{x\to+\infty}\dfrac{x^2}{1+x^2}=1.$

例 5   求 $\lim\limits_{x\to+\infty}\dfrac{\ln x}{x^n}(n>0).$

解 $\lim\limits_{x\to+\infty}\dfrac{\ln x}{x^n}=\lim\limits_{x\to+\infty}\dfrac{\dfrac{1}{x}}{nx^{n-1}}=\lim\limits_{x\to+\infty}\dfrac{1}{nx^n}=0.$

例 6   求 $\lim\limits_{x\to+\infty}\dfrac{x^n}{e^{\lambda x}}(n$ 为正整数,$\lambda>0).$

解　相继应用洛必达法则 n 次,得

$$\lim_{x\to+\infty}\frac{x^n}{\mathrm{e}^{\lambda x}}=\lim_{x\to+\infty}\frac{nx^{n-1}}{\lambda\mathrm{e}^{\lambda x}}=\lim_{x\to+\infty}\frac{n(n-1)x^{n-2}}{\lambda^2\mathrm{e}^{\lambda x}}=\cdots=\lim_{x\to+\infty}\frac{n!}{\lambda^n\mathrm{e}^{\lambda x}}=0.$$

注　对数函数 $\ln x$,幂函数 $x^n(n>0)$、指数函数 $\mathrm{e}^{\lambda x}(\lambda>0)$ 均为当 $x\to+\infty$ 时的无穷大,但这三个函数增大的"速度"是很不一样的,幂函数增大的"速度"比对数函数快得多,而指数函数增大的"速度"又比幂函数快得多.

其他 $0\cdot\infty,\infty-\infty,0^0,1^\infty,\infty^0$ 型的未定式,经过适当变形也可通过 $\dfrac{0}{0}$ 或 $\dfrac{\infty}{\infty}$ 型的未定式来计算.

例 7　求 $\lim\limits_{x\to0^+}x^n\ln x(n>0)$.

解　这是 $0\cdot\infty$ 型的未定式.

$$\lim_{x\to0^+}x^n\ln x=\lim_{x\to0^+}\frac{\ln x}{x^{-n}}=\lim_{x\to0^+}\frac{\dfrac{1}{x}}{-nx^{-n-1}}=\lim_{x\to0^+}\left(\frac{-x^n}{n}\right)=0.$$

例 8　求 $\lim\limits_{x\to\frac{\pi}{2}}(\sec x-\tan x)$.

解　这是 $\infty-\infty$ 型的未定式.

$$\lim_{x\to\frac{\pi}{2}}(\sec x-\tan x)=\lim_{x\to\frac{\pi}{2}}\frac{1-\sin x}{\cos x}=\lim_{x\to\frac{\pi}{2}}\frac{-\cos x}{-\sin x}=0.$$

注:(1)$0\cdot\infty$ 型未定式转化为 $\dfrac{0}{0}$ 或 $\dfrac{\infty}{\infty}$ 型未定式时,对数与反三角函数一般不转化为分母.

(2)$\infty-\infty$ 型未定式常采用通分、根式有理化、变量替换等方法转化.

(3)$0^0,1^\infty,\infty^0$ 型未定式还常利用对数恒等式 $y=\mathrm{e}^{\ln y}$ 转化为 $0\cdot\infty$ 型未定式,再转化为 $\dfrac{0}{0}$ 或 $\dfrac{\infty}{\infty}$ 型未定式.

例 9　求 $\lim\limits_{x\to0^+}x^x$.

解　这是 0^0 型未定式,

$$\lim_{x\to0^+}x^x=\lim_{x\to0^+}\mathrm{e}^{x\ln x}=\lim_{x\to0^+}\mathrm{e}^{\frac{\ln x}{\frac{1}{x}}}=\mathrm{e}^0=1.$$

洛必达法则是求未定式的一种有效方法,但最好能与其他求极限的方法结合使用.

例 10　求 $\lim\limits_{x\to0}\dfrac{\tan x-x}{x^2\sin x}$.

解　如果直接用洛必达法则,那么分母的导数较繁,如果作一个等

价无穷小替代,运算就方便得多.

$$\lim_{x \to 0} \frac{\tan x - x}{x^2 \sin x} = \lim_{x \to 0} \left(\frac{\tan x - x}{x^3} \cdot \frac{x}{\sin x} \right) = \lim_{x \to 0} \frac{\tan x - x}{x^3}$$

$$= \lim_{x \to 0} \frac{\sec^2 x - 1}{3x^2} = \lim_{x \to 0} \frac{2 \sec^2 x \tan x}{6x} = \frac{1}{3} \lim_{x \to 0} \frac{\tan x}{x} = \frac{1}{3}.$$

最后,我们指出,本节定理给出的是求未定式的一种方法.当定理条件满足时,所求的极限当然存在(或为∞),但当定理条件不满足时,所求极限却不一定不存在.这就是说,当 $\lim \dfrac{f'(x)}{F'(x)}$ 不存在时(等于无穷大的情况除外),$\lim \dfrac{f(x)}{F(x)}$ 仍可能存在.

练习 3.2

1.用洛必达法则求下列极限.

(1)$\lim\limits_{x \to 0} \dfrac{\ln(1+x)}{x}$;

(2)$\lim\limits_{x \to 0} \dfrac{e^x - e^{-x}}{\sin x}$;

(3)$\lim\limits_{x \to a} \dfrac{\sin x - \sin a}{x - a}$;

(4)$\lim\limits_{x \to \pi} \dfrac{\sin 3x}{\tan 5x}$;

(5)$\lim\limits_{x \to \frac{\pi}{2}} \dfrac{\ln \sin x}{(\pi - 2x)^2}$;

(6)$\lim\limits_{x \to a} \dfrac{x^m - a^m}{x^n - a^n}$;

(7)$\lim\limits_{x \to +0} \dfrac{\ln \tan 7x}{\ln \tan 2x}$;

(8)$\lim\limits_{x \to \frac{\pi}{2}} \dfrac{\tan x}{\tan 3x}$;

(9)$\lim\limits_{x \to +\infty} \dfrac{\ln\left(1 + \dfrac{1}{x}\right)}{\operatorname{arccot} x}$;

(10)$\lim\limits_{x \to 0} \dfrac{\ln(1+x^2)}{\sec x - \cos x}$;

(11)$\lim\limits_{x \to 0} x \cot 2x$;

(12)$\lim\limits_{x \to 0} x^2 e^{\frac{1}{x^2}}$;

(13)$\lim\limits_{x \to 1} \left(\dfrac{2}{x^2 - 1} - \dfrac{1}{x - 1} \right)$;

(14)$\lim\limits_{x \to 0^+} x^{\sin x}$;

(15)$\lim\limits_{x \to 0^+} \left(\dfrac{1}{x} \right)^{\tan x}$.

2.验证极限 $\lim\limits_{x \to \infty} \dfrac{x + \sin x}{x}$ 存在但不能用洛必达法则得出.

§3.3   函数单调性的判别法

1.函数单调性的判别法

定理 1 设函数 $y = f(x)$ 在 $[a,b]$ 上连续,在 (a,b) 内可导.

(1)如果在 (a,b) 内 $f'(x) > 0$,那么函数 $y = f(x)$ 在 $[a,b]$ 上单调增加;

(2)如果在 (a,b) 内 $f'(x) < 0$,那么函数 $y = f(x)$ 在 $[a,b]$ 上单调减少.

证 设函数 $f(x)$ 在 $[a,b]$ 上连续,在 (a,b) 内可导,在 $[a,b]$ 上任取两点 $x_1, x_2(x_1 < x_2)$ 应用拉格朗日中值定理,得到

$$f(x_2) - f(x_1) = f'(\xi)(x_2 - x_1) \quad (x_1 < \xi < x_2) \tag{1}$$

由于在(1)式中,$x_2 - x_1 > 0$,因此,如果在 (a,b) 内导数 $f'(x)$ 保持正号,

即 $f'(x)>0$,那么也有 $f'(\xi)>0$. 于是

$$f(x_2)-f(x_1)=f'(\xi)(x_2-x_1)>0,$$

即
$$f(x_1)<f(x_2),$$

所以函数 $y=f(x)$ 在 $[a,b]$ 上单调增加;

同理,如果在 (a,b) 内导数 $f'(x)$ 保持负号,即 $f'(x)<0$,那么 $f'(\xi)<0$,于是 $f(x_2)-f(x_1)<0$,即 $f(x_1)>f(x_2)$,表明函数 $y=f(x)$ 在 $[a,b]$ 上单调减少.

如果把这个定理中的闭区间换成其他各种区间(包括无穷区间),结论也成立.

例 1　判定函数 $y=x-\sin x$ 在 $[0,2\pi]$ 上的单调性.

解　因为在 $(0,2\pi)$ 内,$y'=1-\cos x>0$,

所以由定理可知,函数 $y=x-\sin x$ 在 $[0,2\pi]$ 上单调增加.

例 2　讨论函数 $y=e^x-x-1$ 的单调性.

解　$y'=e^x-1$,

因为在 $(-\infty,0)$ 内 $y'<0$,所以函数 $y=e^x-x-1$ 在 $(-\infty,0]$ 上单调减少;

因为在 $(0,+\infty)$ 内 $y'>0$,所以函数 $y=e^x-x-1$ 在 $[0,+\infty)$ 上单调增加.

例 3　讨论函数 $y=\sqrt[3]{x^2}$ 的单调性.

解　此函数的定义域为 $(-\infty,+\infty)$,

当 $x=0$ 时,函数的导数不存在,

当 $x\neq 0$ 时,此函数的导数为　$y'=\dfrac{2}{3\sqrt[3]{x}}$,

在 $(-\infty,0)$ 内,$y'<0$,因此函数 $y=\sqrt[3]{x^2}$ 在 $(-\infty,0]$ 上单调减少;在 $(0,+\infty)$ 内,$y'>0$,因此函数 $y=\sqrt[3]{x^2}$ 在 $[0,+\infty)$ 上单调增加. 函数的图形如图 3-3 所示.

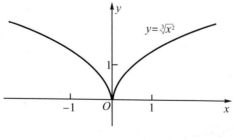

图 3-3

我们注意到,在例2中,$x=0$ 是函数 $y=e^x-x-1$ 的单调减少区间 $(-\infty,0]$ 与单调增加区间 $[0,+\infty)$ 的分界点,而在该点处 $y'=0$.在例3 中,$x=0$ 是函数 $y=\sqrt[3]{x^2}$ 的单调减少区间 $(-\infty,0]$ 与单调增加区间 $[0,+\infty)$ 的分界点,而在该点处导数不存在.

从例2中看出,有些函数在它的定义区间上不是单调的,但是当我们用导数等于零的点来划分函数的定义区间以后,就可以使函数在各个部分区间上单调.从例3中可看出,如果函数在某些点处不可导,则划分函数的定义区间的分点,还应包括这些导数不存在的点.综合上述两种情形,我们有如下结论:

如果函数在定义区间上连续,除去有限个导数不存在的点后导数存在且连续,那么只要用方程 $f'(x)=0$ 的根及 $f'(x)$ 不存在的点来划分函数 $f(x)$ 的定义区间,就能保证 $f'(x)$ 在各个部分区间内保持固定符号,因而函数 $f(x)$ 在每个部分区间上单调.

例4 确定函数 $f(x)=2x^3-9x^2+12x-3$ 的单调区间.

解 $f'(x)=6x^2-18x+12=6(x-1)(x-2)$,

解方程 $f'(x)=0$,即 $6(x-1)(x-2)=0$,

得两根 $x_1=1,x_2=2$.

在区间 $(-\infty,1]$ 内,$f'(x)>0$,因此,函数在 $(-\infty,1]$ 内单调增加,在区间 $[1,2]$ 内,$f'(x)<0$,因此,函数 $f(x)$ 在 $[1,2]$ 上单调减少;在区间 $[2,+\infty)$ 内,$f'(x)>0$,因此,函数 $f(x)$ 在 $[2,+\infty)$ 上单调增加.

函数 $y=f(x)$ 的图形如图 3-4 所示.

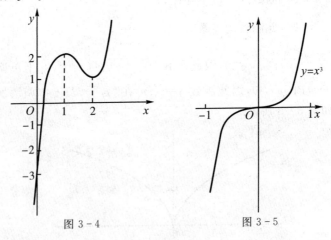

图 3-4   图 3-5

例5 讨论函数 $y=x^3$ 的单调性.

解 函数的导数 $y'=3x^2$,显然,除了点 $x=0$ 使 $y'=0$ 处,在其余各

点处均有 $y'>0$;因此函数 $y=x^3$ 在区间 $(-\infty,0]$ 及 $[0,+\infty)$ 上都是单调增加的,从而在整个定义城 $(-\infty,+\infty)$ 内是单调增加的. 在 $x=0$ 处曲线有一水平切线,函数的图形如图 3-5 所示.

注　如果 $f'(x)$ 在某区间内的有限个点处为 0,在其余各点处均为正(或负)时,那么 $f(x)$ 在该区间上仍旧是单调增加(或单调减少)的.

导数的符号除了能判别函数在区间上的单调性外,还经常用来证明不等式.证明时,可将不等式一端化为 0,另一端的式子设为辅助函数,再利用导数和辅助函数的单调性.

例 6　证明当 $x>1$ 时,$2\sqrt{x}>3-\dfrac{1}{x}$.

证　令 $f(x)=2\sqrt{x}-\left(3-\dfrac{1}{x}\right)$,则

$$f'(x)=\dfrac{1}{\sqrt{x}}-\dfrac{1}{x^2}=\dfrac{1}{x^2}(x\sqrt{x}-1),$$

在 $(1,+\infty)$ 内 $f'(x)>0$,因此在 $[1,+\infty)$ 上 $f(x)$ 单调增加,从而当 $x>1$ 时,$f(x)>f(1)=0$,

即　$2\sqrt{x}-\left(3-\dfrac{1}{x}\right)>0$,

亦即 $2\sqrt{x}>3-\dfrac{1}{x}(x>1)$.

练习 3.3

1.判定函数 $f(x)=\arctan x-x$ 的单调性.

2.判定函数 $f(x)=x+\cos x\quad\left(0<x<\dfrac{\pi}{2}\right)$ 单调性.

3.确定下列函数的单调区间:

(1)$y=2x^3-6x^2-18x-7$;　　　　(2)$y=2x+\dfrac{8}{x},x>0$;

(3)$y=\dfrac{10}{4x^3-9x^2+6x}$;　　　　(4)$y=\ln(x+\sqrt{1+x^2})$;

(5)$y=(x-1)(x+1)^3$.

4.证明下列不等式:

(1)当 $x>0$ 时,$1+\dfrac{1}{2}x>\sqrt{1+x}$;

(2)当 $x>0$ 时,$1+x\ln(x+\sqrt{1+x^2})>\sqrt{1+x^2}$;

(3)当 $0<x<\dfrac{\pi}{2}$ 时,$\sin x+\tan x>2x$;

(4)当 $0<x<\dfrac{\pi}{2}$ 时,$\tan x>x+\dfrac{1}{3}x^3$.

§3.4　函数的极值与最值

1.函数的极值

定义 1　设函数 $f(x)$ 在点 x_0 的某邻域 $U(x_0)$ 内有定义,如果对于去心邻域 $\mathring{U}(x_0)$ 内的任何点 $x,f(x)<f(x_0)$　(或 $f(x)>f(x_0)$)均成立,就称 $f(x_0)$ 是函数 $f(x)$ 的一个极大值(或极小值).

函数的极大值与极小值统称为函数的极值,使函数取得极值的点称为极值点.

函数的极大值和极小值概念是局部性的.如果 $f(x_0)$ 是函数 $f(x)$ 的一个极大值,那只是就 x_0 附近的一个局部范围来说,$f(x_0)$ 是 $f(x)$ 的一个最大值;如果就 $f(x)$ 的整个定义域来说,$f(x_0)$ 未必是最大值.关于极小值也类似.

在图 3-6 中,函数 $f(x)$ 有两个极大值 $f(x_2),f(x_5)$,三个极小值 $f(x_1),f(x_4),f(x_6)$,其中极大值 $f(x_2)$ 比极小值 $f(x_6)$ 还小.就整个区间 $[a,b]$ 来说,只有一个极小值 $f(x_1)$ 同时也是最小值,而没有一个极大值是最大值.

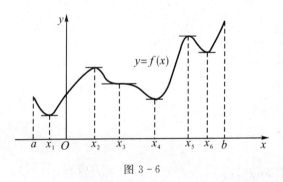

图 3-6

从图中还可看到,在函数取得极值处,曲线上的切线是水平的.但曲线上有水平切线的地方,函数不一定取得极值.例如图中 $x=x_3$ 处,曲线上有水平切线,但 $f(x_3)$ 不是极值.

由本章第一节中费马引理可知,如果函数 $f(x)$ 在 x_0 处可导,且 $f(x)$ 在 x_0 处取得极值,那么 $f'(x_0)=0$,这就是取得极值的必要条件,现将此结论叙述成如下定理.

定理 1(取得极值的必要条件)　设函数 $f(x)$ 在点 x_0 处可导,且在

x_0 处取得极值,那么 $f'(x_0)=0$.

定理 1 就是说:可导函数 $f(x)$ 的极值点必定是它的驻点. 但反过来,函数的驻点却不一定是极值点. 例如 $f(x)=x^3$ 的导数 $f'(x)=3x^2$, $f'(0)=0$,因此 $x=0$ 是这可导函数的驻点,但 $x=0$ 却不是这函数的极值点. 因此,当我们求出了函数的驻点后,还需要判定求得的驻点是不是极值点,如果是的话,还要判定函数在该点究竟取得极大值还是极小值.

定理 2(第一充分条件)　设函数 $f(x)$ 在点 x_0 处连续,且在 x_0 的某去心邻域 $\overset{\circ}{U}(x_0,\delta)$ 内可导,

(1)如果当 $x\in(x_0-\delta,x_0)$ 时 $f'(x)>0$,当 $x\in(x_0,x_0+\delta)$ 时 $f'(x)<0$; 那么函数 $f(x)$ 在 x_0 处取得极大值;

(2)如果当 $x\in(x_0-\delta,x_0)$ 时 $f'(x)<0$,当 $x\in(x_0,x_0+\delta)$ 时 $f'(x)>0$; 那么函数 $f(x)$ 在 x_0 处取得极小值;

(3)如果当 $x\in U^0(x_0,\delta)$ 时 $f'(x)$ 的符号保持不变,那么 $f(x)$ 在 x_0 处没有极值.

证　事实上,就情形(1)来说,根据函数单调性的判定法,函数 $f(x)$ 在 $(x_0-\delta,x_0)$ 内单调增加,在 $(x_0,x_0+\delta)$ 内单调减少. 又由于函数 $f(x)$ 在 x_0 处是连续的,故当 $x\in\overset{\circ}{U}(x_0,\delta)$ 时,总有 $f(x)<f(x_0)$,因此 $f(x_0)$ 是 $f(x)$ 的一个极大值(图 3-7(a)).

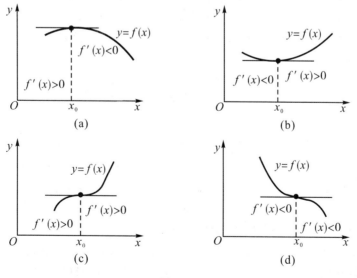

图 3-7

类似地可论证情形(2)(图 3-7(b))及情形(3)(图 3-7(c),(d)).

根据上面的定理,如果函数 $f(x)$ 在所讨论的区间内各点处都具有导数,我们就可以按下列步骤来求 $f(x)$ 的极值点和极值:

(1)求出导数 $f'(x)$;

(2)求出 $f(x)$ 的全部驻点(即求出方程 $f'(x)=0$ 在所讨论的区间内的全部实根)与不可导点;

(3)考察 $f'(x)$ 的符号在每个驻点或不可导点的左、右邻近的情形,以便确定该点是否是极值点,如果是极值点,还要确定对应的函数值是极大值还是极小值;

(4)求出各极值点处的函数值,就得函数 $f(x)$ 的全部极值.

例 1 求函数 $f(x)=(x-4)\sqrt[3]{(x+1)^2}$ 的极值.

解 (1)$f(x)$ 在 $(-\infty,+\infty)$ 内连续,除 $x=-1$ 外处处可导,且

$$f'(x)=\frac{5(x-1)}{3\sqrt[3]{x+1}}.$$

(2)令 $f'(x)=0$,求得驻点 $x=1$;$x=-1$ 为 $f(x)$ 的不可导点.

(3)在 $(-\infty,-1)$ 内 $f'(x)>0$,在 $(-1,1)$ 内 $f'(x)<0$,又在 $(1,+\infty)$ 内 $f'(x)>0$;故不可导点 $x=-1$ 是一个极大值点,驻点 $x=1$ 是一个极小值点.

(4)极大值为 $f(-1)=0$,极小值为 $f(1)=-3\sqrt[3]{4}$.

当函数 $f(x)$ 在驻点处的二阶导数存在且不为零时,也可以利用下列定理来判定 $f(x)$ 在驻点处取得极大值还是极小值.

定理 3(第二充分条件) 设函数 $f(x)$ 在点 x_0 处具有二阶导数且 $f'(x_0)=0$,$f''(x_0)\neq0$,那么

(1)当 $f''(x_0)<0$ 时,函数 $f(x)$ 在 x_0 处取得极大值;

(2)当 $f''(x_0)>0$ 时,函数 $f(x)$ 在 x_0 处取得极小值.

证明略.

定理 3 表明,如果函数 $f(x)$ 在驻点 x_0 处的二阶导数 $f''(x_0)\neq0$,那么该驻点 x_0 一定是极值点,并且可以按二阶导数 $f''(x_0)$ 的符号来判定 $f(x_0)$ 是极大值还是极小值;但如果 $f''(x_0)=0$,定理 3 就不能应用.事实上,当 $f'(x_0)=0$,$f''(x_0)=0$ 时,$f(x)$ 在 x_0 处可能有极大值,也可能有极小值,也可能没有极值.例如,$f_1(x)=-x^4$,$f_2(x)=x^3$,$f_3(x)=x^4$ 这三个函数在 $x=0$ 处就分别属于这三种情况.因此,如果函数在驻点处的二阶导数为零,那么还需用一阶导数在驻点邻近的符号来判别.

例 2 求函数 $f(x)=(x^2-1)^3+1$ 的极值.

解 $f'(x)=6x(x^2-1)^2$,令 $f'(x)=0$,求得驻点 $x_1=-1,x_2=0$,

$x_3 = 1.$

$$f''(x) = 6(x^2 - 1)(5x^2 - 1) 知$$

$f''(0) = 6 > 0$，故 $f(x)$ 在 $x = 0$ 处取得极小值，极小值为 $f(0) = 0$；

而 $f''(-1) = f''(1) = 0$，用定理 3 无法判别. 考察一阶导数 $f'(x)$ 在驻点 $x_1 = -1$ 及 $x_3 = 1$ 左右邻近的符号：当 x 取 -1 左侧邻近的值时 $f'(x) < 0$，当 x 取 -1 右侧邻近的值时 $f'(x) < 0$；因为 $f'(x)$ 的符号没有改变，所以 $f(x)$ 在 $x = -1$ 处没有极值. 同理，$f(x)$ 在 $x = 1$ 处也没有极值（图 3 - 8）.

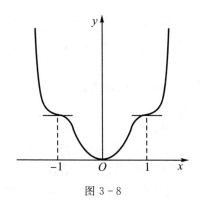

图 3 - 8

注　第一充分条件可以用来判断一阶导数等于 0 的点和导数不存在的点是否为极值点，第二充分条件只能用来判断一阶导数等于 0 的点是否为极值点.

2. 最值问题

设函数 $f(x)$ 在闭区间 $[a, b]$ 上连续，在开区间 (a, b) 内可导，且至多在有限个点处导数为 0. 我们来讨论 $f(x)$ 在 $[a, b]$ 上的最大值和最小值的求法.

首先，由闭区间上连续函数的性质，可知 $f(x)$ 在 $[a, b]$ 上的最大值和最小值一定存在.

其次，如果最大值（或最小值）$f(x_0)$ 在开区间 (a, b) 内的点 x_0 处取得，那么，按 $f(x)$ 在开区间内除有限个点外可导且至多有有限个驻点的假定，可知 $f(x_0)$ 一定也是 $f(x)$ 的极大值（或极小值），从而 x_0 一定是 $f(x)$ 的驻点或不可导点. 又 $f(x)$ 的最大值和最小值也可能在区间的端点处取得. 因此，可用如下方法求 $f(x)$ 在 $[a, b]$ 上的最大值和最小值：

（1）求出 $f(x)$ 在 (a, b) 内的驻点及不可导点；

（2）计算出 $f(x)$ 在这些点处的函数值及 $f(a)$，$f(b)$；

（3）比较步骤（2）中各值的大小，其中最大的是 $f(x)$ 在 $[a,b]$ 上的最大值，最小的是 $f(x)$ 在 $[a,b]$ 上的最小值.

例3　求函数 $f(x)=|x^2-3x+2|$ 在 $[-3,4]$ 上的最大值与最小值.

解　$f(x)=\begin{cases}x^2-3x+2, & x\in[-3,1]\cup[2,4],\\ -x^2+3x-2, & x\in(1,2).\end{cases}$

$$f'(x)=\begin{cases}2x-3, & x\in(-3,1)\cup(2,4),\\ -2x+3, & x\in(1,2).\end{cases}$$

在 $(-3,4)$ 内，$f(x)$ 的驻点为 $x=\dfrac{3}{2}$；不可导点为 $x=1,2$.

由于 $f(-3)=20,f\left(\dfrac{3}{2}\right)=\dfrac{1}{4},f(2)=0,f(4)=6$，比较可得 $f(x)$ 在 $x=-3$ 取得它在 $[-3,4]$ 上的最大值 20，在 $x=1$ 和 $x=2$ 取得它在 $[-3,4]$ 上的最小值 0.

例4　铁路线上 AB 段的距离为 100 km. 工厂 C 距 A 处为 20 km，AC 垂直于 AB（图 3-9）. 为了运输需要，要在 AB 线上选定一点 D 向工厂修筑一条公路. 已知铁路每千米货运的运费与公路上每千米货运的运费之比为 $3:5$. 为了使货物从供应站 B 运到工厂 C 的运费最省，问 D 点应选在何处？

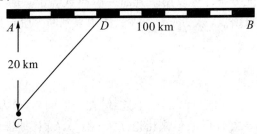

图 3-9

解　设 $AD=x$ km，那么 $DB=100-x,CD=\sqrt{20^2+x^2}=\sqrt{400+x^2}$.

设铁路上每公里的运费为 $3k$，公路上每公里的运费为 $5k$，从 B 点到 C 点需要的总运费为 y，则

$$y=5k\cdot CD+3k\cdot DB,$$

即　$y=5k\sqrt{400+x^2}+3k(100-x)\quad(0\leqslant x\leqslant100)$.

y 对 x 的导数为　$y'=k\left(\dfrac{5x}{\sqrt{400+x^2}}-3\right)$.

解方程 $y'=0$，得

$$x=15 \text{ km}.$$

由于 $y\big|_{x=0}=400k$，$y\big|_{x=15}=380k$，$y\big|_{x=100}=500k\sqrt{1+\dfrac{1}{25}}$，其中以 $y\big|_{x=15}=380k$ 为最小；因此，当 $AD=x=15$ km 时，总运费为最省.

实际问题中，往往根据问题的性质就可以断定可导函数 $f(x)$ 确有最大值或最小值，而且一定在定义区间内部取得；这时如果 $f(x)$ 在定义区间内部只有一个驻点 x_0，那么不必讨论 $f(x_0)$ 是不是极值，就可以断定 $f(x_0)$ 是最大值或最小值.

练习 3.4

1. 求函数的极值：

(1) $y=2x^3-6x^2-18x+7$；　　　　(2) $y=x-\ln(1+x)$；

(3) $y=-x^4+2x^2$；　　　　　　　　(4) $y=x+\sqrt{1-x}$；

(5) $y=\dfrac{1+3x}{\sqrt{4+5x^2}}$；　　　　　　(6) $y=\dfrac{3x^2+4x+4}{x^2+x+1}$；

(7) $y=\mathrm{e}^x\cos x$；　　　　　　　　(8) $y=x^{\frac{1}{x}}$；

(9) $y=3-2(x+1)^{\frac{1}{3}}$；　　　　　　(10) $y=x+\tan x$.

*2. 试证明：如果函数 $y=ax^3+bx^2+cx+d$ 满足条件 $b^2-3ac<0$，那么此函数没有极值.

3. 试问 a 为何值时，函数 $f(x)=a\sin x+\dfrac{1}{3}\sin 3x$ 在 $x=\dfrac{\pi}{3}$ 处取得极值？它是极大值还是极小值？并求此极值.

4. 求下列函数的最大值、最小值：

(1) $y=2x^3-3x^2$，$-1\leqslant x\leqslant 4$；　　(2) $y=x^4-8x^2+2$，$-1\leqslant x\leqslant 3$；

(3) $y=x+\sqrt{1-x}$，$-5\leqslant x\leqslant 1$.

5. 函数 $y=2x^3-6x^2-18x-7$；$1\leqslant x\leqslant 4$ 在何处取得最大值？并求出它的最大值.

6. 函数 $y=x^2-\dfrac{54}{x}$，$x<0$ 在何处取得最小值？

7. 函数 $y=\dfrac{x}{x^2+1}$，$x\geqslant 0$ 在何处取得最大值？

8. 某车间靠墙壁要盖一间长方形小屋，现有存砖只够砌 20 m 长的墙壁，应围成怎样的长方形才能使这间小屋的面积最大？

9. 要造一圆柱形油罐，体积为 V，则底面半径 r 和高 h 等于多少时，才能使表面积最小？此时底面直径与高的比是多少？

§3.5　曲线的凹凸性及拐点

1. 曲线的凹凸性

我们研究了函数单调性的判定法.函数的单调性反映在图形上,就是曲线的上升或下降.但是,曲线在上升或下降的过程中,还有一个弯曲方向的问题.例如,图 3－10 中有两条曲线弧,虽然它们都是上升的,但图形却不同.$\overset{\frown}{ACB}$是向上凸的曲线弧,而$\overset{\frown}{ADB}$是向上凹的曲线弧,它们的凹凸性不同.下面我们就来研究曲线的凹凸性及其判定法.

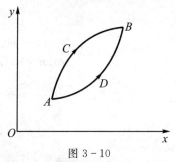

图 3－10

我们从几何上看到,在某些曲线弧上,如果任取两点,则连接这两点间的弦总位于这两点间的弧段的上方(图 3－11(a));而在另一些曲线弧上,则正好相反(图 3－11(b)).曲线的这种性质就是曲线的凹凸性.因此,曲线的凹凸性可以用连接曲线弧上任意两点的弦的中点与曲线弧上相应点(即具有相同横坐标的点)的位置关系来描述.下面给出曲线凹凸性的定义.

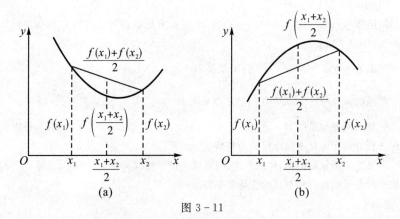

图 3－11

定义 1　设 $f(x)$ 在区间 I 上连续，如果对 I 上任意两点 x_1, x_2，恒有

$$f\left(\frac{x_1+x_2}{2}\right) < \frac{f(x_1)+f(x_2)}{2},$$

那么称 $f(x)$ 在 I 上的图形是（向上）凹的（或凹弧）；如果恒有

$$f\left(\frac{x_1+x_2}{2}\right) > \frac{f(x_1)+f(x_2)}{2},$$

那么称 $f(x)$ 在 I 上的图形是（向上）凸的（或凸弧）.

如果函数 $f(x)$ 在 I 内具有二阶导数，那么可以利用二阶导致的符号来判定曲线的凹凸性，这就是下面的曲线凹凸性的判定定理. 我们仅就 I 为闭区间的情形来叙述定理.

定理 1　设 $f(x)$ 在 $[a,b]$ 上连续，在 (a,b) 内具有一阶和二阶导数，那么

(1)若在 (a,b) 内 $f''(x)>0$，则 $f(x)$ 在 $[a,b]$ 上的图形是凹的；

(2)若在 (a,b) 内 $f''(x)<0$，则 $f(x)$ 在 $[a,b]$ 上的图形是凸的.

证　先证情形(1). 设 x_1 和 x_2 为 $[a,b]$ 内任意两点，且 $x_1<x_2$，记 $\dfrac{x_1+x_2}{2}=x_0$，并记 $x_2-x_0=x_0-x_1=h$，则 $x_1=x_0-h, x_2=x_0+h$，由拉格朗日中值公式得

$$f(x_0+h)-f(x_0)=f'(x_0+\theta_1 h)h,$$
$$f(x_0)-f(x_0-h)=f'(x_0-\theta_2 h)h,$$

其中 $0<\theta_1<1, 0<\theta_2<1$，两式相减，得

$$f(x_0+h)+f(x_0-h)-2f(x_0)=[f'(x_0+\theta_1 h)-f'(x_0-\theta_2 h)]h,$$

对 $f'(x)$ 在区间 $[x_0-\theta_2 h, x_0+\theta_1 h]$ 上再利用拉格朗日中值公式，得

$$[f'(x_0+\theta_1 h)-f'(x_0-\theta_2 h)]h=f''(\xi)(\theta_1+\theta_2)h^2.$$

其中 $x_0-\theta_2 h<\xi<x_0+\theta_1 h$，按情形(1)的假设 $f''(\xi)>0$，故有

$$f(x_0+h)+f(x_0-h)-2f(x_0)>0,$$

即

$$\frac{f(x_0+h)+f(x_0-h)}{2}>f(x_0),$$

亦即

$$\frac{f(x_1)+f(x_2)}{2}>f\left(\frac{x_1+x_2}{2}\right),$$

所以 $f(x)$ 在 $[a,b]$ 上的图形是凹的.

类似地可证明情形(2).

例 1　判断曲线 $y=\ln x$ 的凹凸性.

解　因为 $y'=\dfrac{1}{x}, y''=-\dfrac{1}{x^2}$，所以在函数 $y=\ln x$ 的定义域 $(0,+\infty)$

内 $y''=-\dfrac{1}{x^2}<0.$ 由曲线凹凸性的判定定理可知,曲线 $y=\ln x$ 是凸的.

例 2 判断曲线 $y=x^3$ 的凹凸性.

解 $y'=3x^2,y''=6x.$ 当 $x<0$ 时,$y''<0$,曲线在 $(-\infty,0]$ 内为凸弧;当 $x>0$ 时,$y''>0$,曲线在 $[0,+\infty)$ 内为凹弧.

2. 拐点

一般地,设 $y=f(x)$ 在区间 I 上连续,x_0 是 I 的内点,如果曲线 $y=f(x)$ 在经过点 $(x_0,f(x_0))$ 时,曲线的凹凸性改变了,那么就称点 $(x_0,f(x_0))$ 为该曲线的拐点.

如何来寻找曲线 $y=f(x)$ 的拐点呢?

从上面的定理知道,由 $f''(x)$ 的符号可以判定曲线的凹凸性.因此,如果 $f''(x)$ 在 x_0 的左右两侧邻近异号,那么点 $(x_0,f(x_0))$ 就是一个拐点.所以,要寻找拐点,只需找出 $f''(x)$ 符号发生变化的分界点即可.如果 $f(x)$ 在区间 (a,b) 内具有二阶导数,那么在这样的分界点处必然有 $f''(x)=0$;另外,$f(x)$ 的二阶导数不存在的点,也有可能是 $f''(x)$ 的符号发生变化的分界点.求拐点的步骤为:

(1)求 $f''(x)$;

(2)令 $f''(x)=0$,解出方程在区间 I 内的实根,并求出在区间 I 内 $f''(x)$ 不存在的点;

(3)对于步骤(2)中求出的每一个实根或二阶导数不存在的点 x_0,检查 $f''(x)$ 在 x_0 左右两侧邻近的符号,那么当两侧的符号相反时,点 $(x_0,f(x_0))$ 是拐点,当两侧的符号相同时,点 $(x_0,f(x_0))$ 不是拐点.

例 3 求曲线 $y=2x^3+3x^2-12x+14$ 的拐点.

解 $y'=6x^2+6x-12,y''=12x+6=12\left(x+\dfrac{1}{2}\right).$

解方程 $y''=0$,得 $x=-\dfrac{1}{2}.$ 当 $x<-\dfrac{1}{2}$ 时,$y''<0$;当 $x>-\dfrac{1}{2}$ 时,$y''>0.$ 因此,点 $\left(-\dfrac{1}{2},20\dfrac{1}{2}\right)$ 是该曲线的拐点.

例 4 曲线 $y=x^4$ 是否有拐点?

解 $y'=4x^3,y''=12x^2.$

显然,只有 $x=0$ 是方程 $y''=0$ 的根.但当 $x\neq0$ 时,无论 $x<0$ 或 $x>0$ 都有 $y''>0$,因此点 $(0,0)$ 不是这曲线的拐点.曲线 $y=x^4$ 没有拐点,它在 $(-\infty,+\infty)$ 内是凹的.

例 5　求曲线 $y=\sqrt[3]{x}$ 的拐点.

解　这函数在 $(-\infty,+\infty)$ 内连续,当 $x\neq0$ 时,

$$y'=\frac{1}{3\sqrt[3]{x^2}},y''=-\frac{2}{9x\sqrt[3]{x^2}},$$

当 $x=0$ 时,y',y'' 都不存在,故二阶导数在 $(-\infty,+\infty)$ 内不连续且不具有零点. 但 $x=0$ 是 y'' 不存在的点,它把 $(-\infty,+\infty)$ 分成两个部分区间:$(-\infty,0]$ 和 $[0,+\infty)$.

在 $(-\infty,0)$ 内,$y''>0$,这曲线在 $(-\infty,0]$ 上是凹的. 在 $(0,+\infty)$ 内,$y''<0$,这曲线在 $[0,+\infty)$ 上是凸的. 又 $x=0$ 时,$y=0$,所以点 $(0,0)$ 是这曲线的一个拐点.

练习 3.5

1. 判定下列曲线的凹凸性:

(1) $y=4x-x^2$;　　(2) $y=1+\dfrac{1}{x}$,$(x>0)$;　　(3) $y=x\arctan x$.

2. 求下列函数图形的拐点及凹或凸的区间:

(1) $y=x^3-5x^2+3x+5$;　　　　　　(2) $y=xe^{-x}$;

(3) $y=(x+1)^4+e^x$;　　　　　　　　(4) $y=\ln(x^2+1)$;

(5) $y=e^{\arctan x}$;　　　　　　　　　(6) $y=x^4(12\ln x-7)$.

3. a,b 为何值时,点 $(1,3)$ 为曲线 $y=ax^3+bx^2$ 的拐点?

*4. 试决定曲线 $y=ax^3+bx^2+cx+d$ 中的 a,b,c,d,使得 $x=-2$ 处曲线有水平切线,$(1,-10)$ 为拐点且点 $(-2,44)$ 在曲线上.

5. 试决定曲线 $y=ax^2+bx+ce^x$ 中的 a,b,c,使得 $(1,e)$ 为拐点且在该点处的切线与直线 $x+y=0$ 平行.

*6. 证明当 $0<x<\dfrac{\pi}{2}$ 时,$\sin x>\dfrac{2}{\pi}x$.

§3.6　函数图形的描绘

1. 渐近线

定义 1　如果 $\lim\limits_{x\to\infty}f(x)=c$,则直线 $y=c$ 称为函数 $y=f(x)$ 的图形的水平渐近线.

如果 $\lim\limits_{x\to x_0}f(x)=\infty$,则称直线 $x=x_0$ 是函数 $y=f(x)$ 的图形的铅直渐近线.

如果 $\lim\limits_{x \to \pm\infty} \dfrac{f(x)}{x} = k$，$\lim\limits_{x \to \pm\infty} [f(x) - kx] = b$，则称直线 $y = kx + b$ 是函数 $y = f(x)$ 的图形的斜渐近线．

例 1   求曲线 $y = \dfrac{x^2}{1+x}$ 的渐近线．

解   因为 $\lim\limits_{x \to -1} \dfrac{x^2}{1+x} = \infty$，所以直线 $x = -1$ 是曲线的垂直渐近线，又

$$k = \lim_{x \to \infty} \frac{f(x)}{x} = \lim_{x \to \infty} \frac{\dfrac{x^2}{1+x}}{x} = \lim_{x \to \infty} \frac{x}{1+x} = 1,$$

$$b = \lim_{x \to \infty} [f(x) - kx] = \lim_{x \to \infty} \left(\frac{x^2}{1+x} - x \right) = \lim_{x \to \infty} \left(-\frac{x}{1+x} \right) = -1;$$

所以 $y = x - 1$ 为曲线的斜渐近线．

2. 函数图形的描绘

借助于解析式可以确定函数的定义域及函数所具有的某些特性（如奇偶性、周期性、渐近线、零点等）；借助于一阶导数的符号，可以确定函数图形在哪个区间上上升，在哪个区间上下降，在什么地方有极值点；借助于二阶导数的符号，可以确定函数图形在哪个区间上为凹，在哪个区间上为凸，在什么地方有拐点．知道了函数图形的升降、凹凸以及极值点和拐点后，也就可以掌握函数的性态，并把函数的图形画得比较推确．

利用导数描绘函数图形的一般步骤如下：

（1）确定函数 $y = f(x)$ 的定义域及函数所具有的某些特性（如奇偶性、周期性、渐近线等），并求出函数的一阶导数 $f'(x)$ 和二阶导数 $f''(x)$；

（2）求出方程 $f'(x) = 0$ 和 $f''(x) = 0$ 在函数定义域内的全部实根，并求出函数 $f(x)$ 的间断点及 $f'(x)$ 和 $f''(x)$ 不存在的点，用这些点把函数的定义域划分成几个部分区间；

（3）确定在这些部分区间内 $f'(x)$ 和 $f''(x)$ 的符号，并由此确定函数图形的升降和凹凸、极值点、拐点；

（4）确定函数图形的水平、铅直渐近线以及其他变化趋势；

（5）算出 $f'(x)$ 和 $f''(x)$ 的零点以及不存在的点所对应的函数值，定出图形上相应的点；为了把图形描得准确些，有时还需要补充一些点；然后结合第 3、4 步中得到的结果，联结这些点画出函数 $y = f(x)$ 的图形．

例 2   画出函数 $y = x^3 - x^2 - x + 1$ 的图形．

解   （1）所给函数 $y = f(x)$ 的定义域为 $(-\infty, +\infty)$，而

$$f'(x) = 3x^2 - 2x - 1 = (3x+1)(x-1),$$
$$f''(x) = 6x - 2 = 2(3x-1).$$

(2) $f'(x)$ 的零点为 $x = -\dfrac{1}{3}$ 和 1；$f''(x)$ 的零点为 $x = \dfrac{1}{3}$，将点 $x = -\dfrac{1}{3}$，$\dfrac{1}{3}$，1 由小到大排列，依次把定义域 $(-\infty, +\infty)$ 划分成下列四个部分区间：

$$\left(-\infty, -\frac{1}{3}\right), \left[-\frac{1}{3}, \frac{1}{3}\right], \left[\frac{1}{3}, 1\right], [1, +\infty).$$

(3) 在 $\left(-\infty, -\dfrac{1}{3}\right)$ 内，$f'(x) > 0$，$f''(x) < 0$，所以在 $\left(-\infty, -\dfrac{1}{3}\right]$ 上的曲线弧上升而且是凸的.

在 $\left(-\dfrac{1}{3}, \dfrac{1}{3}\right)$ 内，$f'(x) < 0$，$f''(x) < 0$，所以在 $\left[-\dfrac{1}{3}, \dfrac{1}{3}\right]$ 上的曲线弧下降而且是凸的.

同样可以讨论在区间 $\left[\dfrac{1}{3}, 1\right]$ 上及在区间 $[1, +\infty)$ 上相应的曲线弧的升降和凹凸. 列表得：

表 3-1

x	$\left(-\infty, -\dfrac{1}{3}\right)$	$-\dfrac{1}{3}$	$\left(-\dfrac{1}{3}, \dfrac{1}{3}\right)$	$\dfrac{1}{3}$	$\left(\dfrac{1}{3}, 1\right)$	1	$(1, +\infty)$
$f'(x)$	+	0	−	−	−	0	+
$f''(x)$	−	−	−	0	+	+	+
$y = f(x)$	⌒↗	极大	⌒↘	拐点	↘⌣	极小	↗⌣

这里记号 ⌒↗ 表示曲线弧上升而且是凸的，⌒↘ 表示曲线弧下降而且是凸的，↘⌣ 表示曲线弧下降而且是凹的，↗⌣ 表示曲线弧上升而且是凹的.

(4) 当 $x \to +\infty$ 时，$y \to +\infty$；当 $x \to -\infty$ 时，$y \to -\infty$.

(5) 算出 $x = -\dfrac{1}{3}$，$\dfrac{1}{3}$，1 处的函数值：

$$\left(-\frac{1}{3}, \frac{32}{27}\right), \left(\frac{1}{3}, \frac{16}{27}\right), (1, 0).$$

适当补充一些点，例如，计算出

$$f(-1) = 0, f(0) = 1, f\left(\frac{3}{2}\right) = \frac{5}{8},$$

就可补充描出点 $(-1,0)$, 点 $(0,1)$ 和点 $\left(\dfrac{3}{2},\dfrac{5}{8}\right)$. 结合(3),(4)中得

到的结果,就可以画出 $y=x^3-x^2-x+1$ 的图形(图 3-12).

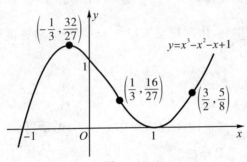

图 3-12

例 3   描绘函数 $y=\dfrac{1}{\sqrt{2\pi}}e^{-\frac{x^2}{2}}$ 的图形.

解   (1)所给函数 $f(x)=\dfrac{1}{\sqrt{2\pi}}e^{-\frac{x^2}{2}}$ 的定义域为 $(-\infty,+\infty)$.

由于 $f(x)$ 是偶函数,它的图形关于 y 轴对称,因此可以只讨论 $[0,+\infty)$ 上该函数的图形.计算得

$$f'(x)=\frac{1}{\sqrt{2\pi}}e^{-\frac{x^2}{2}}\cdot(-x)=-\frac{1}{\sqrt{2\pi}}xe^{-\frac{x^2}{2}},$$

$$f''(x)=-\frac{1}{\sqrt{2\pi}}\left[e^{-\frac{x^2}{2}}+xe^{-\frac{x^2}{2}}\cdot(-x)\right]=\frac{1}{\sqrt{2\pi}}e^{-\frac{x^2}{2}}(x^2-1).$$

(2)在 $[0,+\infty)$ 上,方程 $f'(x)=0$ 的根为 $x=0$;方程 $f''(x)=0$ 的根为 $x=1$.用点 $x=1$ 把 $[0,+\infty)$ 划分成两个区间 $[0,1]$ 和 $[1,+\infty)$.

(3)在 $(0,1)$ 内, $f'(x)<0$, $f''(x)<0$,所以在 $[0,1]$ 上的曲线弧下降而且是凸的.结合 $f'(0)=0$ 以及图形关于 y 轴对称可知, $x=0$ 处函数 $f(x)$ 有极大值.

在 $(1,+\infty)$ 内, $f'(x)<0$, $f''(x)>0$,所以在 $[1,+\infty)$ 的曲线弧下降而且是凹的.

上述的这些结果,可以列成下表:

表 3-2

x	0	$(0,1)$	1	$(1,+\infty)$
$f'(x)$	0	$-$	$-$	$-$
$f''(x)$	$-$	$-$	0	$+$
$y=f(x)$ 的图形	极大	⌒↘	拐点	↘

（4）由于 $\lim\limits_{x\to+\infty} f(x)=0$，所以图形有一条水平渐近线 $y=0$.

（5）算出 $f(0)=\dfrac{1}{\sqrt{2\pi}}$，$f(1)=\dfrac{1}{\sqrt{2\pi e}}$. 从而得到函数 $y=\dfrac{1}{\sqrt{2\pi}}e^{-\frac{x^2}{2}}$ 图

形上的两点 $M_1\left(0,\dfrac{1}{\sqrt{2\pi}}\right)$ 和 $M_2\left(1,\dfrac{1}{\sqrt{2\pi e}}\right)$. 又由 $f(2)=\dfrac{1}{\sqrt{2\pi e^2}}$ 得

$M_3\left(2,\dfrac{1}{\sqrt{2\pi e^2}}\right)$. 结合步骤（3），（4）的讨论，画出函数 $y=\dfrac{1}{\sqrt{2\pi}}e^{-\frac{x^2}{2}}$ 在

$[0,+\infty)$ 上的图形. 最后，利用图形的对称性，便可得到函数在 $(-\infty,0]$
上的图形（图 3 - 13）.

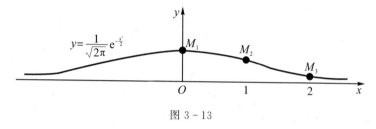

图 3 - 13

这就是我们在概率论中将要重点学习的标准正态分布的概率密度
函数.

练习 3.6

描绘下列函数的图形：

1. $y=\dfrac{1}{5}(x^4-6x^2+8x+7)$.

2. $y=\dfrac{x}{1+x^2}$.

3. $y=e^{-(x-1)^2}$.

4. $y=x^2+\dfrac{1}{x}$.

5. $y=xe^{-kx}$，$x>0$，$k>0$.

注　一个人在患病期间（从染病到治愈），所带细菌的数量就可以用这种公式
描述.

6. $y=\dfrac{A}{1+Be^{-Cx}}$，$(A,B,C>0)$

注　这是人口增长极限的模型.

§3.7   导数应用案例分析

1. 导数在经济学中的应用

在经济学中,常常会遇到这样一类问题:在一定条件下,怎样使"产品最多"、"用料最省"、"成本最低"、"利润最高".这类问题在数学上有时可归结为求某一函数(通常称为目标函数)的最大值或最小值问题.

例 1(利润最大原则)   一商家销售某种商品的单价满足关系 $P=7-0.2x$,x 为销售量.商品的总成本函数是 $C=3x+1$,求该商家获得最大利润时的销售量.

解   商品销售总收入为 $R=Px=(7-0.2x)x$,

利润函数为 $L=R-C=-0.2x^2+4x-1$.

由 $L'=-0.4x+4$,令 $L'=0$,解得 $x=10$.又 $L''<0$,

所以 $x=10$ 为利润最大时的销售量.

例 2(平均成本最低原则)   已知某厂生产 x 件产品的总成本为

$$C=2500+200x+\frac{1}{40}x^2.$$

问:要使平均成本最小,应生产多少件产品?

解   设平均成本为 y,则

$$y=\frac{2500}{x}+200+\frac{x}{40},$$

由 $y'=-\frac{2500}{x^2}+\frac{1}{40}=0$,解得 $x_1=1000,x_2=-1000$(舍去),

由 $y''=\frac{50000}{x^3}$,$y''|_{x=1000}=5\times10^{-5}>0$,所以当 $x=1000$ 时,y 取得唯一的极小值.因此,要使平均成本最小,应生产 1000 件产品.

例 3(总库存费最小)   假设某厂生产的产品年销售量(订货量)为 100 万件,这些产品分批生产,每批需生产准备费 1000 元(与批量大小无关),每件产品的库存费为 0.05 元,且按批量 x 的一半$\left(即\frac{x}{2}\right)$收费.试求使每年总库存费(即生产准备费与库存费之和)为最小的最优批量.

解   设每年总库存费为 C,批量为 x,则

$$C=1000\times\frac{1000000}{x}+0.05\times\frac{x}{2}=\frac{10^9}{x}+\frac{x}{40}.$$

由 $C'=\frac{1}{40}-\frac{10^9}{x^2}=0$ 得 $x=2\times10^5$(负根已舍去).

由 $C'' = \dfrac{2 \times 10^9}{x^3} > 0$ 知 $x = 2 \times 10^5$ 为最小值点, 因此最优批量为 20 万件.

2. 导数在物理学中的应用

例 4   一质点沿直线运动, 已知其位移 s(单位:m) 是时间 t(单位:s) 的函数: $s = s(t) = 10\sqrt{t} + 5t^2$.

(1)求 t 从 1 变到 4 时, 位移 s 关于时间 t 的平均变化率, 解释它的实际意义;

(2)求 s', 并计算 $s'(1)$、$s'(4)$, 解释它们的实际意义;

(3)求质点在 t s 时的加速度.

解   (1)当 t 从 1 变到 4 时, 位移 s 从 $s(1) = 15$ 变到 $s(4) = 100$, 则位移 s 关于时间 t 的平均变化率为 $\dfrac{s(4) - s(1)}{4 - 1} = \dfrac{100 - 15}{4 - 1} \approx 28.3$. 实际上, 它表示在从 $t = 1$ s 到 $t = 3$ s 这段时间, 质点平均每秒的位移为 28.3 m; 用物理学知识解释就是: 质点在 $t = 1$ s 到 $t = 4$ s 这段时间内的平均速度为 28.3 m/s.

(2)因为 $s'(t) = \dfrac{5}{\sqrt{t}} + 10t$, 于是 $s'(1) = 15$, $s'(4) = 42.5$.

$s'(1)$ 和 $s'(4)$ 分别表示当 $t = 1$ s 和 $t = 4$ s 时, 质点每秒钟的位移分别为 15 m 和 42.5 m, 也就是在 $t = 1$ m 和 $t = 4$ m 时, 质点的瞬时速度分别为 15 m/s 和 42.5 m/s.

可以看出, 在不同的时刻 t, 质点运动的速度 v 是不同的. 因此, 速度 v 是时间 t 的函数, 称为速度函数. 根据导数的定义, 它是位移函数的导数, 其解析式为 $v = s'(t) = \dfrac{5}{\sqrt{t}} + 10t$.

(3)根据导数的定义可知, 在运动学中, 加速度是质点运动的速度函数 $v = v(t)$ 对时间 t 的导数, 就是位移函数 $s = s(t)$ 对时间 t 的二阶导数, 即

$$a = v'(t) = s''(t) = \left[\frac{5}{\sqrt{t}} + 10t\right]' = -\frac{5}{2\sqrt{t^3}} + 10 \, (\text{m/s}^2).$$

练习 3.7

1.某食品加工厂生产某类食品的成本 C(元) 是日产量 x(公斤) 的函数
$$C(x) = 1600 + 4.5x + 0.01x^2.$$

则该产品每天生产多少千克时,才能使平均成本达到最小值?

2.某化肥厂生产某类化肥,其总利润函数为

$$L(x)=10+2x-0.1x^2(元).$$

则销售量 x 为多少时,可获最大利润,此时的最大利润为多少?

3.做一个容积为 V 的圆柱形容器,已知上下底面材料的价格为 a(元/单位面积),侧面材料的价格为 b(元/单位面积),则底面直径与高的比例为多少时,造价最省?

4.一辆正在加速的汽车在 5 s 内速度从 0 m/s 提高到了 25 m/s,下表给出了它在不同时刻的速度.

时间 t(s)	0	1	2	3	4	5
速度 v(m/s)	0	9	15	21	23	25

(1)分别计算当 t 从 0 变为 1 时、从 3 变为 5 时,速度 v 关于时间 t 的平均变化率,并解释它们的实际意义;

(2)根据上面数据,可以得到速度关于时间的函数近似表示式为:$v=f(t)=-t^2+10t$,求 $f'(1)$ 并解释它的实际意义.

本章小结

本章以微分中值定理为中心,向外扩散知识面,用具体的实例阐述理论知识,为后面的知识奠定基础.

1.罗尔定理和拉格朗日定理.

2.函数极值的概念.

3.利用导数求函数极值和拐点的方法.

4.函数的单调性、凹凸性判别法及简单绘图.

5.利用单调性证明不等式的方法.

6.洛必达法则求极限的方法.

7.简单应用题的最大值最小值求法.

8.导数的应用案例分析.

第3章综合练习题

1.构造一个函数 $f(x)$,使其满足:$f(x)$ 在 $[a,b]$ 上连续,在 (a,b) 内除某一点外处处可导,但在 (a,b) 内不存在点 ξ,使 $f(b)-f(a)=f'(\xi)(b-a)$.

2.证明多项式 $f(x)=x^3-3x+a$ 在 $[0,1]$ 上不可能有两个零点.

*3.设 $a_0+\dfrac{a_1}{2}+\cdots+\dfrac{a_n}{n+1}=0$,证明多项式 $f(x)=a_0+a_1x+\cdots+a_nx^n$ 在 $(0,1)$

内至少有一个零点.

4.设 $f(x)$ 在 $[0,a]$ 上连续,在 $(0,a)$ 内可导,且 $f(a)=0$,证明存在一点 $\xi\in(0,a)$,使 $f(\xi)+\xi f'(\xi)=0$.

5.求下列极限:

(1)$\lim\limits_{x\to 1}\dfrac{x-x^x}{1-x+\ln x}$;　　　　　(2)$\lim\limits_{x\to 0}\left[\dfrac{1}{\ln(1+x)}-\dfrac{1}{x}\right]$;

(3)$\lim\limits_{x\to +\infty}\left(\dfrac{2}{\pi}\arctan x\right)^x$.

6.证明下列不等式:

(1)当 $0<x_1<x_2<\dfrac{\pi}{2}$ 时,$\dfrac{\tan x_2}{\tan x_1}>\dfrac{x_2}{x_1}$;

(2)当 $x>0$ 时,$\ln(1+x)>\dfrac{\arctan x}{1+x}$.

7.要造一个面积为 S 的无盖圆柱形桶,问底面半径 r 和高 h 等于多少时,才能使桶容积最大? 这时底半径与高的比是多少?

8.求椭圆 $x^2-xy+y^2=3$ 上纵坐标最大和最小的点.

*9.试确定 p 的取值范围,使得 $y=x^3-3x+p$ 与 x 轴:(1)有一个交点;(2)有两个交点;(3)有三个交点.

第 4 章

不定积分

在第二章中,我们学习了求已知函数的导数的问题,本章则研究它的反问题,即已知某个函数的导数,如何求出这个函数,这个函数有什么特点.这就是积分学所要研究的基本问题之一——不定积分.

§4.1   不定积分的概念与性质

1. 原函数与不定积分

定义 1   若在区间 I 上,可导函数 $F(x)$ 的导函数为 $f(x)$,即对 $\forall x \in I$,都有 $F'(x) = f(x)$ 或 $\mathrm{d}F(x) = f(x)\mathrm{d}x$,则称 $F(x)$ 为 $f(x)$ 在区间 I 上的原函数.

例如,在区间 $(-\infty, +\infty)$ 内 $(\sin x)' = \cos x$,故 $\sin x$ 是 $\cos x$ 在 $(-\infty, +\infty)$ 内的原函数;又如,$(x^2)' = 2x$,故 x^2 是 $2x$ 在 $(-\infty, +\infty)$ 内的原函数.上面两个例子都可以很容易地由基本求导公式反推得到,而函数 $\dfrac{2x}{x^2-1}$ 的原函数是否存在,则不宜看出.

在进一步研究原函数前,我们需要明确在什么条件下,一个函数有原函数.下面我们不加证明地给出原函数存在的一个充分条件.其证明将在第五章给出.

定理 1   若函数 $f(x)$ 在区间 I 上连续,则在 I 上必存在可导函数 $F(x)$,使对 $\forall x \in I$,都有 $F'(x) = f(x)$.

简单地说就是:**连续函数必有原函数**.

因为初等函数在其定义区间内连续,所以初等函数在其定义区间内一定有原函数.

若一个函数的原函数存在,是否唯一? 下面的定理回答了这个问题.

定理 2　若 $F(x)$ 是函数 $f(x)$ 在区间 I 上的一个原函数,则

(1) 对任意的常数 C,$F(x)+C$ 也是 $f(x)$ 在区间 I 上的原函数;

(2) $f(x)$ 的任意两个原函数之间,只相差一个常数.

证　(1) 显然,在区间 I 上,对任意的常数 C,$[F(x)+C]' = f(x)$,即 $F(x)+C$ 也是 $f(x)$ 在区间 I 上的一个原函数.

(2) 设 $G(x)$ 也是 $f(x)$ 在区间 I 上的一个原函数,则在 I 上,$[G(x) - F(x)]' = G'(x) - F'(x) = f(x) - f(x) = 0$. 由拉格朗日中值定理的推论可知,在一个区间上导数恒为 0 的函数必为常数,因此 $G(x) - F(x)$ = 某常数 C_0,即 $G(x) = F(x) + C_0$. 即 $f(x)$ 的任意两个原函数之间,只相差一个常数.

上述定理表明:若一个函数 $f(x)$ 在区间 I 上有一个原函数 $F(x)$,则它就有无穷多个原函数,且它的全部原函数可以用 $F(x) + C$ 表示. 这也给出了一种求全体原函数的方法.

定义 2　函数 $f(x)$ 在区间 I 上的全体原函数称为 $f(x)$ 在区间 I 上的<u>不定积分</u>,记作

$$\int f(x)\mathrm{d}x \quad 或 \quad \int f\mathrm{d}x,$$

其中记号 $\int$ 称为<u>积分号</u>,$f(x)$ 称为<u>被积函数</u>,$f(x)\mathrm{d}x$ 称为<u>被积表达式</u>,x 称为<u>积分变量</u>.

如果 $F(x)$ 是 $f(x)$ 在区间 I 上的一个原函数,则在区间 I 上有

$$\int f(x)\mathrm{d}x = F(x) + C \quad (C\ 为任意常数).$$

由此可知,求一个函数的不定积分实际上只需求出它的一个原函数,再加上任意常数即可.

例 1　求 $\int 2x\mathrm{d}x$.

解　因为 $(x^2)' = 2x$,所以 $\int 2x\mathrm{d}x = x^2 + C$.

若 $F(x)$ 是 $f(x)$ 的一个原函数,则称 $F(x)$ 的图形为 $f(x)$ 的一条<u>积分曲线</u>,$f(x)$ 的全体原函数 $F(x) + C$ 的图形可看作由 $F(x)$ 的图形沿 y 轴平移得到的一族曲线,称为 $f(x)$ 的<u>积分曲线族</u>. 故不定积分 $\int f(x)\mathrm{d}x$ 在几何上表示 $f(x)$ 的全部积分曲线所组成的平行曲线族. 显然,该族曲线中的每一条积分曲线在具有同一横坐标 x_0 的点处有互相平行的切

线,其斜率都等于 $f(x_0)$(图 4 – 1 所示).

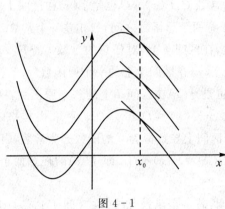

图 4 – 1

2. 不定积分的性质

由不定积分的定义,可得如下性质.

性质 1 不定积分与求导数(或求微分)互为逆运算.

(1) $(\int f(x)\mathrm{d}x)' = f(x)$ 或 $\mathrm{d}(\int f(x)\mathrm{d}x) = f(x)\mathrm{d}x$;

(2) $\int F'(x)\mathrm{d}x = F(x) + C$ 或 $\int \mathrm{d}F(x) = F(x) + C$.

性质 2 若函数 $f(x)$ 和 $g(x)$ 在区间 I 上有原函数,则

(1) $\int kf(x)\mathrm{d}x = k\int f(x)\mathrm{d}x$ (k 是常数,且 $k \neq 0$);

(2) $\int [f(x) \pm g(x)]\mathrm{d}x = \int f(x)\mathrm{d}x \pm \int g(x)\mathrm{d}x$.

性质 2 显然可以推广到有限个函数.

3. 基本积分公式

由原函数和不定积分的定义,我们可以由导数公式得到相应的积分公式.

(1) $\int k\mathrm{d}x = kx + C$ (k 是常数);

(2) $\int x^{\mu}\mathrm{d}x = \dfrac{x^{\mu+1}}{\mu + 1} + C$ ($\mu \neq -1$);

(3) $\int \dfrac{1}{x}\mathrm{d}x = \ln |x| + C$;

(4) $\int \mathrm{e}^x\mathrm{d}x = \mathrm{e}^x + C$;

(5) $\int a^x \mathrm{d}x = \dfrac{a^x}{\ln a} + C \quad (a > 0, a \neq 1)$;

(6) $\int \sin x \mathrm{d}x = -\cos x + C$;

(7) $\int \cos x \mathrm{d}x = \sin x + C$;

(8) $\int \dfrac{1}{\cos^2 x} \mathrm{d}x = \int \sec^2 x \mathrm{d}x = \tan x + C$;

(9) $\int \dfrac{1}{\sin^2 x} \mathrm{d}x = \int \csc^2 x \mathrm{d}x = -\cot x + C$;

(10) $\int \tan x \sec x \mathrm{d}x = \sec x + C$;

(11) $\int \cot x \csc x \mathrm{d}x = -\csc x + C$;

(12) $\int \dfrac{1}{\sqrt{1 - x^2}} \mathrm{d}x = \arcsin x + C$;

(13) $\int \dfrac{1}{1 + x^2} \mathrm{d}x = \arctan x + C$.

利用不定积分的性质和基本积分公式可以求一些简单函数的不定积分.

例 2 求 $\int \left(\mathrm{e}^x + \dfrac{3}{1 + x^2} \right) \mathrm{d}x$.

解 $\int \left(\mathrm{e}^x + \dfrac{3}{1 + x^2} \right) \mathrm{d}x = \int \mathrm{e}^x \mathrm{d}x + 3 \int \dfrac{1}{1 + x^2} \mathrm{d}x$

$$= \mathrm{e}^x + 3\arctan x + C.$$

注 1 分项积分后,原本每个积分都有一个任意常数,但由于任意常数的和仍为任意常数,所以只需要写出一个任意常数即可.

注 2 检验结果是否正确,只需要将结果求导,看它的导数是否等于被积函数.

例 3 求 $\int \dfrac{2 + 3x^2}{x^2(1 + x^2)} \mathrm{d}x$.

解 $\int \dfrac{2 + 3x^2}{x^2(1 + x^2)} \mathrm{d}x = \int \dfrac{2 + 2x^2 + x^2}{x^2(1 + x^2)} \mathrm{d}x = 2 \int \dfrac{1}{x^2} \mathrm{d}x + \int \dfrac{1}{1 + x^2} \mathrm{d}x$

$$= -\dfrac{2}{x} + \arctan x + C.$$

例 4 求 $\int \tan^2 x \mathrm{d}x$.

解 $\int \tan^2 x \mathrm{d}x = \int (\sec^2 x - 1) \mathrm{d}x = \int \sec^2 x \mathrm{d}x - \int \mathrm{d}x = \tan x - x + C.$

求不定积分时,如果被积函数中含有三角函数,有时需要先利用三角恒等式转换,常用的三角恒等式有 $\sin^2 x + \cos^2 x = 1$, $\tan^2 x + 1 = \sec^2 x$, $\cot^2 x + 1 = \csc^2 x$ 等.

例 5　求 $\displaystyle\int \frac{1}{\sin^2 x \cos^2 x} \mathrm{d}x$.

解　$\displaystyle\int \frac{1}{\sin^2 x \cos^2 x} \mathrm{d}x = \int \frac{\sin^2 x + \cos^2 x}{\sin^2 x \cos^2 x} \mathrm{d}x = \int \left(\frac{1}{\cos^2 x} + \frac{1}{\sin^2 x} \right) \mathrm{d}x$

$$= \tan x - \cot x + C.$$

例 6　求 $\displaystyle\int \frac{1}{1 - \sin x} \mathrm{d}x$.

解　$\displaystyle\int \frac{1}{1 - \sin x} \mathrm{d}x = \int \frac{1 + \sin x}{(1 + \sin x)(1 - \sin x)} \mathrm{d}x = \int \frac{1 + \sin x}{\cos^2 x} \mathrm{d}x$

$$= \int (\sec^2 x + \sec x \tan x) \mathrm{d}x = \tan x + \sec x + C.$$

练习 4.1

1.求下列不定积分,并通过求导检验答案:

(1) $\displaystyle\int (x + 1) \sqrt{x} \, \mathrm{d}x$;

(2) $\displaystyle\int \left(5e^x + \frac{2}{x} \right) \mathrm{d}x$;

(3) $\displaystyle\int \frac{8}{1 + x^2} \mathrm{d}x$;

(4) $\displaystyle\int \frac{5}{\sqrt{1 - u^2}} \mathrm{d}u$;

(5) $\displaystyle\int \cos^2 \frac{t}{2} \mathrm{d}t$;

(6) $\displaystyle\int \sec x (\sec x - \tan x) \mathrm{d}x$;

(7) $\displaystyle\int -6 \csc^2 x \mathrm{d}x$;

(8) $\displaystyle\int 2^x \mathrm{e}^x \mathrm{d}x$;

(9) $\displaystyle\int \cos x (\sec x + \tan x) \mathrm{d}x$.

2.含有未知函数的导数的方程称为微分方程,例如方程 $\dfrac{\mathrm{d}y}{\mathrm{d}x} = f(x)$,其中 $\dfrac{\mathrm{d}y}{\mathrm{d}x}$ 为未知函数的导数,$f(x)$ 为已知函数.如果将函数 $y = \varphi(x)$ 代入微分方程,使微分方程成为恒等式,那么函数 $y = \varphi(x)$ 称为这个微分方程的解.求下列微分方程的满足所给条件的解:

(1) $\dfrac{\mathrm{d}y}{\mathrm{d}x} = (x - 2)^2$, $x = 2$ 时 $y = 0$;

(2) $\dfrac{\mathrm{d}^2 x}{\mathrm{d}t^2} = \dfrac{2}{t^3}$, $\dfrac{\mathrm{d}x}{\mathrm{d}t}\Big|_{t=1} = 1$, $x|_{t=1} = 1$.

3.在月球上,由重力产生的加速度是 $1.6 \ \mathrm{m/s}^2$.如果一块岩石从裂缝中下落,30 s 后将撞击底部,它的瞬时速度是多少?

§4.2　不定积分的换元积分法

利用基本积分表和不定积分的性质能够计算的不定积分是有限的，因此有必要寻找其他的求不定积分的方法.本节将根据复合函数求导公式，利用变量代换，得到求复合函数不定积分的方法，称为<u>换元积分法</u>.

1. 第一类换元积分法（凑微分法）

设 $F(u)$ 是 $f(u)$ 的原函数，则有

$$F'(u) = f(u), \int f(u) \mathrm{d}u = F(u) + C.$$

若 u 是关于 x 的函数 $u = \varphi(x)$，且 $\varphi(x)$ 可微，则根据复合函数微分法，有

$$\mathrm{d}F[\varphi(x)] = f[\varphi(x)]\mathrm{d}\varphi(x) = f[\varphi(x)]\varphi'(x)\mathrm{d}x.$$

从而由不定积分的定义得

$$\int f[\varphi(x)]\varphi'(x)\mathrm{d}x = \int f[\varphi(x)]\mathrm{d}\varphi(x) = \left[\int f(u)\mathrm{d}u\right]_{u=\varphi(x)}$$
$$= [F(u) + C]_{u=\varphi(x)} = F(\varphi(x)) + C.$$

于是有如下定理：

定理 1　设 $f(u)$ 有原函数 $F(u)$，$u = \varphi(x)$ 可微，则

$$\int f[\varphi(x)]\varphi'(x)\mathrm{d}x = \left[\int f(u)\mathrm{d}u\right]_{u=\varphi(x)}.$$

上述公式称为<u>第一类换元积分公式</u>.

怎样利用第一类换元积分公式来计算不定积分呢？假设要求的不定积分 $\int g(x)\mathrm{d}x$，如果 $g(x)$ 能化成 $g(x) = f[\varphi(x)]\varphi'(x)$ 的形式，则可利用上述公式，有

$$\int g(x)\mathrm{d}x = \int f[\varphi(x)]\varphi'(x)\mathrm{d}x = \int f[\varphi(x)]\mathrm{d}\varphi(x) \overset{\text{令}u=\varphi(x)}{=\!=\!=} \left[\int f(u)\mathrm{d}u\right]_{u=\varphi(x)}.$$

将 $g(x)$ 的不定积分转化为 $f(u)$ 的不定积分后，如果能求得 $f(u)$ 的原函数，那么也就得到了 $g(x)$ 的原函数.第一类换元积分法的关键是如何将 $g(x)$ 化成 $f[\varphi(x)]\varphi'(x)$ 的形式，进而将 $\varphi'(x)\mathrm{d}x$ 写成 $\mathrm{d}\varphi(x)$，而 $\varphi'(x)$ 通常是从被积表达式中凑出来的，因此第一类换元积分法又称**凑微分法**.

例 1　求 $\int \cos 2x \mathrm{d}x$.

解　被积函数中 $\cos 2x$ 是复合函数，$\cos 2x = \cos u, u = 2x$，而 $(2x)' = 2$，但被积函数中缺少 2，因此将 $\cos 2x$ 改写为 $\frac{1}{2} \cdot 2\cos 2x$，这样就凑出

了 u 的导数, 这也就是我们所说的凑微分法. 因此作变换 $u=2x$, 便有

$$\int \cos 2x \mathrm{d}x = \frac{1}{2} \int 2\cos 2x \mathrm{d}x = \frac{1}{2} \int \cos 2x (2x)' \mathrm{d}x = \frac{1}{2} \int \cos 2x \mathrm{d}2x$$

$$= \frac{1}{2} \int \cos u \mathrm{d}u = \frac{1}{2} \sin u + C$$

再以 $u = 2x$ 代入, 即得 $\int \cos 2x \mathrm{d}x = \frac{1}{2} \sin 2x + C$

注 利用换元法求不定积分时, 换元求出原函数后, 必须还原为 x 的函数.

例 2 求 $\int \dfrac{1}{ax+b} \mathrm{d}x, (a \neq 0)$.

解 令被积函数 $\dfrac{1}{ax+b} = \dfrac{1}{u}$, 即 $u = ax+b$, 这里缺少 $\dfrac{\mathrm{d}u}{\mathrm{d}x} = a$ 这样一个因子, 但由于 a 是一个常数, 故可改变系数凑出这个因子:

$$\frac{1}{ax+b} = \frac{1}{a} \cdot \frac{1}{ax+b} \cdot a = \frac{1}{a} \cdot \frac{1}{ax+b} \cdot (ax+b)',$$

从而令 $u = ax+b$, 便有

$$\int \frac{1}{ax+b} \mathrm{d}x = \int \frac{1}{a} \cdot \frac{1}{ax+b} \cdot (ax+b)' \mathrm{d}x = \frac{1}{a} \int \frac{1}{ax+b} \mathrm{d}(ax+b)$$

$$= \frac{1}{a} \int \frac{1}{u} \mathrm{d}u = \frac{1}{a} \ln|u| + C = \frac{1}{a} \ln|ax+b| + C.$$

一般地, 对于积分 $\int f(ax+b) \mathrm{d}x$, 总可作变换 $u = ax+b$, 把它化为

$$\int f(ax+b) \mathrm{d}x = \int \frac{1}{a} f(ax+b) \mathrm{d}(ax+b) = \frac{1}{a} \left[\int f(u) \mathrm{d}u \right]_{u=ax+b}.$$

例 3 求 $\int 2x \mathrm{e}^{x^2} \mathrm{d}x$.

解 $\int 2x \mathrm{e}^{x^2} \mathrm{d}x = \int \mathrm{e}^{x^2} (x^2)' \mathrm{d}x = \int \mathrm{e}^{x^2} \mathrm{d}(x^2)$

$$= \int \mathrm{e}^u \mathrm{d}u = \mathrm{e}^u + C = \mathrm{e}^{x^2} + C.$$

在求复合函数的导数时, 常不写出中间变量. 同样地, 当熟悉了不定积分的换元法后, 也可以不写出中间变量.

例 4 求 $\int \dfrac{1}{a^2 + x^2} \mathrm{d}x$.

解 $\int \dfrac{1}{a^2+x^2} \mathrm{d}x = \dfrac{1}{a^2} \int \dfrac{1}{1+\left(\dfrac{x}{a}\right)^2} \mathrm{d}x = \dfrac{1}{a} \int \dfrac{1}{1+\left(\dfrac{x}{a}\right)^2} d\left(\dfrac{x}{a}\right)$

$$= \frac{1}{a} \arctan \frac{x}{a} + C.$$

上例中实际上做了变量代换 $u = \dfrac{x}{a}$，并在求出积分 $\dfrac{1}{a}\displaystyle\int \dfrac{1}{1+u^2} \mathrm{d}u$ 后，代回了原积分变量，只是没有写出来而已.

例 5 求 $\displaystyle\int \dfrac{1}{a^2 - x^2}\mathrm{d}x$.

解 由于 $\dfrac{1}{a^2-x^2} = \dfrac{1}{2a}\left(\dfrac{1}{a+x} + \dfrac{1}{a-x}\right)$，故

$$\int \frac{1}{a^2-x^2}\mathrm{d}x = \frac{1}{2a}\int \left(\frac{1}{a+x} + \frac{1}{a-x}\right)\mathrm{d}x$$

$$= \frac{1}{2a}\left[\int \frac{1}{a+x}d(a+x) - \int \frac{1}{a-x}d(a-x)\right]$$

$$= \frac{1}{2a}\left[\ln|a+x| - \ln|a-x|\right] + C = \frac{1}{2a}\ln\left|\frac{a+x}{a-x}\right| + C.$$

例 6 求 $\displaystyle\int \dfrac{1}{\sqrt{a^2-x^2}}\mathrm{d}x, (a > 0)$.

解 $\displaystyle\int \dfrac{1}{\sqrt{a^2-x^2}}\mathrm{d}x = \dfrac{1}{a}\int \dfrac{1}{\sqrt{1-\left(\dfrac{x}{a}\right)^2}}\mathrm{d}x = \int \dfrac{1}{\sqrt{1-\left(\dfrac{x}{a}\right)^2}}d\dfrac{x}{a}$

$$= \arcsin \frac{x}{a} + C.$$

例 7 求 $\displaystyle\int \dfrac{1}{x(2+3\ln x)}\mathrm{d}x$.

解 $\displaystyle\int \dfrac{1}{x(2+3\ln x)}\mathrm{d}x = \int \dfrac{1}{2+3\ln x}d(\ln x)$

$$= \frac{1}{3}\int \frac{1}{2+3\ln x}d(2+3\ln x)$$

$$= \frac{1}{3}\ln|2+3\ln x| + C.$$

例 8 求 $\displaystyle\int \dfrac{\mathrm{e}^{3\sqrt{x}}}{\sqrt{x}}\mathrm{d}x$.

解 由于 $d\sqrt{x} = \dfrac{1}{2}\dfrac{\mathrm{d}x}{\sqrt{x}}$，因此，

$$\int \frac{\mathrm{e}^{3\sqrt{x}}}{\sqrt{x}}\mathrm{d}x = 2\int \mathrm{e}^{3\sqrt{x}}d\sqrt{x} = \frac{2}{3}\int \mathrm{e}^{3\sqrt{x}}d3\sqrt{x} = \frac{2}{3}\mathrm{e}^{3\sqrt{x}} + C.$$

例 9 求 $\displaystyle\int \tan x\mathrm{d}x$.

解 $\displaystyle\int \tan x\mathrm{d}x = \int \dfrac{\sin x}{\cos x}\mathrm{d}x = -\int \dfrac{1}{\cos x}d\cos x = -\ln|\cos x| + C.$

类似地,有

$$\int \cot x \mathrm{d}x = \ln \mid \sin x \mid + C.$$

例 10　求 $\int \sec x \mathrm{d}x.$

解　$\int \sec x \mathrm{d}x = \int \dfrac{1}{\cos x} \mathrm{d}x = \int \dfrac{\cos x}{\cos^2 x} \mathrm{d}x = \int \dfrac{1}{1 - \sin^2 x} \mathrm{d}(\sin x)$

$$= \frac{1}{2} \int \left(\frac{1}{1 + \sin x} + \frac{1}{1 - \sin x} \right) \mathrm{d}(\sin x)$$

$$= \frac{1}{2} \Big[\int \frac{1}{1 + \sin x} \mathrm{d}(1 + \sin x)$$

$$- \int \frac{1}{1 - \sin x} \mathrm{d}(1 - \sin x) \Big]$$

$$= \frac{1}{2} (\ln \mid 1 + \sin x \mid - \ln \mid 1 - \sin x \mid) + C$$

$$= \frac{1}{2} \ln \left| \frac{1 + \sin x}{1 - \sin x} \right| + C = \frac{1}{2} \ln \frac{(1 + \sin x)^2}{\cos^2 x} + C$$

$$= \ln \left| \frac{1 + \sin x}{\cos x} \right| + C = \ln \mid \sec x + \tan x \mid + C.$$

类似地,有

$$\int \csc x \mathrm{d}x = \ln \mid \csc x - \cot x \mid + C.$$

例 11　求 $\int \dfrac{1}{x^2} \tan^2 \dfrac{1}{x} \mathrm{d}x.$

解　$\int \dfrac{1}{x^2} \tan^2 \dfrac{1}{x} \mathrm{d}x = \int \dfrac{1}{x^2} \left(\sec^2 \dfrac{1}{x} - 1 \right) \mathrm{d}x$

$$= -\int \left(\sec^2 \frac{1}{x} - 1 \right) \mathrm{d}\left(\frac{1}{x} \right)$$

$$= \int \left(1 - \sec^2 \frac{1}{x} \right) \mathrm{d}\left(\frac{1}{x} \right) = \frac{1}{x} - \tan \frac{1}{x} + C.$$

例 12　求 $\int \sin^2 x \cos^3 x \mathrm{d}x.$

解　$\int \sin^2 x \cos^3 x \mathrm{d}x = \int \sin^2 x \cos^2 x \cos x \mathrm{d}x$

$$= \int \sin^2 x (1 - \sin^2 x) \mathrm{d}\sin x$$

$$= \int (\sin^2 x - \sin^4 x) \mathrm{d}\sin x$$

$$= \frac{1}{3} \sin^3 x - \frac{1}{5} \sin^5 x + C.$$

例 13 求 $\int \sin^2 x \cos^2 x \mathrm{d}x$.

解
$$\int \sin^2 x \cos^2 x \mathrm{d}x = \int \frac{1-\cos 2x}{2} \cdot \frac{1+\cos 2x}{2} \mathrm{d}x$$

$$= \frac{1}{4}\int (1-\cos^2 2x)\mathrm{d}x$$

$$= \frac{1}{4}\int \left(1-\frac{1+\cos 4x}{2}\right)\mathrm{d}x$$

$$= \frac{1}{8}\int (1-\cos 4x)\mathrm{d}x$$

$$= \frac{1}{8}\int \mathrm{d}x - \frac{1}{32}\int \cos 4x \mathrm{d}4x$$

$$= \frac{x}{8} - \frac{1}{32}\sin 4x + C.$$

一般地,对于形如 $\int \sin^m x \cos^n x \mathrm{d}x$ 的积分 $(m,n \in \mathbf{N})$,可按照如下方法处理:

(1) m,n 中至少有一个为奇数时,例如 $n=2k+1$ 时,可化成 u 的多项式积分,

$$\int \sin^m x \cos^{2k+1} x \mathrm{d}x = \int \sin^m x \,(1-\sin^2 x)^k x \mathrm{d}\sin x = \int u^m \,(1-u^2)^k \mathrm{d}u$$

求出后将 $u=\sin x$ 代回即可.

(2) 当 m,n 都为偶数时,可先用倍角公式

$$\sin^2 x = \frac{1}{2}(1-\cos 2x), \cos^2 x = \frac{1}{2}(1+\cos 2x)$$

降低三角函数的幂次,再利用方法(1)处理.

例 14 求 $\int \tan^5 x \sec^3 x \mathrm{d}x$.

解
$$\int \tan^5 x \sec^3 x \mathrm{d}x = \int \tan^4 x \sec^2 x \sec x \tan x \mathrm{d}x$$

$$= \int (\sec^2 x - 1)^2 \sec^2 x \mathrm{d}(\sec x)$$

$$= \int (\sec^6 - 2\sec^4 x + \sec^2 x)\mathrm{d}(\sec x)$$

$$= \frac{1}{7}\sec^7 x - \frac{2}{5}\sec^5 x + \frac{1}{3}\sec^3 x + C.$$

一般地,对于 $\tan^n x \sec^{2k} x$ 或 $\tan^{2k-1} x \sec^n x \,(k \in \mathbf{N}^+)$ 型函数的积分,可依次作变换 $u=\tan x$ 或 $u=\sec x$,求得结果.

例 15 求 $\int \sin 3x \cos 2x \mathrm{d}x$.

解 利用积化和差公式 $\sin A \cos B = \dfrac{1}{2}[\sin(A+B)+\sin(A-B)]$

得
$$\int \sin 3x \cos 2x \mathrm{d}x = \frac{1}{2}\int (\sin 5x + \sin x)\mathrm{d}x$$
$$= \frac{1}{2}\left(\frac{1}{5}\int \sin 5x \mathrm{d}(5x) + \int \sin x \mathrm{d}x \right)$$
$$= -\frac{1}{10}\cos 5x - \frac{1}{2}\cos x + C.$$

例 16 求 $\int \dfrac{1-x}{\sqrt{9-4x^2}}\mathrm{d}x$.

解
$$\int \frac{1-x}{\sqrt{9-4x^2}}\mathrm{d}x = \int \frac{1}{\sqrt{9-4x^2}}\mathrm{d}x - \int \frac{x}{\sqrt{9-4x^2}}\mathrm{d}x$$

而
$$\int \frac{1}{\sqrt{9-4x^2}}\mathrm{d}x = \int \frac{\mathrm{d}x}{3\sqrt{1-\left(\frac{2}{3}x\right)^2}} = \frac{1}{3}\int \frac{\frac{3}{2}d\left(\frac{2}{3}x\right)}{\sqrt{1-\left(\frac{2}{3}x\right)^2}}$$
$$= \frac{1}{2}\arcsin\left(\frac{2}{3}x\right) + C_1,$$

$$\int \frac{x}{\sqrt{9-4x^2}}\mathrm{d}x = \int \frac{\frac{1}{2}d(x^2)}{\sqrt{9-4x^2}} = \frac{1}{2}\int \frac{-\frac{1}{4}d(9-4x^2)}{\sqrt{9-4x^2}}$$
$$= -\frac{1}{4}\sqrt{9-4x^2} + C_2,$$

所以 $\displaystyle\int \frac{1-x}{\sqrt{9-4x^2}}\mathrm{d}x = \frac{1}{2}\arcsin\left(\frac{2}{3}x\right) + \frac{1}{4}\sqrt{9-4x^2} + C$.

其中, $C = C_1 - C_2$.

例 17 求 $\int \dfrac{\mathrm{d}x}{x^2+2x+3}$.

解 分母是个二次质因式,先配方,再求积分.
$$\int \frac{\mathrm{d}x}{x^2+2x+3} = \int \frac{\mathrm{d}x}{2+(x+1)^2} = \int \frac{d(x+1)}{(\sqrt{2})^2+(x+1)^2}.$$

令 $u = x+1$,则 $\displaystyle\int \frac{d(x+1)}{(\sqrt{2})^2+(x+1)^2} = \int \frac{\mathrm{d}u}{(\sqrt{2})^2+u^2}$,由例 4 的结果

可知
$$\int \frac{\mathrm{d}u}{(\sqrt{2})^2+u^2} = \frac{1}{\sqrt{2}}\arctan \frac{u}{\sqrt{2}} + C,$$

将 $u = x + 1$ 代回, 得 $\int \dfrac{\mathrm{d}x}{x^2 + 2x + 3} = \dfrac{\sqrt{2}}{2}\arctan\dfrac{x+1}{\sqrt{2}} + C.$

通过上面的例子可以看出, 利用凑微分法求不定积分需要一定的技巧, 关键是在被积表达式中凑出适当的微分因子, 从而进行变量代换. 但对不同的问题, 凑微分的方法不同, 没有特定的规律, 熟记下面的一些凑微分公式, 对掌握第一类换元积分法 (凑微分法) 还是有一定帮助的 (其中常数 $a \neq 0$).

$$\mathrm{d}x = \frac{1}{a}\mathrm{d}(ax) = \frac{1}{a}\mathrm{d}(ax + b);$$

$$x\mathrm{d}x = \frac{1}{2}\mathrm{d}(x^2) = \frac{1}{2a}\mathrm{d}(ax^2 + b);$$

$$\frac{1}{x}\mathrm{d}x = \mathrm{d}(\ln x);$$

$$\frac{1}{\sqrt{x}}\mathrm{d}x = 2\mathrm{d}(\sqrt{x});$$

$$\mathrm{e}^x\mathrm{d}x = \mathrm{d}\mathrm{e}^x;$$

$$\cos x\mathrm{d}x = \mathrm{d}(\sin x);$$

$$\sin x\mathrm{d}x = -\mathrm{d}(\cos x);$$

$$\frac{1}{\cos^2 x}\mathrm{d}x = \sec^2 x\mathrm{d}x = \mathrm{d}(\tan x);$$

$$\frac{1}{\sin^2 x}\mathrm{d}x = \csc^2 x\mathrm{d}x = -\mathrm{d}(\cot x);$$

$$x^{a-1}\mathrm{d}x = \frac{1}{a}\mathrm{d}(x^a); \mathrm{d}\varphi(x) = \frac{1}{a}\mathrm{d}(a\varphi(x) + b).$$

2. 第二类换元积分法

第一类换元积分法是将积分 $\int f(\varphi(x))\varphi'(x)\mathrm{d}x$ 通过变量代换 $u = \varphi(x)$ 变换成 $\int f(u)\mathrm{d}u$ 的积分. 第二类换元积分法恰恰与之相反, 它是通过变量代换 $x = \psi(t)$ 将积分 $\int f(x)\mathrm{d}x$ 化为 $\int f(\psi(t))\psi'(t)\mathrm{d}t$, 进而换元公式可表示为

$$\int f(x)\mathrm{d}x = \int f(\psi(t))\psi'(t)\mathrm{d}t$$

这个公式的成立是需要一定条件的. 首先, 等式右边的不定积分要存在, 即 $f(\psi(t))\psi'(t)$ 有原函数; 其次, $\int f(\psi(t))\psi'(t)\mathrm{d}t$ 求出后必须用

$x=\psi(t)$ 的反函数 $t=\psi^{-1}(x)$ 代回去. 为此, 我们给出下面的定理.

定理2 设 $f(x)$ 连续, 又 $x=\psi(t)$ 的导数 $\psi'(t)$ 也连续, 且 $\psi'(t)\neq 0$,
$\int f(\psi(t))\psi'(t)\mathrm{d}t=F(t)+C$, 则有换元公式

$$\int f(x)\mathrm{d}x=\left[\int f(\psi(t))\psi'(t)\mathrm{d}t\right]_{t=\psi^{-1}(x)}=F(\psi^{-1}(x))+C$$

其中, $t=\psi^{-1}(x)$ 是 $x=\psi(t)$ 的反函数.

第二类换元积分法关键是选择恰当的 $x=\psi(t)$, 下面通过举例来说明.

例 18 求 $\int \sqrt{a^2-x^2}\,\mathrm{d}x$ $(a>0)$.

解 求这个积分的困难在于有根式 $\sqrt{a^2-x^2}$, 可以利用三角公式 $\sin^2 x+\cos^2 x=1$ 来化去根式.

设 $x=a\sin t$, 并设定 $-\dfrac{\pi}{2}<x<\dfrac{\pi}{2}$ (在此区间上 $x=a\sin t$ 可以保证有反函数), 于是有反函数 $t=\arcsin\dfrac{x}{a}$, 而 $\sqrt{a^2-x^2}=\sqrt{a^2-a^2\sin^2 t}=$ $|a\cos t|=a\cos t$, 且 $\mathrm{d}x=a\cos t\mathrm{d}t$, 这样被积表达式中就不含有根式, 所求积分化为

$$\int \sqrt{a^2-x^2}\,\mathrm{d}x=\int a\cos t\cdot a\cos t\mathrm{d}t=a^2\int \cos^2 t\mathrm{d}t=\frac{a^2}{2}\int(1+\cos 2t)\mathrm{d}t$$

$$=\frac{a^2}{2}(t+\frac{1}{2}\sin 2t)+C=\frac{a^2}{2}(t+\sin t\cos t)+C,$$

将 $t=\arcsin\dfrac{x}{a}$ 代入,

并由 $\sin t=\dfrac{x}{a}$ 知 $\cos t=\sqrt{1-\sin^2 t}=\dfrac{1}{a}\sqrt{a^2-x^2}$,

有 $\quad\int \sqrt{a^2-x^2}\,\mathrm{d}x=\dfrac{a^2}{2}\arcsin\dfrac{x}{a}+\dfrac{x}{2}\sqrt{a^2-x^2}+C.$

例 19 求 $\int \dfrac{\mathrm{d}x}{\sqrt{x^2+a^2}}(a>0)$.

解 与上例类似, 我们利用三角公式 $1+\tan^2 x=\sec^2 x$ 来化去根式.

设 $x=a\tan t$, $-\dfrac{\pi}{2}<t<\dfrac{\pi}{2}$, 则 $t=\arctan\dfrac{x}{a}$, 而

$$\sqrt{x^2+a^2}=\sqrt{a^2\tan^2 t+a^2}=a\sec t,\mathrm{d}x=a\sec^2 t\mathrm{d}t,$$

于是 $\quad\int \dfrac{\mathrm{d}x}{\sqrt{x^2+a^2}}=\int \dfrac{a\sec^2 t}{a\sec t}\mathrm{d}t=\int \sec t\mathrm{d}t.$

利用例 10 的结果,得

$$\int \frac{\mathrm{d}x}{\sqrt{x^2 + a^2}} = \ln|\sec t + \tan t| + C_1.$$

为了将 $\sec t$ 换成 x 的函数,我们可以根据 $\tan t = \dfrac{x}{a}$

作辅助直角三角形(图 4-2),即得 $\sec t = \dfrac{\sqrt{a^2 + x^2}}{a}$,

因此,

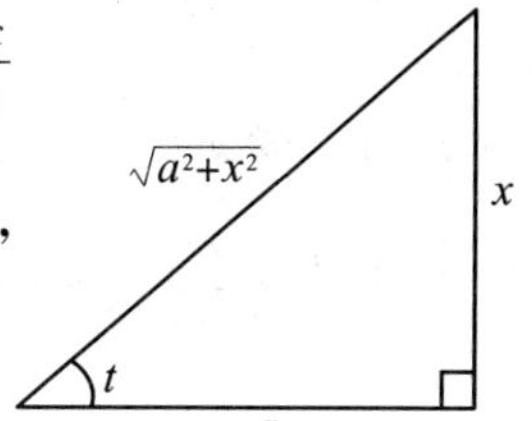

$$\int \frac{\mathrm{d}x}{\sqrt{x^2 + a^2}} = \ln\left|\frac{\sqrt{a^2 + x^2}}{a} + \frac{x}{a}\right| + C_1$$

$$= \ln(x + \sqrt{a^2 + x^2}) + C,$$

图 4-2

其中 $C = C_1 - \ln a$.

例 20　求 $\displaystyle\int \frac{\mathrm{d}x}{\sqrt{x^2 - a^2}}$　$(a > 0)$.

解　被积函数的定义域为 $(-\infty, -a)\bigcup(a, +\infty)$,我们在 $(a, +\infty)$ 内求不定积分.同上面的两个例子,我们利用三角公式 $\sec^2 x - 1 = \tan^2 x$ 来化去根式.

设 $x = a\sec t, 0 < t < \dfrac{\pi}{2}$,则 $t = \arccos \dfrac{a}{x}$,而

$$\sqrt{x^2 - a^2} = \sqrt{a^2 \sec^2 t - a^2} = a\tan t, \quad \mathrm{d}x = a\sec t\tan t\mathrm{d}t,$$

于是

$$\int \frac{\mathrm{d}x}{\sqrt{x^2 - a^2}} = \int \frac{a\sec t\tan t}{a\tan t}\mathrm{d}t = \int \sec t\mathrm{d}t = \ln|\sec t + \tan t| + C_1.$$

为了把 $\tan t$ 换成 x 的函数,我们根据 $\sec t = \dfrac{x}{a}$ 作辅助直角三角形

(图 4-3),即有 $\tan t = \dfrac{\sqrt{x^2 - a^2}}{a}$,从而

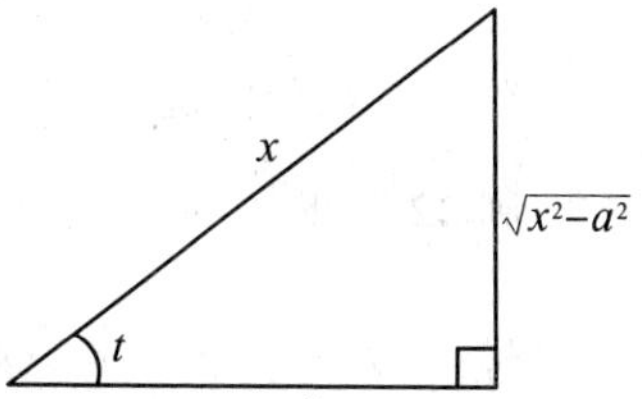

$$\int \frac{\mathrm{d}x}{\sqrt{x^2 - a^2}} = \ln\left|\frac{x}{a} + \frac{\sqrt{x^2 - a^2}}{a}\right| + C_1$$

$$= \ln|x + \sqrt{x^2 - a^2}| + C,$$

其中 $C = C_1 - \ln a$.容易验证上述结果在 $(-\infty, -a)$ 也成立.

图 4-3

从上面三个例子可以看出,当被积函数中含有 $\sqrt{a^2 - x^2}$,$\sqrt{a^2 + x^2}$ 或 $\sqrt{x^2 - a^2}$ 时,可以通过三角代换消去根号,以求得积分;但在应用时应视具体情况灵活处理.

三角代换 $x = a\tan t$ 不仅能消去根式 $\sqrt{a^2+x^2}$，对于求解含有 $(a^2+x^2)^{-k}$　$(k \in \mathbf{Z}^+)$ 的不定积分也很有效.

例 21　求 $\displaystyle\int \frac{x^2}{(x^2+1)^2}\mathrm{d}x$.

解　令 $x = \tan t,\left(|t| < \dfrac{\pi}{2}\right)$，则 $x^2+1 = \sec^2 t, \mathrm{d}x = \sec^2 t\mathrm{d}t$. 因此

$$\int \frac{x^2}{(x^2+1)^2}\mathrm{d}x = \int \frac{\tan^2 t}{\sec^4 t}\cdot\sec^2 t\mathrm{d}t = \int \sin^2 t\mathrm{d}t = \frac{1}{2}\int(1-\cos 2t)\mathrm{d}t$$

$$= \frac{1}{2}\left(t - \frac{1}{2}\sin 2t\right) + C = \frac{1}{2}(t - \sin t\cos t) + C$$

$$= \frac{1}{2}\left(\arctan x - \frac{x}{x^2+1}\right) + C.$$

在本节的例题中，有几个结果通常也作为公式使用. 我们把它们添加到第一节的基本积分表中（其中常数 $a > 0$）.

(14) $\displaystyle\int \tan x\mathrm{d}x = -\ln|\cos x| + C$;

(15) $\displaystyle\int \cot x\mathrm{d}x = \ln|\sin x| + C$;

(16) $\displaystyle\int \sec x\mathrm{d}x = \ln|\sec x + \tan x| + C$;

(17) $\displaystyle\int \csc x\mathrm{d}x = \ln|\csc x - \cot x| + C$;

(18) $\displaystyle\int \frac{1}{a^2+x^2}\mathrm{d}x = \frac{1}{a}\arctan\frac{x}{a} + C$;

(19) $\displaystyle\int \frac{1}{\sqrt{a^2-x^2}}\mathrm{d}x = \arcsin\frac{x}{a} + C$;

(20) $\displaystyle\int \frac{\mathrm{d}x}{\sqrt{x^2 \pm a^2}} = \ln\left|x + \sqrt{x^2 \pm a^2}\right| + C$.

在一些积分问题中，根式代换和倒数代换也是常用的方法.

例 22　求 $\displaystyle\int \frac{x^5}{\sqrt{x^2+1}}\mathrm{d}x$.

解　令 $t = \sqrt{x^2+1}$（根式代换），则 $x^2 = t^2 - 1, x\mathrm{d}x = t\mathrm{d}t$，则

$$\int \frac{x^5}{\sqrt{x^2+1}}\mathrm{d}x = \int \frac{(t^2-1)^2}{t}t\mathrm{d}t = \int(t^4 - 2t^2 + 1)\mathrm{d}t$$

$$= \frac{1}{5}t^5 - \frac{2}{3}t^3 + t + C$$

$$= \frac{1}{15}(8 - 4x^2 + 3x^4)\sqrt{x^2+1} + C.$$

若用三角代换 $x=\tan t$，计算很麻烦.

例 23　求 $\displaystyle\int\frac{1}{x(x^7+2)}\mathrm{d}x$.

解　利用倒代换，令 $x=\dfrac{1}{t}$，则 $\mathrm{d}x=\dfrac{-1}{t^2}\mathrm{d}t$，故

$$\int\frac{1}{x(x^7+2)}\mathrm{d}x=\int\frac{t}{\left(\dfrac{1}{t}\right)^7+2}\cdot\frac{-1}{t^2}\mathrm{d}t=-\int\frac{t^6}{1+2t^7}\mathrm{d}t$$

$$=-\frac{1}{14}\ln\mid 1+2t^7\mid+C$$

$$=-\frac{1}{14}\ln\mid 2+x^7\mid+\frac{1}{2}\ln\mid x\mid+C.$$

练习 4.2

1. 在下列各式右端的空白处填入适当的系数，使下列等式成立：

(1) $\mathrm{d}x=$ ___ $\mathrm{d}(5x+4)$；

(2) $x\mathrm{d}x=$ ___ $\mathrm{d}(1-x^2)$；

(3) $x^3\mathrm{d}x=$ ___ $\mathrm{d}(4x^4-3)$；

(4) $\mathrm{e}^{2x}\mathrm{d}x=$ ___ $\mathrm{d}(\mathrm{e}^{2x}+1)$；

(5) $\cos\dfrac{x}{2}\mathrm{d}x=$ ___ $\mathrm{d}\left(\sin\dfrac{x}{2}\right)$；

(6) $\dfrac{\mathrm{d}x}{1+4x^2}=$ ___ $\mathrm{d}(\arctan 2x)$；

(7) $\dfrac{\mathrm{d}x}{\sqrt{1-x^2}}=\mathrm{d}(1-\arcsin x)$；

(8) $\dfrac{x\mathrm{d}x}{\sqrt{1-x^2}}=$ ___ $\mathrm{d}(\sqrt{1-x^2})$.

2. 利用换元积分法求下列不定积分，并通过求导检验你的答案：

(1) $\displaystyle\int(3-2x)^{100}\mathrm{d}x$；

(2) $\displaystyle\int\frac{1}{5s+4}\mathrm{d}s$；

(3) $\displaystyle\int\frac{3\mathrm{d}x}{(2-x)^2}$；

(4) $\displaystyle\int\cos^2 3x\mathrm{d}x$；

(5) $\displaystyle\int 3y\sqrt{7-3y^2}\mathrm{d}y$；

(6) $\displaystyle\int\frac{\sin\sqrt{x}}{\sqrt{x}}\mathrm{d}x$；

(7) $\displaystyle\int a^{1-2x}\mathrm{d}x\quad(a>1)$；

(8) $\displaystyle\int\tan^{10}x\sec^2 x\mathrm{d}x$；

(9) $\displaystyle\int\frac{1}{\sin x\cos x}\mathrm{d}x$；

(10) $\displaystyle\int\frac{1}{\mathrm{e}^x+\mathrm{e}^{-x}}\mathrm{d}x$；

(11) $\displaystyle\int\frac{x}{\sqrt{2-3x^2}}\mathrm{d}x$；

(12) $\displaystyle\int\frac{x}{1+4x^4}\mathrm{d}x$；

(13) $\displaystyle\int x(1-x)^{99}\mathrm{d}x$；

(14) $\displaystyle\int\frac{2u-1}{\sqrt{1-u^2}}\mathrm{d}u$；

(15) $\displaystyle\int\sin 2x\cos 3x\mathrm{d}x$；

(16) $\displaystyle\int\tan^3 x\sec x\mathrm{d}x$；

(17) $\displaystyle\int\frac{\mathrm{d}x}{x\ln x\ln\ln x}$；

(18) $\displaystyle\int\frac{\sqrt{x^2-9}}{x}\mathrm{d}x$；

$(19) \displaystyle\int \dfrac{\mathrm{d}x}{x^2 \sqrt{x^2+1}};$ $\qquad (20) \displaystyle\int \dfrac{\mathrm{d}x}{1+\sqrt{1-x^2}};$

$(21) \displaystyle\int \sqrt{\dfrac{x-1}{x^5}} \mathrm{d}x.$

3. 如果不知道做什么替换,尝试逐步简化积分,试用一个替换简化一点积分,再尝试另一个更简化一些. 分别用下面三种方法求不定积分 $\displaystyle\int \dfrac{18 \tan^2 x \sec^2 x}{(2+\tan^3 x)^2} \mathrm{d}x$:

(1) 首先令 $u=\tan x$,随后 $v=u^3$,进而 $w=2+v$;

(2) 首先令 $u=\tan^3 x$,随后 $v=2+u$;

(3) 令 $u=2+\tan^3 x$.

4. 对不定积分 $\displaystyle\int \sec^2 x \tan x \mathrm{d}x$,分别使用下面的两种代换进行计算:

(1) 令 $u=\tan x$,则 $\displaystyle\int \sec^2 x \tan x \mathrm{d}x = \int u \mathrm{d}u = \dfrac{u^2}{2}+C = \dfrac{\tan^2 x}{2}+C;$

(2) 令 $u=\sec x$,则 $\displaystyle\int \sec^2 x \tan x \mathrm{d}x = \int u \mathrm{d}u = \dfrac{u^2}{2}+C = \dfrac{\sec^2 x}{2}+C.$

上面两个积分结果都正确吗? 给出你的理由.

§4.3　不定积分的分部积分法

换元积分法的基础是复合函数微分法,这种方法可以求解许多不定积分,然而还有很多函数的不定积分不能直接由基本积分公式和换元积分法求得. 现在我们利用两个函数乘积的导数公式,推出另一种求积分的基本方法——分部积分法.

设函数 $u=u(x), v=v(x)$ 具有连续导数,由函数乘积的导数公式有
$$(uv)' = u'v + uv'.$$

移项,得 $\qquad uv' = (uv)' - u'v.$

对上式两边求不定积分,得
$$\int uv' \mathrm{d}x = \int (uv)' \mathrm{d}x - \int u'v \mathrm{d}x = uv - \int u'v \mathrm{d}x \qquad (1)$$

$$\text{或} \int u \mathrm{d}v = uv - \int v \mathrm{d}u. \qquad (2)$$

公式(1)或(2)称为不定积分的分部积分公式. 如果求 $\displaystyle\int uv' \mathrm{d}x$ 有困难,而求 $\displaystyle\int u'v \mathrm{d}x$ 比较容易,则分部积分就能发挥作用.

下面通过例子说明如何运用这个重要公式.

例 1　求 $\displaystyle\int x\cos x \mathrm{d}x.$

解　这个积分用换元积分法不易得到结果. 我们尝试用分部积分法来求,但怎样选取 u 和 v' 呢? 如果设 $u=x,v'=\cos x$,则 $u'=1,v=\sin x$,代入公式(1),得

$$\int x\cos x\mathrm{d}x = x\sin x - \int \sin x\mathrm{d}x = x\sin x + \cos x + C.$$

如果设 $u=\cos x,v'=x$,则 $u'=-\sin x,v=\dfrac{x^2}{2}$,那么

$$\int x\cos x\mathrm{d}x = \frac{x^2}{2}\cos x - \int \frac{x^2}{2}\sin x\mathrm{d}x$$

上式右端项中 $\int \dfrac{x^2}{2}\sin x\mathrm{d}x$ 较原积分更不易求出.

由此可见,如果 u 和 v' 选取不当,就求不出结果. 所以应用分部积分时,恰当选取 u 和 v' 是关键. 选取 u 和 v' 要考虑以下两点:

(1) v 要容易求得;

(2) $\int u'v\mathrm{d}x$ 要比原积分 $\int uv'\mathrm{d}x$ 容易计算.

例 2　求 $\int x\mathrm{e}^x\mathrm{d}x$.

解　设 $u=x,v'=\mathrm{e}^x$,则 $u'=1,v=\mathrm{e}^x$,由分部积分公式(1)可得

$$\int x\mathrm{e}^x\mathrm{d}x = x\mathrm{e}^x - \int \mathrm{e}^x\mathrm{d}x = x\mathrm{e}^x - \mathrm{e}^x + C = \mathrm{e}^x(x-1) + C.$$

也可由分部积分公式(2)求解

$$\int x\mathrm{e}^x\mathrm{d}x = \int x\mathrm{d}(\mathrm{e}^x) = x\mathrm{e}^x - \int \mathrm{e}^x\mathrm{d}x = x\mathrm{e}^x - \mathrm{e}^x + C = \mathrm{e}^x(x-1) + C.$$

例 3　求 $\int x^2\mathrm{e}^x\mathrm{d}x$.

解　设 $u=x^2,v'=\mathrm{e}^x$,则 $u'=2x,v=\mathrm{e}^x$,由分部积分公式得

$$\int x^2\mathrm{e}^x\mathrm{d}x = \int x^2\mathrm{d}(\mathrm{e}^x) = x^2\mathrm{e}^x - \int \mathrm{e}^x\mathrm{d}(x^2) = x^2\mathrm{e}^x - 2\int x\mathrm{e}^x\mathrm{d}x.$$

由例 2 的结果可知

$$\int x^2\mathrm{e}^x\mathrm{d}x = x^2\mathrm{e}^x - 2\int x\mathrm{e}^x\mathrm{d}x = x^2\mathrm{e}^x - 2(x\mathrm{e}^x - \mathrm{e}^x) + C$$
$$= \mathrm{e}^x(x^2 - 2x + 2) + C.$$

由上面三个例子我们可以看出,如果被积函数是幂函数和正(余)弦函数或幂函数和指数函数的乘积,可以考虑用分部积分法,并将幂函数看作 u. 我们假定幂指数是正整数,则用一次分部积分后就可以使幂函数的幂次降低一次.

例 4　求 $\int x\ln x\mathrm{d}x$.

解　设 $u=\ln x, v'=x$,则 $u'=\dfrac{1}{x}, v=\dfrac{1}{2}x^2$,由分部积分公式得

$$\int x\ln x\mathrm{d}x=\int \ln x\mathrm{d}\left(\frac{1}{2}x^2\right)=\frac{1}{2}x^2\ln x-\int \frac{1}{2}x^2\mathrm{d}(\ln x)$$

$$=\frac{1}{2}x^2\ln x-\frac{1}{2}\int x\mathrm{d}x=\frac{1}{2}x^2\ln x-\frac{1}{4}x^2+C.$$

例 5　求 $\int \arcsin x\mathrm{d}x$.

解　设 $u=\arcsin x, \mathrm{d}v=\mathrm{d}x$,由分部积分公式(2)得

$$\int \arcsin x\mathrm{d}x=x\arcsin x-\int x\mathrm{d}(\arcsin x)$$

$$=x\arcsin x-\int \frac{x}{\sqrt{1-x^2}}\mathrm{d}x$$

$$=x\arcsin x+\frac{1}{2}\int (1-x^2)^{-\frac{1}{2}}\mathrm{d}(1-x^2)$$

$$=x\arcsin x+\sqrt{1-x^2}+C.$$

当被积函数中的某一部分的原函数比较难求,而导数比较好求时,往往将这部分函数选作 u.在对分部积分法运用较为熟练后,就不必再写出哪一部分选作 u,哪一部分选作 $\mathrm{d}v$.只要把被积表达式凑成 $u(x)\mathrm{d}v(x)$ 的形式,便可使用分部积分公式.

例 6　求 $\int x\arctan x\mathrm{d}x$.

解　$$\int x\arctan x\mathrm{d}x=\frac{1}{2}\int \arctan x\mathrm{d}(x^2)$$

$$=\frac{1}{2}x^2\arctan x-\frac{1}{2}\int x^2\mathrm{d}(\arctan x)$$

$$=\frac{1}{2}x^2\arctan x-\frac{1}{2}\int \frac{x^2}{1+x^2}\mathrm{d}x$$

$$=\frac{1}{2}x^2\arctan x-\frac{1}{2}\int \frac{1+x^2-1}{1+x^2}\mathrm{d}x$$

$$=\frac{1}{2}x^2\arctan x-\frac{1}{2}\int \left(1-\frac{1}{1+x^2}\right)\mathrm{d}x$$

$$=\frac{1}{2}x^2\arctan x-\frac{1}{2}(x-\arctan x)+C$$

$$=\frac{1}{2}(x^2+1)\arctan x-\frac{1}{2}x+C.$$

总结上面三个例子,如果被积函数是幂函数和对数函数或幂函数和

反三角函数的乘积,就可以考虑用分部积分法,并设对数函数或反三角函数为 u.

在有些积分中,可能需要多次利用分部积分法.

例 7　求 $\int \mathrm{e}^x \sin x \mathrm{d}x$.

解　$\int \mathrm{e}^x \sin x \mathrm{d}x = \int \sin x \mathrm{d}\mathrm{e}^x = \mathrm{e}^x \sin x - \int \mathrm{e}^x \cos x \mathrm{d}x$,

等式右端的积分与等式左端的积分是同一类型的.对右端的积分再用一次分部积分法,得

$$\int \mathrm{e}^x \sin x \mathrm{d}x = \mathrm{e}^x \sin x - \int \cos x \mathrm{d}(\mathrm{e}^x)$$
$$= \mathrm{e}^x \sin x - \mathrm{e}^x \cos x - \int \mathrm{e}^x \sin x \mathrm{d}x.$$

由于上式右端的第三项就是所求的积分 $\int \mathrm{e}^x \sin x \mathrm{d}x$,把它移到等号左端,两边同时除以 2,便得

$$\int \mathrm{e}^x \sin x \mathrm{d}x = \frac{1}{2} \mathrm{e}^x (\sin x - \cos x) + C.$$

因上式右端已不包含积分项,所以必须加上任意常数 C.

注:本例中始终选 e^x 作为 v,而三角函数作为 u.

例 8　求 $\int \sec^3 x \mathrm{d}x$.

解　$\int \sec^3 x \mathrm{d}x = \int \sec x \mathrm{d}(\tan x) = \sec x \tan x - \int \sec x \tan^2 x \mathrm{d}x$

$$= \sec x \tan x - \int \sec x (\sec^2 x - 1) \mathrm{d}x$$
$$= \sec x \tan x - \int \sec^3 x \mathrm{d}x + \int \sec x \mathrm{d}x$$
$$= \sec x \tan x + \ln |\sec x + \tan x| - \int \sec^3 x \mathrm{d}x.$$

上式右端的第三项就是要求的积分 $\int \sec^3 x \mathrm{d}x$,把它移到等号的左端,两边同时除以 2,得

$$\int \sec^3 x \mathrm{d}x = \frac{1}{2} (\sec x \tan x + \ln |\sec x + \tan x|) + C.$$

在积分的过程中,往往要兼用换元法与分部积分法,如例 5.下面再看一个例子.

例 9　求 $\int \mathrm{e}^{\sqrt{x}} \mathrm{d}x$.

解　令 $t = \sqrt{x}$,则 $x = t^2$,$\mathrm{d}x = 2t \mathrm{d}t$. 于是

$$\int e^{\sqrt{x}} dx = 2 \int t e^t dt$$

利用例 2 的结果,并用 $t = \sqrt{x}$ 代回,便得所求积分

$$\int e^{\sqrt{x}} dx = 2 \int t e^t dt = 2e^t(t-1) + C = 2e^{\sqrt{x}}(\sqrt{x}-1) + C.$$

利用换元积分法和分部积分法可以求出大部分的不定积分,但有些函数的原函数不是初等函数,用这些方法求不出来,如

$$\int e^{-x^2} dx, \quad \int \frac{\sin x}{x} dx, \quad \int \frac{dx}{\ln x}, \quad \int \frac{dx}{\sqrt{1+x^4}}$$

等,它们的原函数就不是初等函数.

练习 4.3

1. 利用分部积分法求下列不定积分,并通过求导检验结果:

(1) $\int x^2 \cos x dx$;　　　　　　(2) $\int x e^{-x} dx$;

(3) $\int x^2 \ln x dx$;　　　　　　(4) $\int \frac{\ln x}{\sqrt{x}} dx$;

(5) $\int x \cos \frac{x}{2} dx$;　　　　　　(6) $\int x \tan^2 x dx$;

(7) $\int x \sin x \cos x dx$;　　　　　　(8) $\int e^{\sqrt[3]{s}} ds$;

(9) $\int e^{-t} \cos t dt$;　　　　　　(10) $\int \cos(\ln x) dx$.

本章小结

本章介绍了不定积分的概念、性质及求不定积分的两大类方法:换元积分法和分部积分法.作为积分学的基础,不定积分是一个重要的部分,从实质上讲,求不定积分就是求函数的全体原函数.本章内容对后续章节的学习有重要影响,应多加练习,注重积分的方法和思路.

1. 原函数与不定积分的概念

若在区间 I 上,可导函数 $F(x)$ 的导函数为 $f(x)$,即对 $\forall x \in I$,都有 $F'(x) = f(x)$ 或 $dF(x) = f(x)dx$,则称 $F(x)$ 为 $f(x)$ 在区间 I 上的原函数. $f(x)$ 的全体原函数称为 $f(x)$ 的不定积分,即

$$\int f(x)dx = F(x) + C \quad (C \text{ 为任意常数}).$$

2. 换元积分法

第一类换元积分法（凑微分法）：设 $\int f(u)\mathrm{d}u = F(u) + C$，则

$$\int f[\varphi(x)]\varphi'(x)\mathrm{d}x = \left[\int f(u)\mathrm{d}u\right]_{u=\varphi(x)}$$
$$= [F(u)+C]_{u=\varphi(x)} = F(\varphi(x)) + C.$$

凑微分的关键是将一般的被积函数 $g(x)$ 化为 $f[\varphi(x)]\varphi'(x)$ 的形式.

第二类换元积分法：设 $f(x)$ 连续，又 $x=\psi(t)$ 的导数 $\psi'(t)$ 也连续，且 $\psi'(t) \neq 0$，$\int f(\psi(t))\psi'(t)\mathrm{d}t = F(t) + C$，则有换元公式

$$\int f(x)\mathrm{d}x = \left[\int f(\psi(t))\psi'(t)\mathrm{d}t\right]_{t=\psi^{-1}(x)} = F(\psi^{-1}(x)) + C$$

其中，$t=\psi^{-1}(x)$ 是 $x=\psi(t)$ 的反函数.

第二类换元积分法的关键是选择恰当的 $x=\psi(t)$. 常用的方法有三角代换、倒代换和根式代换.

3. 分部积分法

$$\int uv'\mathrm{d}x = \int (uv)'\mathrm{d}x - \int u'v\mathrm{d}x = uv - \int u'v\mathrm{d}x$$

或　　　　　　　　$$\int u\mathrm{d}v = uv - \int v\mathrm{d}u$$

应用分部积分时，恰当选取 u 和 v' 是关键. 选取 u 和 v' 要考虑以下两点：

(1) v 要容易求得；

(2) $\int u'v\mathrm{d}x$ 要比原积分 $\int uv'\mathrm{d}x$ 容易积出.

第 4 章综合练习题

1.填空题：

(1) 设 $f(x) = \mathrm{e}^{-x}$，则 $\int \dfrac{f'(\ln x)}{x}\mathrm{d}x = $ _____；

(2) 设 e^{x^2} 是 $f(x)$ 的一个原函数，则 $\int f(\sin x)\cos x\mathrm{d}x = $ _____；

(3) 设 $\int f(x)\mathrm{e}^{\frac{1}{x}}\mathrm{d}x = \mathrm{e}^{\frac{1}{x}} + C$，则 $f(x) = $ _____；

(4)考虑命题：若 $f(x)$ 可导且 $\lim\limits_{x\to+\infty} f(x) = +\infty$. 则 $\lim\limits_{x\to+\infty} f'(x) = +\infty$，举一个反例说明这个命题是假命题. _____.

2.选择题：

(1)设 $f(x)$ 在区间 I 内连续,则 $f(x)$ 在 I 内(   );

(A)必存在导函数   (B)必存在原函数

(C)必有界   (D)必有极值

(2)下列各对函数中,同为某个函数的原函数的是(   );

(A)arctan x 和 arc cot x (B)$\sin^2 x$ 和 $\cos^2 x$

(C)$(e^x + e^{-x})^2$ 和 $e^{2x} + e^{-2x}$ (D)$\dfrac{2^x}{\ln 2}$ 和 $2^x + \ln 2$

(3)若 $F(x)$ 是 $f(x)$ 的一个原函数,C 为常数,则下列函数中仍是 $f(x)$ 的原函数的是(   );

(A)$F(Cx)$ (B)$F(x+C)$

(C)$CF(x)$ (D)$F(x)+C$

(4)设 $f(x)$ 和 $g(x)$ 均为区间 I 内的可导函数,则在 I 内,下列结论中正确的是(   );

(A)若 $f(x)=g(x)$,则 $f'(x)=g'(x)$ (B)若 $f'(x)=g'(x)$,则 $f(x)=g(x)$

(C)若 $f(x)>g(x)$,则 $f'(x)>g'(x)$ (D)若 $f'(x)>g'(x)$,则 $f(x)>g(x)$

3.求下列不定积分,并通过求导检验你的结果：

(1)$\displaystyle\int \sqrt{3-2s}\,ds$;   (2)$\displaystyle\int e^{3x}\,dx$;

(3)$\displaystyle\int \dfrac{dx}{\sqrt{5x+8}}$;   (4)$\displaystyle\int \dfrac{2z\,dz}{\sqrt[3]{z^2+1}}$;

(5)$\displaystyle\int \sqrt{\dfrac{a+x}{a-x}}\,dx \quad (a>0)$;   (6)$\displaystyle\int \dfrac{x\arctan x}{\sqrt{1+x^2}}\,dx$;

(7)$\displaystyle\int (\ln x)^2\,dx$;   (8)$\displaystyle\int \dfrac{\ln\ln x}{x}\,dx$;

(9)$\displaystyle\int \csc^3 x\,dx$;   (10)$\displaystyle\int x e^{x^2}(1+x^2)\,dx$;

(11)$\displaystyle\int e^{-2x}\sin\dfrac{x}{2}\,dx$;   (12)$\displaystyle\int \ln(1+x^2)\,dx$;

(13)$\displaystyle\int \dfrac{1}{(x+1)(x-2)}\,dx$;   (14)$\displaystyle\int \cos^2(\omega t+\varphi)\,dt$;

(15)$\displaystyle\int \dfrac{10^{2\arccos x}}{\sqrt{1-x^2}}\,dx$;   (16)$\displaystyle\int \dfrac{1+\ln x}{(x\ln x)^2}\,dx$;

(17)$\displaystyle\int r^2\left(\dfrac{r^3}{18}-1\right)^5 dr$;   (18)$\displaystyle\int \dfrac{\cos\sqrt{\theta}}{\sqrt{\theta}\sin^2\sqrt{\theta}}\,d\theta$.

4.如果函数 $f(x)$ 的一个原函数是 $\dfrac{\sin x}{x}$,试求 $\displaystyle\int x f'(x)\,dx$.

5.设 $f'(\sin^2 x) = \cos 2x + \tan^2 x$,求 $f(x)$,$0<x<1$.

6.设 $\displaystyle\int f(x)\,dx = x^2 + C$,求 $\displaystyle\int x f(1-x^2)\,dx$.

第 5 章

定积分及其应用

在科学技术和现实生活的许多问题中,经常需要计算某些"和式的极限".定积分就是从各种计算"和式的极限"问题抽象出来的,它与不定积分是两个不同的数学概念.但是,微积分基本定理则把这两个概念联系起来,解决了定积分的计算问题,使定积分得到了广泛的应用.本章将从两个实例出发引出定积分的概念,然后讨论定积分的性质、计算方法及定积分在几何和经济上的应用.最后,把定积分的概念加以推广,并简要讨论两类广义积分.

§5.1　定积分的概念与性质

1.定积分问题举例

例 1　计算曲边梯形的面积.

设 $y = f(x)$ 为闭区间 $[a,b]$ 上的连续函数,且 $f(x) \geqslant 0$. 由曲线 $y = f(x)$,直线 $x = a$,$x = b$ 及 x 轴所围成的平面图形(图 5-1)称为 $f(x)$ 在 $[a,b]$ 上的曲边梯形. 如何求此曲边梯形的面积?

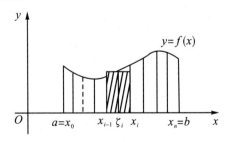

图 5-1

首先分析计算会遇到的困难.由于曲边梯形的高 $f(x)$ 是随 x 而变

化的,所以不能直接按矩形或直角梯形的面积公式去计算它的面积.但可以用平行于 y 轴的直线将曲边梯形细分为许多小曲边梯形,如图 5-1 所示.在每个小曲边梯形中以其底边一点的函数值为高,得到相应的小矩形,把所有这些小矩形的面积加起来,就得到原曲边梯形面积的近似值.容易想象,把曲边梯形分得越细,所得到的近似值就越接近原曲边梯形的面积,从而运用极限的思想为曲边梯形面积的计算提供了一种方法.下面我们分四步进行具体讨论.

(1)分割

在 $[a,b]$ 中任意插入 $n-1$ 个分点

$$a = x_0 < x_1 < x_2 < \cdots < x_{n-1} < x_n = b,$$

把 $[a,b]$ 分成 n 个子区间 $[x_0,x_1]$,$[x_1,x_2]$,$\cdots$,$[x_{n-1},x_n]$,每个子区间的长度为 $\Delta x_i = x_i - x_{i-1}(i=1,2,\cdots,n)$.经过每一个分点作平行于 y 轴的直线段,把曲边梯形分成 n 个小曲边梯形.小曲边梯形的面积记为 ΔA_i $(i=1,2,\cdots,n)$.

(2)近似代替

在每个小区间 $[x_{i-1},x_i]$ 上任取一点 ξ_i,以 $[x_{i-1},x_i]$ 为底、$f(\xi_i)$ 为高的小矩形的面积近似替代第 i 个小曲边梯形的面积($i=1,2,\cdots,n$),即

$$\Delta A_i \approx f(\xi_i)\Delta x_i \quad (i=1,2,\cdots,n).$$

(3)求和

把这样得到的 n 个小矩阵形面积之和作为所求曲边梯形面积 A 的近似值,即

$$A = \sum_{i=1}^{n} \Delta A_i \approx \sum_{i=1}^{n} f(\xi_i)\Delta x_i.$$

(4)取极限

显然,分点越多,每个小曲边梯形越窄,所求得的曲边梯形面积 A 的近似值就越接近曲边梯形面积 A 的精确值.因此,要求曲边梯形面积 A 的精确值,只需无限地增加分点,使每个小曲边梯形的宽度趋于 0.记 $\lambda = \max_{i}\{\Delta x_i\}$,于是每个小曲边梯形的宽度趋于 0(相当于令 $\lambda \to 0$),所以曲边梯形的面积为

$$A = \lim_{\lambda \to 0} \sum_{i=1}^{n} f(\xi_i)\Delta x_i.$$

结论:曲边梯形的面积为一个和式的极限.

例 2 求变速直线运动的路程.

设某物体作直线运动,其速度 v 是时间 t 的连续函数 $v = v(t)$.试求

该物体从时刻 $t=a$ 到时刻 $t=b$ 这段时间内所经过的路程 s.

因为 $v=v(t)$ 是变量,不能直接用时间乘以速度来计算路程,但仍可以用类似于计算曲边梯形面积的方法与步骤来解决所述问题.

(1)分割

用分点 $a=t_0<t_1<t_2<\cdots<t_{n-1}<t_n=b$ 把时间区间$[a,b]$任意分成 n 个子区间(图 5-2):$[t_0,t_1]$,$[t_1,t_2]$,$\cdots$,$[t_{n-1},t_n]$. 每个子区间的长度为 $\Delta t_i=t_i-t_{i-1}(i=1,2,\cdots n)$. 在各段时间内物体经过的路程依次为 $\Delta s_1,\Delta s_2,\cdots,\Delta s_n$.

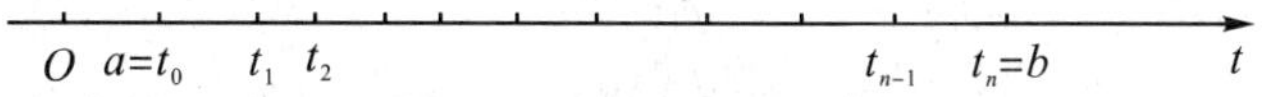

图 5-2

(2)近似代替

任取 $\xi_i\in[t_{i-1},t_i]$,用 ξ_i 点的速度 $v(\xi_i)$ 近似代替物体在$[t_{i-1},t_i]$上的速度,那么物体在时间区间$[t_{i-1},t_i]$上经过的路程 Δs_i 近似为 $v(\xi_i)\Delta t_i$,即 $\Delta s_i\approx v(\xi_i)\Delta t_i(i=1,2,\cdots,n)$.

(3)求和

物体在$[a,b]$内所经过的路程 $S=\displaystyle\sum_{i=1}^{n}\Delta s_i\approx\sum_{i=1}^{n}v(\xi_i)\Delta t_i$.

(4)取极限

记 $\lambda=\max\limits_{i}\{\Delta t_i\}$,当$\lambda\to0$ 时,取上述和式的极限,即得变速直线运动的路程

$$S=\lim_{\lambda\to0}\sum_{i=1}^{n}v(\xi_i)\Delta t_i.$$

结论:变速直线运动的路程为一个和式的极限.

以上两个问题分别来自于几何与物理中,两者的性质虽然不同,但是确定它们的量所使用的数学方法是一样的,即归结为对某个量进行"分割,近似求和,取极限",或者说都转化为具有特定结构的和式的极限问题. 在自然科学和工程技术中有很多问题,如变力沿直线做的功,物质曲线的质量,平均值,弧长等都需要用类似的方法去解决,从而促使人们对这种和式的极限问题加以抽象的研究,由此产生了定积分的概念.

2. 定积分的定义

定义 1　设函数 $y=f(x)$在区间$[a,b]$内任意插入 $n-1$ 个分点:

$$a=x_0<x_1\cdots<x_i\cdots<x_{n-1}<x_n=b,$$

将 $[a,b]$ 分成 n 个小区间

$$[x_0,x_1],[x_1,x_2],\cdots,[x_{n-1},x_n],$$

各小区间长度依次记为 $\Delta x_i = x_i - x_{i-1}(i=1,2,\cdots,n)$，在每一个小区间 $[x_{i-1},x_i]$ 上任取点 ξ_i，作和式 $\sum\limits_{i=1}^{n}f(\xi_i)\Delta x_i$，记 $\lambda = \max\{\Delta x_i\}$，如果当 $\lambda \to 0$，和式的极限存在，且极限值不依赖于 ξ_i 的选取和对区间的分法，则此极限值叫做 $f(x)$ 在 $[a,b]$ 上的定积分，记为

$$\int_a^b f(x)\mathrm{d}x = \lim_{\lambda \to 0}\sum_{i=1}^{n}f(\xi_i)\Delta x_i,$$

其中 $\int$ 叫做积分号，$f(x)$ 叫做被积函数，$f(x)\mathrm{d}x$ 叫做被积表达式，x 叫积分变量，a,b 分别叫做积分下限和上限，$[a,b]$ 叫做积分区间.

根据定积分的定义，前面所讨论的两个实际问题可分别表示如下：

曲边梯形的面积为 $A = \int_a^b f(x)\mathrm{d}x$；

变速直线运动的路程为 $S = \int_a^b v(t)\mathrm{d}t$.

下面是关于定积分的几点说明：

(1)区间 $[a,b]$ 划分的细密程度不能仅由分点个数的多少或 n 的大小来确定. 因为尽管 n 很大，但每一个子区间的长度却不一定都很小. 所以在求和式的极限时，必须要求最长的子区间的长度 $\lambda\to0$，这时必然有 $n\to\infty$.

(2)定义中的两个"任取"意味着这是一种具有特定结构的极限，它不同于第二章讲述的函数极限. 尽管和式 $\sum\limits_{i=1}^{n}f(\xi_i)\Delta x_i$ 随着区间的不同划分及介点的不同选取而不断变化着，但当 $\lambda \to 0$ 时却都以唯一确定的值为极限. 只有这时，我们才说定积分存在.

(3)从定义可以推出定积分存在的必要条件是被积函数 $f(x)$ 在 $[a,b]$ 上有界. 如若不然，当把 $[a,b]$ 任意划分成 n 个子区间后，$f(x)$ 至少在其中某一个子区间上无界. 于是适当选取介点 ξ_i，能使 $f(\xi_i)$ 的绝对值任意地大，也就是能使和式 $\sum\limits_{i=1}^{n}f(\xi_i)\Delta x_i$ 的绝对值任意大，从而不可能趋于某个确定的值.

(4)由定义可知，当 $f(x)$ 在区间 $[a,b]$ 上的定积分存在时，它的值只与被积函数 $f(x)$ 以及积分区间 $[a,b]$ 有关，而与积分变量 x 无关. 所以定积分的值不会因积分变量的改变而改变，即有

$$\int_a^b f(x)\mathrm{d}x = \int_a^b f(t)\mathrm{d}t = \cdots = \int_a^b f(u)\mathrm{d}u.$$

（5）前面我们仅对 $a < b$ 的情形定义了积分 $\int_a^b f(x)\mathrm{d}x$，为了今后使用方便，对 $a = b$ 与 $a > b$ 的情况作如下补充规定：

当 $a = b$ 时，规定 $\int_a^b f(x)\mathrm{d}x = 0$；

当 $a > b$ 时，规定 $\int_a^b f(x)\mathrm{d}x = -\int_b^a f(x)\mathrm{d}x$．

对于定积分，有这样一个重要问题：函数 $f(x)$ 在 $[a,b]$ 上满足何条件，$f(x)$ 在 $[a,b]$ 上一定可积？这个问题在此不作深入讨论，仅给出以下两个充分条件.

定理 1　设 $f(x)$ 在区间 $[a,b]$ 上连续，则 $f(x)$ 在 $[a,b]$ 上可积.

定理 2　设 $f(x)$ 在区间 $[a,b]$ 上有界，且只有有限个间断点，则 $f(x)$ 在 $[a,b]$ 上可积.

3. 定积分的几何意义

（1）如果在 $[a,b]$ 上被积函数 $f(x) \geqslant 0$，根据定积分的定义及曲边梯形面积的计算过程可知，$\int_a^b f(x)\mathrm{d}x$ 表示由曲线 $y = f(x)$ 和直线 $x = a, x = b$ 以及 $y = 0$ 围成的曲边梯形的面积，$\int_a^b f(x)\mathrm{d}x = A$，如图 5-3 所示；

（2）如果在 $[a,b]$ 上被积函数 $f(x) \leqslant 0$，则积分定义中的和式的每一项 $f(\xi_i)\Delta x_i$ 在数量上与小矩形的面积相反，因此 $\sum_{i=1}^n f(\xi_i)\Delta x_i$ 也和曲边梯形面积的近似值相反，即 $\lim\limits_{\lambda \to 0} \sum_{i=1}^n f(\xi_i)\Delta x_i$ 在数量上与曲边梯形面积相反，并有 $\int_a^b f(x)\mathrm{d}x = -A$，如图 5-4 所示；

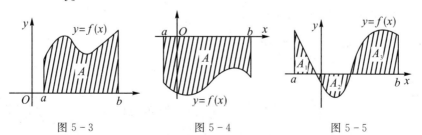

图 5-3　　　　　图 5-4　　　　　图 5-5

（3）如果函数 $f(x)$ 在区间 $[a,b]$ 上的函数值在正负之间变化，如图 5-5 所示，那么 $[a,b]$ 上定积分在数量上等于各曲边梯形面积的代数和，即 $\int_a^b f(x)\mathrm{d}x = A_1 - A_2 + A_3$，如图 5-5 所示.

例 3   利用定积分几何意义判断定积分 $S = \int_{-1}^2 x^2 \mathrm{d}x$ 的值是正还是负.

解   表示在区间 $[-1,2]$ 上，函数 $x^2 \geqslant 0$. 故 $\int_{-1}^2 x^2 \mathrm{d}x$ 表示 $y = x^2$，直线 $x = -1$，$x = 2$ 及 $y = 0$ 所围的曲边梯形的面积，其值为正.

例 4   用定积分的几何意义求 $\int_0^1 (1-x)\mathrm{d}x$.

解   函数 $y = 1-x$ 在区间 $[0,1]$ 上 $y = 1-x \geqslant 0$，定积分 $\int_0^1 (1-x)\mathrm{d}x$ 表示以 $y = 1-x$ 为曲边，以区间 $[0,1]$ 为底的曲边梯形的面积. 因为以 $y = 1-x$ 为曲边，以区间 $[0,1]$ 为底的曲边梯形是一直角三角形，其底边长及高均为 1，所以 $\int_0^1 (1-x)\mathrm{d}x = \dfrac{1}{2} \times 1 \times 1 = \dfrac{1}{2}$.

4. 定积分的性质

下面讨论定积分的性质. 下列各性质中积分上下限的大小，如不特加说明，均不加限制，并假定各性质中所列出的定积分都是存在的.

性质 1 $\displaystyle\int_a^b \big[f(x) \pm g(x)\big]\mathrm{d}x = \int_a^b f(x)\mathrm{d}x \pm \int_a^b g(x)\mathrm{d}x.$

证 $\displaystyle\int_a^b \big[f(x) \pm g(x)\big]\mathrm{d}x = \lim_{\lambda \to 0} \sum_{i=1}^n \big[f(\xi_i) \pm g(\xi_i)\big]\Delta x_i$

$$= \lim_{\lambda \to 0} \sum_{i=1}^n f(\xi_i)\Delta x_i \pm \lim_{\lambda \to 0} \sum_{i=1}^n g(\xi_i)\Delta x_i$$

$$= \int_a^b f(x)\mathrm{d}x \pm \int_a^b g(x)\mathrm{d}x.$$

注   性质 1 对于任意有限个函数都是成立的.

性质 2 $\displaystyle\int_a^b k f(x)\mathrm{d}x = k \int_a^b f(x)\mathrm{d}x (k$ 为常数$).$

此性质请读者自己证明.

注   性质 1,2 表明积分满足线性性质.

性质 3   设 $a < c < b$，则

$$\int_a^b f(x)\mathrm{d}x = \int_a^c f(x)\mathrm{d}x + \int_c^b f(x)\mathrm{d}x.$$

证   由于 $f(x)$ 在 $[a,b]$ 上可积，所以不论将区间 $[a,b]$ 如何划分，介

点 ξ_i 如何选取,和式的极限总是存在的.因此,我们把 c 始终作为一个分点,并将和式分成两部分:

$$\sum f(\xi_i)\Delta x_i = \sum{}_1 f(\xi_i)\Delta x_i + \sum{}_2 f(\xi_i)\Delta x_i,$$

其中 $\sum_1,\sum_2$ 分别为区间 $[a,c]$ 与 $[c,b]$ 上的和式.令最长的小区间的长度 $\lambda \to 0$,上式两边取极限,即得性质 3.性质 3 表明定积分对于积分区间具有可加性.

事实上,不论 a,b,c 的顺序如何,总有等式

$$\int_a^b f(x)\mathrm{d}x = \int_a^c f(x)\mathrm{d}x + \int_c^b f(x)\mathrm{d}x$$

成立.例如 $a<b<c$,有

$$\int_a^c f(x)\mathrm{d}x = \int_a^b f(x)\mathrm{d}x + \int_b^c f(x)\mathrm{d}x,$$

所以 $\displaystyle\int_a^b f(x)\mathrm{d}x = \int_a^c f(x)\mathrm{d}x - \int_b^c f(x)\mathrm{d}x = \int_a^c f(x)\mathrm{d}x + \int_c^b f(x)\mathrm{d}x.$

性质 4　如果在区间 $[a,b]$ 上 $f(x)\equiv 1$,则

$$\int_a^b 1\mathrm{d}x = \int_a^b \mathrm{d}x = b-a.$$

此性质请读者自己证明.

性质 5　若在区间 $[a,b]$ 上 $f(x)\geqslant 0$,则

$$\int_a^b f(x)\mathrm{d}x \geqslant 0 (a<b).$$

此性质请读者自己证明.

由性质 1,2,5 易得出以下推论:

推论 1　如果在区间 $[a,b]$ 上 $f(x)\leqslant g(x)$,则

$$\int_a^b f(x)\mathrm{d}x \leqslant \int_a^b g(x)\mathrm{d}x (a<b).$$

推论 2　$\displaystyle\left| \int_a^b f(x)\mathrm{d}x \right| \leqslant \int_a^b |f(x)|\mathrm{d}x (a<b).$

性质 6(估值定理)　设 M 及 m 分别是函数 $f(x)$ 在区间 $[a,b]$ 上的最大值及最小值,则

$$m(b-a) \leqslant \int_a^b f(x)\mathrm{d}x \leqslant M(b-a)(a<b).$$

证　因为 $m\leqslant f(x)\leqslant M$,所以

$$\int_a^b m\mathrm{d}x \leqslant \int_a^b f(x)\mathrm{d}x \leqslant \int_a^b M\mathrm{d}x,$$

从而

$$m(b-a) \leqslant \int_a^b f(x)\mathrm{d}x \leqslant M(b-a).$$

性质 7(积分中值定理)   若 $f(x)$ 在 $[a,b]$ 上连续,则在 $[a,b]$ 上至少存在一点 ξ,使得 $\int_a^b f(x)\mathrm{d}x = f(\xi)(b-a)$.

证   因为 $f(x)$ 在 $[a,b]$ 上连续,所以 $f(x)$ 在 $[a,b]$ 上可积,且有最小值 m 和最大值 M. 于是在 $[a,b]$ 上,$m(b-a) \leqslant \int_a^b f(x)\mathrm{d}x \leqslant M(b-a)$,即

$$m \leqslant \frac{\int_a^b f(x)\mathrm{d}x}{b-a} \leqslant M.$$

根据连续函数的介值定理可知,在 $[a,b]$ 上至少存在一点 ξ,使 $\dfrac{\int_a^b f(x)\mathrm{d}x}{b-a} = f(\xi)$,所以性质 7 成立. 此公式的几何解释是:

至少存在一点 $\xi \in (a,b)$,使以 $[a,b]$ 为底边,以 $f(\xi)$ 为高的矩形面积等于 $\int_a^b f(x)\mathrm{d}x$(即以 $y = f(x)$ 为曲边,以 $[a,b]$ 为底边的曲边梯形面积).

例 5   比较积分值 $\int_0^{-2} \mathrm{e}^x \mathrm{d}x$ 和 $\int_0^{-2} x\mathrm{d}x$ 的大小.

解   令 $f(x) = \mathrm{e}^x - x, x \in [-2,0]$ 因 $f(x) > 0$,
所以 $\int_{-2}^0 (\mathrm{e}^x - x)\mathrm{d}x > 0$,
即 $\int_{-2}^0 \mathrm{e}^x \mathrm{d}x > \int_{-2}^0 x\mathrm{d}x$,
故 $\int_0^{-2} \mathrm{e}^x \mathrm{d}x < \int_0^{-2} x\mathrm{d}x$.

例 6   估计积分 $\int_0^\pi \dfrac{1}{3 + \sin^3 x}\mathrm{d}x$ 的值.

解   对 $\forall x \in [0,\pi]$,有 $0 \leqslant \sin^3 x \leqslant 1$ 成立,从而 $\dfrac{1}{4} \leqslant \dfrac{1}{3 + \sin^3 x} \leqslant \dfrac{1}{3}$,故 $\int_0^\pi \dfrac{1}{4}\mathrm{d}x \leqslant \int_0^\pi \dfrac{1}{3 + \sin^3 x}\mathrm{d}x \leqslant \int_0^\pi \dfrac{1}{3}\mathrm{d}x$,所以可得

$$\frac{\pi}{4} \leqslant \int_0^\pi \frac{1}{3 + \sin^3 x}\mathrm{d}x \leqslant \frac{\pi}{3}.$$

例 7   设 $f(x)$ 可导且 $\lim\limits_{x \to +\infty} f(x) = 1$,求 $\lim\limits_{x \to +\infty} \int_x^{x+2} t\sin \dfrac{3}{t} f(t)\mathrm{d}t$.

解   由定积分中值定理,存在 $\xi \in [x, x+2]$,使
$$\int_x^{x+2} t\sin \frac{3}{t} f(t)\mathrm{d}t = \xi\sin \frac{3}{\xi} f(\xi)(x + 2 - x).$$

从而

$$\lim_{x \to +\infty} \int_x^{x+2} t \sin \frac{3}{t} f(t) \mathrm{d}t = 2 \lim_{\xi \to +\infty} \xi \sin \frac{3}{\xi} f(\xi)$$

$$= 2 \lim_{\xi \to +\infty} \frac{\xi}{3} \sin \frac{3}{\xi} \cdot \lim_{\xi \to +\infty} 3 f(\xi)$$

$$= 2 \lim_{\xi \to +\infty} 3 f(\xi) = 6.$$

练习 5.1

1.利用定积分的几何意义,说明下列等式:

(1) $\int_0^1 2x \mathrm{d}x = 1$; 　　　　　　　　(2) $\int_0^1 \sqrt{1 - x^2} \mathrm{d}x = \frac{\pi}{4}$;

(3) $\int_{-\pi}^{\pi} \sin x \mathrm{d}x = 0$; 　　　　　　(4) $\int_{-\frac{\pi}{2}}^{\frac{\pi}{2}} \cos x \mathrm{d}x = 2 \int_0^{\frac{\pi}{2}} \cos x \mathrm{d}x$.

2.证明定积分性质:

(1) $\int_a^b k f(x) \mathrm{d}x = k \int_a^b f(x) \mathrm{d}x$; 　　(2) $\int_a^b 1 \cdot \mathrm{d}x = \int_a^b \mathrm{d}x = b - a$.

3.估计下列各积分的值:

(1) $\int_1^4 (x^2 + 1) \mathrm{d}x$; 　　　　　　(2) $\int_{\frac{\pi}{4}}^{\frac{5\pi}{4}} (1 + \sin^2 x) \mathrm{d}x$;

(3) $\int_{\frac{1}{\sqrt{3}}}^{\sqrt{3}} x \arctan x \mathrm{d}x$; 　　　　(4) $\int_2^0 \mathrm{e}^{x^2 - x} \mathrm{d}x$.

4.设 $f(x)$ 及 $g(x)$ 在 $[a, b]$ 上连续,证明:

(1) 若在 $[a, b]$ 上, $f(x) \geqslant 0$,且 $\int_a^b f(x) \mathrm{d}x = 0$,则在 $[a, b]$ 上 $f(x) \equiv 0$;

(2) 若在 $[a, b]$ 上, $f(x) \geqslant 0$,且 $f(x)$ 不恒为 0,则 $\int_a^b f(x) \mathrm{d}x > 0$;

(3) 若在 $[a, b]$ 上, $f(x) \leqslant g(x)$,且 $\int_a^b f(x) \mathrm{d}x = \int_a^b g(x) \mathrm{d}x$,则在 $[a, b]$ 上 $f(x) \equiv g(x)$.

5.比较下列各对定积分的大小:

(1) $\int_0^1 x \mathrm{d}x$, $\int_0^1 x^2 \mathrm{d}x$; 　　　　(2) $\int_0^{\frac{\pi}{2}} x \mathrm{d}x$, $\int_0^{\frac{\pi}{2}} \sin x \mathrm{d}x$;

(3) $\int_{-2}^{-1} \left(\frac{1}{3}\right)^x \mathrm{d}x$, $\int_0^1 3^x \mathrm{d}x$.

§5.2　微积分基本公式

积分学中要解决两个问题:第一个问题是原函数的求法问题,我们在第四章中已经对它做了讨论;第二个问题就是定积分的计算问题.如果我们按照定义来计算定积分,那将是十分困难的.因此寻求一种计算定积分的有效方法便成为积分学发展的关键. 牛顿和莱布尼茨不仅找到了计算方法,而且发现了这两个概念之间存在着的深刻的内在联系,即所谓的"微积分基本定理",并由此巧妙地开辟了求定积分的新途径——牛顿－莱布尼茨公式.

1. 引例

物体在时间间隔 $[T_1, T_2]$ 内经过的路程可用速度函数 $v(t)$ 在 $[T_1, T_2]$ 上的定积分 $\int_{T_1}^{T_2} v(t)\mathrm{d}t$ 表示,又可以用位置函数 $s(t)$ 在区间 $[T_1, T_2]$ 上的增量 $s(T_2) - s(T_1)$ 表示,即 $\int_{T_1}^{T_2} v(t)\mathrm{d}t = s(T_2) - s(T_1)$. 上式表明,速度函数 $v(t)$ 在区间 $[T_1, T_2]$ 上的定积分等于 $v(t)$ 的原函数 $s(t)$ 在区间 $[T_1, T_2]$ 上的增量. 这个特殊问题中得出的关系是否具有普遍意义呢?

2. 积分上限的函数及其导数

定义 1 设 $f(x)$ 在 $[a,b]$ 上连续,任取一点 $x \in [a,b]$,定积分 $\int_a^x f(t)\mathrm{d}t$ 有意义,若积分上限 x 在 $[a,b]$ 上每取一个值,定积分 $\int_a^x f(t)\mathrm{d}t$ 总有一个值与 x 相对应,即在 $[a,b]$ 上定义了一个函数,记

$$\Phi(x) = \int_a^x f(t)\mathrm{d}t, x \in [a,b].$$

此函数称为积分上限函数.

这个函数 $\Phi(x)$ 具有下面定理 1 所指出的重要性质.

定理 1 若函数 $f(x)$ 在区间 $[a,b]$ 上连续,则变上限的定积分

$$\Phi(x) = \int_a^x f(t)\mathrm{d}t$$

在区间 $[a,b]$ 上可导,并且它的导数等于被积函数,即

$$\Phi'(x) = \left[\int_a^x f(t)\mathrm{d}t\right]' = f(x).$$

证 要求 $\Phi(x)$ 的导数,即是求函数在区间 $[a,b]$ 上任意点处的瞬时变化率 $\lim\limits_{\Delta x \to 0} \dfrac{\Delta\Phi}{\Delta x}$. 如图 5－6 所示,当自变量 x 由 x 变化到 $x + \Delta x$

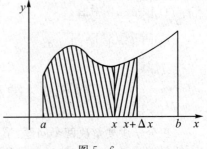

图 5－6

时,不妨设 $\Delta x > 0$,

$$\Delta \Phi(x) = \Phi(x + \Delta x) - \Phi(x) = \int_a^{x+\Delta x} f(t)\mathrm{d}t - \int_a^x f(t)\mathrm{d}t$$

$$= \int_x^{x+\Delta x} f(t)\mathrm{d}t,$$

如果 $f(t) \geqslant 0$, $\int_x^{x+\Delta x} f(t)\mathrm{d}t$ 表示一个宽度为 Δx 的小曲边梯形的面积. 当 Δx 很小时,可以用小矩形的面积 $f(x)\Delta x$ 近似代替曲边梯形的面积,当 $\Delta x \rightarrow 0$ 时, $\Delta \Phi(x) = \int_x^{x+\Delta x} f(t)\mathrm{d}t \rightarrow f(x)\Delta x$,于是

$$\frac{\Delta \Phi(x)}{\Delta x} \rightarrow f(x) \quad (\Delta x \rightarrow 0),$$

即 $\Phi'(x) = \left[\int_a^x f(t)\mathrm{d}t\right]' = \lim_{\Delta x \rightarrow 0} \frac{\Delta \Phi(x)}{\Delta x} = f(x).$

可见积分上限函数 $\Phi(x)$ 是被积函数的原函数.

　　本定理回答了我们自第四章以来一直关心的原函数的存在问题. 它明确地告诉我们:连续函数必有原函数,并以变上限积分的形式具体地给出了连续函数 $f(x)$ 的一个原函数.

　　回顾微分与不定积分先后作用的结果可能相差一个常数. 这里若把 $\Phi'(x) = f(x)$ 写成

$$\frac{\mathrm{d}}{\mathrm{d}x} \int_a^x f(t)\mathrm{d}t = f(x),$$

或从 $\mathrm{d}\Phi(x) = f(x)\mathrm{d}x$ 推得

$$\int_a^x \mathrm{d}\Phi(t) = \int_a^x f(t)\mathrm{d}t = \Phi(x),$$

就明显看出微分和变上限积分确为一对互逆的运算. 从而使得微分和积分这两个看似互不相干的概念彼此互逆地联系起来,组成一个有机的整体.因此定理 1 也被称为微积分学基本定理.

　　推论 3　若积分上限的函数为 $\Phi(x) = \int_a^{\varphi(x)} f(t)\mathrm{d}t,$

　　则

$$\Phi'(x) = \frac{\mathrm{d}}{\mathrm{d}u} \int_a^u f(t)\mathrm{d}t \cdot \frac{\mathrm{d}u}{\mathrm{d}x} = f(u) \cdot \varphi'(x) = f[\varphi(x)] \cdot \varphi'(x).$$

　　推论 4　若 $\Phi(x) = \int_{\psi(x)}^{\varphi(x)} f(t)\mathrm{d}t,$

　　则

$$\Phi'(x) = \frac{\mathrm{d}}{\mathrm{d}x} \int_{\psi(x)}^{\varphi(x)} f(t)\mathrm{d}t = f[\varphi(x)] \cdot \varphi'(x) - f[\psi(x)] \cdot \psi'(x).$$

利用积分区间的可加性和复合函数的求导法则即得证.

例 1　计算 $\dfrac{\mathrm{d}}{\mathrm{d}x}\displaystyle\int_0^{x^2}\mathrm{e}^{-t}\sin^2t\mathrm{d}t$.

解　$\dfrac{\mathrm{d}}{\mathrm{d}x}\displaystyle\int_0^{x^2}\mathrm{e}^{-t}\sin^2t\mathrm{d}t=2x\mathrm{e}^{-x^2}\sin^2x^2$.

例 2　计算 $\lim\limits_{x\to0}\dfrac{\displaystyle\int_0^x\sin t\mathrm{d}t}{x^2}$.

分析:此极限属于 $\dfrac{0}{0}$ 型未定式,可以考虑用洛必达法则求极限,其中 $\left(\displaystyle\int_0^x\sin t\mathrm{d}t\right)'=\sin x$.

解　$\lim\limits_{x\to0}\dfrac{\displaystyle\int_0^x\sin t\mathrm{d}t}{x^2}=\lim\limits_{x\to0}\dfrac{\left(\displaystyle\int_0^x\sin t\mathrm{d}t\right)'}{(x^2)'}=\lim\limits_{x\to0}\dfrac{\sin x}{2x}=\dfrac{1}{2}$.

例 3　设函数 $y=y(x)$ 由方程 $\displaystyle\int_0^{y^2}\mathrm{e}^{t^2}\mathrm{d}t+\int_x^0\sin t\mathrm{d}t=0$ 所确定. 求 $\dfrac{\mathrm{d}y}{\mathrm{d}x}$.

解　方程两边同时对 x 求导:$\dfrac{\mathrm{d}}{\mathrm{d}x}\left(\displaystyle\int_0^{y^2}\mathrm{e}^{t^2}\mathrm{d}t\right)+\dfrac{\mathrm{d}}{\mathrm{d}x}\left(\displaystyle\int_x^0\sin t\mathrm{d}t\right)=0$

则 $\dfrac{\mathrm{d}}{\mathrm{d}y}\left(\displaystyle\int_0^{y^2}\mathrm{e}^{t^2}\mathrm{d}t\right)\cdot\dfrac{\mathrm{d}y}{\mathrm{d}x}+\dfrac{\mathrm{d}}{\mathrm{d}x}\left(\displaystyle\int_x^0\sin t\mathrm{d}t\right)=0$,

即 $\mathrm{e}^{y^4}\cdot(2y)\cdot\dfrac{\mathrm{d}y}{\mathrm{d}x}+(-\sin x)=0$,故 $\dfrac{\mathrm{d}y}{\mathrm{d}x}=\dfrac{\sin x}{2y\mathrm{e}^{y^4}}$.

定理 2　如果函数 $F(x)$ 是连续函数 $f(x)$ 在区间 $[a,b]$ 上的一个原函数,则
$$\int_a^b f(x)\mathrm{d}x=F(b)-F(a).$$

证　已知函数 $F(x)$ 是连续函数 $f(x)$ 的一个原函数,又根据定理1,积分上限函数 $\Phi(x)=\displaystyle\int_a^x f(t)\mathrm{d}t$ 也是 $f(x)$ 的一个原函数. 于是有一常数 C,使 $F(x)-\Phi(x)=C(a\leqslant x\leqslant b)$.

当 $x=a$ 时,有 $F(a)-\Phi(a)=C$,而 $\Phi(a)=0$,所以 $C=F(a)$;当 $x=b$ 时,
$$F(b)-\Phi(b)=F(a),$$

所以 $\Phi(b)=F(b)-F(a)$,即 $\displaystyle\int_a^b f(x)\mathrm{d}x=F(b)-F(a)$.

为了方便起见,可把 $F(b)-F(a)$ 记成 $[F(x)]_a^b$ 或 $F(x)\big|_a^b$,于是
$$\int_a^b f(x)\mathrm{d}x=[F(x)]_a^b=F(b)-F(a).$$

此公式就是著名的**牛顿—莱布尼兹公式**,简称N—L公式.它进一步揭示了定积分与原函数之间的联系:$f(x)$在$[a,b]$上的定积分等于它的任一原函数$F(x)$在$[a,b]$上的增量,即用被积函数$f(x)$的原函数$F(x)$的上限值$F(b)$减去原函数$F(x)$的下限值$F(a)$.从 N—L 公式可知求定积分时,可以不用分割、求和、取极限的方法.它为我们计算定积分开辟了一条新的途径.它把定积分的计算转化为求它的被积函数$f(x)$的任意一个原函数,或者说转化为求$f(x)$的不定积分.在此之前,我们只会从定积分的定义去求定积分的值,那是十分困难的,甚至是不可能的.因此 N—L 公式也被称为**微积分学基本公式**.

*例 4 设函数$y=f(x)$具有三阶连续导数,其图形如图 5－7,问下几个定积分的值的符号如何?

(1) $\displaystyle\int_{-1}^{3} f(x)\mathrm{d}x$; (2) $\displaystyle\int_{-1}^{3} f'(x)\mathrm{d}x$;

(3) $\displaystyle\int_{-1}^{3} f''(x)\mathrm{d}x$; (4) $\displaystyle\int_{-1}^{3} f'''(x)\mathrm{d}x$.

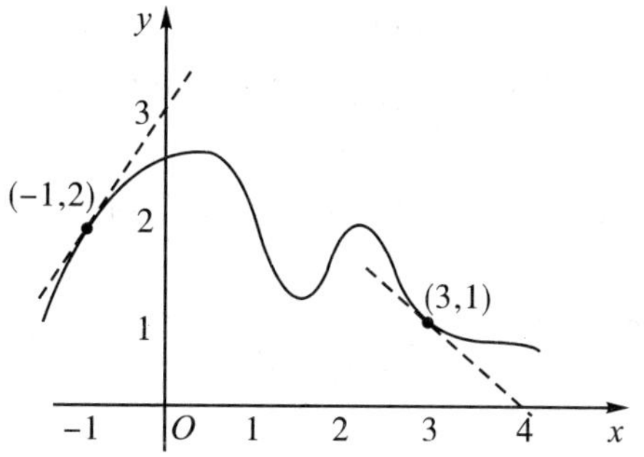

图 5－7

解 从图 5－7 中可得知:$f(-1)=2,f(3)=1,f'(-1)=1,f'(3)=-1$, $f''(-1)<0$(因为曲线在点$(-1,2)$处是凸的),$f''(3)>0$(因为曲线在点$(3,1)$处凹的).于是由牛顿－莱布尼茨公式知

$$\int_{-1}^{3} f(x)\mathrm{d}x = x \text{ 轴上方、区间}[-1,3]\text{上的曲边梯形的面积}>0;$$

$$\int_{-1}^{3} f'(x)\mathrm{d}x = f(3)-f(-1)=1-2=-1<0;$$

$$\int_{-1}^{3} f''(x)\mathrm{d}x = f'(3)-f'(-1)=-1-1=-2<0;$$

$$\int_{-1}^{3} f'''(x)\mathrm{d}x = f''(3)-f''(-1)>0.$$

例 5   计算 $\displaystyle\int_0^1 x^2 \,\mathrm{d}x$

解 $\displaystyle\int_0^1 x^2 \,\mathrm{d}x = \left[\dfrac{x^3}{3}\right]_0^1 = \dfrac{1}{3} - \dfrac{0}{3} = \dfrac{1}{3}.$

例 6   计算 $\displaystyle\int_{-1}^{\sqrt{3}} \dfrac{\mathrm{d}x}{1+x^2}.$

解 $\displaystyle\int_{-1}^{\sqrt{3}} \dfrac{\mathrm{d}x}{1+x^2} = \left[\arctan x\right]_{-1}^{\sqrt{3}} = \arctan\sqrt{3} - \arctan(-1)$

$$= \dfrac{\pi}{3} - \left(-\dfrac{\pi}{4}\right) = \dfrac{7}{12}\pi.$$

例 7   计算 $\displaystyle\int_{-1}^{-2} \dfrac{\mathrm{d}x}{x}.$

解 $\displaystyle\int_{-1}^{-2} \dfrac{\mathrm{d}x}{x} = -\int_{-2}^{-1} \dfrac{\mathrm{d}x}{x} = -\left[\ln|x|\right]_{-2}^{-1} = -(\ln 1 - \ln 2) = \ln 2$

又原式 $= \left[\ln|x|\right]_{-1}^{-2} = \ln 2 - \ln 1 = \ln 2.$

例 8   设 $f(x) = \begin{cases} x+1, & x \geqslant 1 \\ \dfrac{1}{2}x^2, & x < 1 \end{cases}$，求 $\displaystyle\int_0^2 f(x)\,\mathrm{d}x.$

解 $\displaystyle\int_0^2 f(x)\,\mathrm{d}x = \int_0^1 \dfrac{1}{2}x^2 \,\mathrm{d}x + \int_1^2 (x+1)\,\mathrm{d}x$

$$= \dfrac{1}{6}x^3 \Big|_0^1 + \left(\dfrac{1}{2}x^2 + x\right)\Big|_1^2 = \dfrac{8}{3}.$$

练习 5.2

1. 试求函数 $y = \displaystyle\int_0^x \sin t \,\mathrm{d}t$ 当 $x = 0$ 及 $x = \dfrac{\pi}{4}$ 时的导数.

2. 求由 $\displaystyle\int_0^y e^t \,\mathrm{d}t + \int_0^x \cos t \,\mathrm{d}t = 0$ 所决定的隐函数 y 对 x 的导数 $\dfrac{\mathrm{d}y}{\mathrm{d}x}$.

3. 当 x 为何值时，函数 $I(x) = \displaystyle\int_0^x t e^{-t^2} \,\mathrm{d}t$ 有极值？

4. 计算下列各导数：

(1) $\dfrac{\mathrm{d}}{\mathrm{d}x} \displaystyle\int_0^{x^2} \sqrt{1+t^2}\,\mathrm{d}t$;   (2) $\dfrac{\mathrm{d}}{\mathrm{d}x} \displaystyle\int_{x^2}^{x^3} \dfrac{1}{\sqrt{1+t^4}}\,\mathrm{d}t$;   (3) $\dfrac{\mathrm{d}}{\mathrm{d}x} \displaystyle\int_{\sin x}^{\cos x} \cos(\pi t^2)\,\mathrm{d}t$.

5. 计算下列各定积分：

(1) $\displaystyle\int_0^a (3x^2 - x + 1)\,\mathrm{d}x$;   (2) $\displaystyle\int_1^2 \left(x^2 + \dfrac{1}{x^4}\right)\,\mathrm{d}x$;

(3) $\displaystyle\int_4^9 \sqrt{x}(1 + \sqrt{x})\,\mathrm{d}x$;   (4) $\displaystyle\int_{\frac{\sqrt{3}}{3}}^{\sqrt{3}} \dfrac{\mathrm{d}x}{1+x^2}$;

(5) $\int_{-\frac{1}{2}}^{\frac{1}{2}} \dfrac{dx}{\sqrt{1-x^2}}$;　　　　(6) $\int_0^{\sqrt{3}a} \dfrac{dx}{a^2+x^2}$;

(7) $\int_0^1 \dfrac{dx}{\sqrt{4-x^2}}$;　　　　(8) $\int_{-1}^0 \dfrac{3x^4+3x^2+1}{x^2+1}dx$;

(9) $\int_{-e^{-1}}^{-2} \dfrac{dx}{1+x}$;　　　　(10) $\int_0^{\frac{\pi}{4}} \tan^2\theta d\theta$;

(11) $\int_0^{2\pi} |\sin x|\,dx$;　　　　(12) $\int_0^2 f(x)dx$,其中 $f(x)=\begin{cases} x+1, & x\leqslant 1 \\ \dfrac{1}{2}x^2, & x>1 \end{cases}$.

6.设 k 为正整数,试证下列各题:

(1) $\int_{-\pi}^{\pi} \cos kx\,dx=0$;　　　　(2) $\int_{-\pi}^{\pi} \sin kx\,dx=0$;

(3) $\int_{-\pi}^{\pi} \cos^2 kx\,dx=\pi$;　　　　(4) $\int_{-\pi}^{\pi} \sin^2 kx\,dx=\pi$.

7.设 k 及 l 为正整数,且 $k\neq l$.试证下列各题:

(1) $\int_{-\pi}^{\pi} \cos kx\sin lx\,dx=0$;(2) $\int_{-\pi}^{\pi} \cos kx\cos lx\,dx=0$;

(3) $\int_{-\pi}^{\pi} \sin kx\sin lx\,dx=0$.

8.求下列极限:

(1) $\lim\limits_{x\to 0} \dfrac{\int_0^x \cos t^2\,dt}{x}$;　　　　(2) $\lim\limits_{x\to 1} \dfrac{\int_1^x e^{t^2}\,dt}{\ln x}$.

9.设 $f(x)=\begin{cases} \dfrac{1}{2}\sin x, & 0\leqslant x\leqslant\pi, \\ 0, & x>\pi \text{ 或 } x<0, \end{cases}$　求 $\varphi(x)=\int_0^x f(t)dt$ 在 $(-\infty,+\infty)$ 内的表达式.

10.求 $\int_{-2}^2 \max\{1,x^2\}dx$.

*11.设函数

$$G(x)=\int_0^x f(t)dt,$$

$f(t)$ 的图形如右图 5－8 所示,它在直线 $y=5$ 上下振动($0\leqslant x\leqslant 10$).试问:

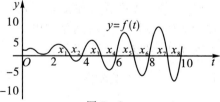

图 5－8

(1)$G(x)$ 在哪里有极值点?

(2)$G(x)$ 在哪里取得最大值、最小值?

(3)$G(x)$ 的图形在哪个区间上是凹的(举一个区间为例)?

§5.3 定积分的换元积分法与分部积分法

有了牛顿—莱布尼兹公式,使人感到有关定积分的计算问题已经完全解决.但是与计算是否简便相比,后者则提出更高的要求.在定积分的计算中,除了应用 N−L 公式,我们还可以利用它的一些特有性质,如定积分的值与积分变量无关,积分对区间的可加性等,所以与不定积分相比,使用定积分的换元积分法与分布积分法会更加方便.

1. 定积分的换元积分法

定理 3   设函数 $f(x)$ 在 $[a,b]$ 上连续,函数 $x=\varphi(t)$ 在 $I(I=[\alpha,\beta]$ 或 $[\beta,\alpha])$ 上有连续的导数,并且 $\varphi(\alpha)=a,\varphi(\beta)=b,a\leqslant\varphi(t)\leqslant b(t\in I)$,则

$$\int_a^b f(x)\mathrm{d}x = \int_\alpha^\beta f[\varphi(t)]\varphi'(t)\mathrm{d}t.$$

证   由于 $f(x)$ 与 $f[\varphi(t)]\varphi'(t)$ 皆为连续函数,所以它们存在原函数,设 $F(x)$ 是 $f(x)$ 在 $[a,b]$ 上的一个原函数,由复合函数导数的链式法则有

$$(F[\varphi(t)])'=F'(x)\varphi'(t)=f(x)\varphi'(t)=f[\varphi(t)]\varphi'(t),$$

可见 $F[\varphi(t)]$ 是 $f[\varphi(t)]\varphi'(t)$ 的一个原函数.利用 N−L 公式,即得

$$\int_\alpha^\beta f[\varphi(t)]\varphi'(t) = F[\varphi(t)]\Big|_\alpha^\beta = F[\varphi(\beta)]-F[\varphi(\alpha)]$$

$$= F(b)-F(a) = \int_a^b f(x)\mathrm{d}x.$$

故

$$\int_a^b f(x)\mathrm{d}x = \int_\alpha^\beta f[\varphi(t)]\varphi'(t)\mathrm{d}t.$$

此公式称为定积分的换元公式.若从左到右使用公式(代入换元),换元时应注意同时换积分限.还要求换元 $x=\varphi(t)$ 应在单调区间上进行.当找到新变量的原函数后不必代回原变量而直接用 N−L 公式,这正是定积分换元法的简便之处.若从右到左使用公式(凑微分换元),则如同不定积分第一换元法,可以不必换元,当然也就不必换积分限.

例 1   计算 $\int_0^a \sqrt{a^2-x^2}\,\mathrm{d}x(a>0)$.

解   设 $x=a\sin t$,则 $x=0$ 时,$t=0$;$x=a$ 时,$t=\dfrac{\pi}{2}$,故

$$\int_0^a \sqrt{a^2 - x^2}\,\mathrm{d}x = \int_0^{\frac{\pi}{2}} a\cos t a\cos t\,\mathrm{d}t = a^2 \int_0^{\frac{\pi}{2}} \frac{1+\cos 2t}{2}\,\mathrm{d}t$$

$$= a^2 \left[\frac{t}{2} + \frac{1}{4}\sin 2t \right]_0^{\frac{\pi}{2}} = \frac{a^2}{4}\pi.$$

例 2 计算下列定积分:

(1) $\displaystyle\int_{\frac{3}{4}}^1 \frac{\mathrm{d}x}{\sqrt{1-x}-1}$; (2) $\displaystyle\int_0^{\frac{1}{2}} \frac{x^2}{\sqrt{1-x^2}}\mathrm{d}x$; (3) $\displaystyle\int_0^{\frac{\pi}{2}} \cos^5 x\sin x\,\mathrm{d}x$.

解 (1) 令 $\sqrt{1-x}=t$,则 $x=1-t^2$,$\mathrm{d}x=-2t\mathrm{d}t$,且当 t 从 0 变到 $\dfrac{1}{2}$ 时,x 从 1 减到 $\dfrac{3}{4}$. 于是原式 $=-2\displaystyle\int_{\frac{1}{2}}^0 \frac{t\mathrm{d}t}{t-1} = 2\displaystyle\int_0^{\frac{1}{2}} \left(1+\frac{1}{t-1}\right)\mathrm{d}t =$

$2\left[t+\ln|t-1|\right]_0^{\frac{1}{2}} = 1-2\ln 2.$

(2) 令 $x=\sin t$,则 $\mathrm{d}x=\cos t\mathrm{d}t$,且当 x 从 0 变到 $\dfrac{1}{2}$ 时,t 从 0 增到 $\dfrac{\pi}{6}$. 于是

$$原式 = \int_0^{\frac{\pi}{6}} \frac{\sin^2 t}{\cos t}\cos t\,\mathrm{d}t = \int_0^{\frac{\pi}{6}} \sin^2 t\,\mathrm{d}t = \left[\frac{t}{2} - \frac{\sin 2t}{4}\right]_0^{\frac{\pi}{6}} = \frac{\pi}{12} - \frac{\sqrt{3}}{8}$$

(3) 原式 $=-\displaystyle\int_0^{\frac{\pi}{2}} \cos^5 x\mathrm{d}\cos x = -\frac{\cos^6 x}{6}\Big|_0^{\frac{\pi}{2}} = \frac{1}{6}.$

例 3 证明:

(1) 若 $f(x)$ 在 $[-a,a]$ 上连续且为偶函数,则 $\displaystyle\int_{-a}^a f(x)\mathrm{d}x = 2\int_0^a f(x)\mathrm{d}x.$

(2) 若 $f(x)$ 在 $[-a,a]$ 上连续且为奇函数,则 $\displaystyle\int_{-a}^a f(x)\mathrm{d}x = 0.$

证 因 $\displaystyle\int_{-a}^a f(x)\mathrm{d}x = \int_{-a}^0 f(x)\mathrm{d}x + \int_0^a f(x)\mathrm{d}x = I_1 + I_2$,
在 I_1 中令 $x=-t$,则 $x=-a$ 时,$t=a$;$x=0$ 时,$t=0$,则

$$\int_{-a}^a f(x)\mathrm{d}x = \int_a^0 f(-t)\mathrm{d}(-t) + \int_0^a f(x)\mathrm{d}x$$

$$= \int_0^a f(-x)\mathrm{d}x + \int_0^a f(x)\mathrm{d}x$$

$$= \int_0^a \left[f(-x) + f(x)\right]\mathrm{d}x.$$

(1) 若 $f(x)$ 为偶函数,则原式 $= 2\displaystyle\int_0^a f(x)\mathrm{d}x.$

(2) 若 $f(x)$ 为奇函数,则原式 $= \displaystyle\int_0^a 0\mathrm{d}x = 0.$

在计算对称区间上的积分时,如能判断被积函数的奇偶性,可使计

算简化.

例 4 计算 $\int_{-1}^{1} \dfrac{2x^2 + x\cos x}{1 + \sqrt{1-x^2}} dx$.

解 $\int_{-1}^{1} \dfrac{2x^2 + x\cos x}{1 + \sqrt{1-x^2}} dx = 2\int_{-1}^{1} \dfrac{x^2}{1 + \sqrt{1-x^2}} dx$

$= 4\int_{0}^{1} \dfrac{x^2}{1 + \sqrt{1-x^2}} dx$

$= 4\int_{0}^{1} \dfrac{x^2(1 - \sqrt{1-x^2})}{1 - (1-x^2)} dx$

$= 4\int_{0}^{1} (1 - \sqrt{1-x^2}) dx$

$= 4 - 4\int_{0}^{1} \sqrt{1-x^2} dx \text{(单位圆面积)}$

$= 4 - \pi.$

2. 定积分的分部积分法

定理 2 若 $u(x), v(x)$ 在 $[a,b]$ 上有连续的导数,则

$$\int_{a}^{b} u(x)v'(x)dx = u(x)v(x)\big|_{a}^{b} - \int_{a}^{b} v(x)u'(x)dx.$$

证 因为

$$[u(x)v(x)]' = u(x)v'(x) + u'(x)v(x), a \leqslant x \leqslant b.$$

所以 $u(x)v(x)$ 是 $u(x)v'(x) + u'(x)v(x)$ 在 $[a,b]$ 上的一个原函数,应用 N−L 公式,得

$$\int_{a}^{b} [u(x)v'(x) + u'(x)v(x)]dx = u(x)v(x)\big|_{a}^{b}.$$

利用积分的线性性质并移项即得

$$\int_{a}^{b} u(x)v'(x)dx = u(x)v(x)\big|_{a}^{b} - \int_{a}^{b} v(x)u'(x)dx.$$

此公式称为定积分的分部积分公式,且简单地写作

$$\int_{a}^{b} u\,dv = uv\big|_{a}^{b} - \int_{a}^{b} v\,du.$$

例 5 计算下列定积分:

(1) $\int_{0}^{\frac{1}{2}} \arcsin x\,dx$;   (2) $\int_{0}^{\frac{\pi}{2}} e^x \sin x\,dx$;   (3) $\int_{0}^{1} e^{\sqrt{x}} dx$.

解 (1) 原式 $= x\arcsin x\big|_{0}^{\frac{1}{2}} - \int_{0}^{\frac{1}{2}} \dfrac{x}{\sqrt{1-x^2}} dx$

$= \dfrac{1}{2}\arcsin\dfrac{1}{2} + \sqrt{1-x^2}\big|_{0}^{\frac{1}{2}} = \dfrac{\pi}{12} + \dfrac{\sqrt{3}}{2} - 1.$

（2）$\displaystyle\int_0^{\frac{\pi}{2}} \mathrm{e}^x \sin x \mathrm{d}x = \int_0^{\frac{\pi}{2}} \sin x \mathrm{d}\mathrm{e}^x = \mathrm{e}^x \sin x \Big|_0^{\frac{\pi}{2}} - \int_0^{\frac{\pi}{2}} \mathrm{e}^x \cos x \mathrm{d}x$

$\displaystyle = \mathrm{e}^{\frac{\pi}{2}} - \int_0^{\frac{\pi}{2}} \cos x \mathrm{d}\mathrm{e}^x$

$\displaystyle = \mathrm{e}^{\frac{\pi}{2}} - \mathrm{e}^x \cos x \Big|_0^{\frac{\pi}{2}} - \int_0^{\frac{\pi}{2}} \mathrm{e}^x \sin x \mathrm{d}x$

$\displaystyle = \mathrm{e}^{\frac{\pi}{2}} + 1 - \int_0^{\frac{\pi}{2}} \mathrm{e}^x \sin x \mathrm{d}x.$

所以 $\displaystyle\int_0^{\frac{\pi}{2}} \mathrm{e}^x \sin x \mathrm{d}x = \frac{1}{2}(\mathrm{e}^{\frac{\pi}{2}} + 1).$

（3）令 $\sqrt{x} = t$，则

$$\int_0^1 \mathrm{e}^{-\sqrt{x}} \mathrm{d}x = \int_0^1 \mathrm{e}^{-t} \cdot 2t \mathrm{d}t = -2 \int_0^1 t \mathrm{d}\mathrm{e}^{-t}$$

$$= -2t\mathrm{e}^{-t} \Big|_0^1 + 2 \int_0^1 \mathrm{e}^{-t} \mathrm{d}t = -2\mathrm{e}^{-1} - 2\mathrm{e}^{-t} \Big|_0^1 = 2 - \frac{4}{\mathrm{e}}.$$

例 6　设 $f''(x)$ 在 $[0,1]$ 上连续，且 $f(0) = 1, f(2) = 3, f'(2) = 5$，求 $\displaystyle\int_0^1 x f''(2x) \mathrm{d}x.$

解　$\displaystyle\int_0^1 x f''(2x) \mathrm{d}x = \frac{1}{2} \int_0^1 x \mathrm{d}f'(2x)$

$\displaystyle = \frac{1}{2} \left[x f'(2x) \Big|_0^1 - \int_0^1 f'(2x) \mathrm{d}x \right]$

$\displaystyle = \frac{5}{2} - \frac{1}{4} f(2x) \Big|_0^1 = 2.$

练习 5.3

1. 计算下列定积分：

（1）$\displaystyle\int_0^{\frac{\pi}{2}} \sin x \cos^3 x \mathrm{d}x$；

（2）$\displaystyle\int_0^a x^2 \sqrt{a^2 - x^2} \mathrm{d}x$；

（3）$\displaystyle\int_1^{\sqrt{3}} \frac{\mathrm{d}x}{x^2 \sqrt{1 + x^2}}$；

（4）$\displaystyle\int_{-1}^1 \frac{x \mathrm{d}x}{\sqrt{5 - 4x}}$；

（5）$\displaystyle\int_1^4 \frac{\mathrm{d}x}{\sqrt{x} + 1}$；

（6）$\displaystyle\int_{\frac{3}{4}}^1 \frac{\mathrm{d}x}{\sqrt{1 - x} - 1}$；

（7）$\displaystyle\int_1^{\mathrm{e}^2} \frac{\mathrm{d}x}{x \sqrt{1 + \ln x}}$；

（8）$\displaystyle\int_{-2}^0 \frac{\mathrm{d}x}{x^2 + 2x + 2}$；

（9）$\displaystyle\int_0^\pi \sqrt{1 + \cos 2x} \mathrm{d}x$；

（13）$\displaystyle\int_{\frac{\pi}{4}}^{\frac{\pi}{3}} \frac{x}{\sin^2 x} \mathrm{d}x$；

（14）$\displaystyle\int_1^4 \frac{\ln x}{\sqrt{x}} \mathrm{d}x$；

（15）$\displaystyle\int_0^1 x \arctan x \mathrm{d}x$；

(16) $\int_0^{\frac{\pi}{2}} e^{2x} \cos x \mathrm{d}x$;

(17) $\int_0^{\pi} (x\sin x)^2 \mathrm{d}x$;

(18) $\int_1^e \sin(\ln x)\mathrm{d}x$;

(19) $\int_{-\frac{\pi}{4}}^{\frac{\pi}{2}} \sqrt{\cos x - \cos^3 x}\,\mathrm{d}x$;

(20) $\int_0^{\frac{\pi}{4}} \dfrac{\sin x}{1+\sin x}\mathrm{d}x$;

(21) $\int_0^{\pi} \dfrac{x\sin x}{1+\cos^2 x}\mathrm{d}x$;

(22) $\int_0^{\frac{1}{2}} x\ln\dfrac{1+x}{1-x}\mathrm{d}x$;

2. 利用函数的奇偶性计算下列积分:

(1) $\int_{-\pi}^{\pi} x^4\sin x\mathrm{d}x$;

(2) $\int_{-\frac{\pi}{2}}^{\frac{\pi}{2}} 4\cos^4 x\mathrm{d}x$;

(3) $\int_{-5}^{5} \dfrac{x^3\sin^2 x}{x^4+2x^2+1}\mathrm{d}x$;

(4) $\int_{-\frac{1}{2}}^{\frac{1}{2}} \dfrac{(\arcsin x)^2}{\sqrt{1-x^2}}\mathrm{d}x$.

3. 设 $f(x)$ 在 $[-b,b]$ 上连续,证明 $\int_{-b}^{b} f(x)\mathrm{d}x = \int_{-b}^{b} f(-x)\mathrm{d}x$.

4. 设 $f(x)$ 在 $[a,b]$ 上连续,证明 $\int_a^b f(x)\mathrm{d}x = \int_a^b f(a+b-x)\mathrm{d}x$.

5. 证明 $\int_0^1 x^m (1-x)^n \mathrm{d}x = \int_0^1 x^n (1-x)^m \mathrm{d}x$.

§5.4   定积分的应用

本节我们将应用前面学过的定积分理论来分析和解决一些几何、经济方面的问题.通过这些例子,不仅在于建立计算这些几何、经济量的公式,而且更重要的是介绍运用"微元法"将所求的量归结为定积分的方法.

1. 定积分应用的微元法

在利用定积分研究解决实际问题时,常采用所谓"微元法".为了说明这种方法,我们先回顾一下用定积分求解曲边梯形面积问题的方法和步骤.

设 $f(x)$ 在区间 $[a,b]$ 上连续,且 $f(x) \geqslant 0$,求以曲线 $y = f(x)$ 为曲边的 $[a,b]$ 上的曲边梯形的面积 A,把这个面积 A 表示为定积分 $A = \int_a^b f(x)\mathrm{d}x$,求面积 A 的思路是"分割、近似求和、取极限"即:

第一步:将 $[a,b]$ 分成 n 个小区间,相应地把曲边梯形分成 n 个小曲边梯形,其面积记作 $\Delta A_i(i=1,2,\cdots,n)$,则

$$A = \sum_{i=1}^n \Delta A_i;$$

第二步:计算每个小区间上面积 ΔA_i 的近似值

$$\Delta A_i \approx f(\xi_i)\Delta x_i (x_{i-1} \leqslant \xi_i \leqslant x_i);$$

第三步:求和得 A 的近似值

$$A \approx \sum_{i=1}^{n} f(\xi_i)\Delta x_i;$$

第四步:取极限得 $A = \lim_{\lambda \to 0} \sum_{i=1}^{n} f(\xi_i)\Delta x_i = \int_a^b f(x)\mathrm{d}x.$

在上述问题中我们注意到,所求量(即面积 A)与区间 $[a,b]$ 有关,如果把区间 $[a,b]$ 分成许多部分区间,则所求量相应地分成许多部分量 (ΔA_i),而所求量等于所有部分量之和(如 $A = \sum_{i=1}^{n} \Delta A_i$),这一性质称为所求量对于区间 $[a,b]$ 具有可加性.

在上述计算曲边梯形的面积时,上述四步中最关键是第二、四两步,有了第二步中的 $\Delta A_i \approx f(\xi_i)\Delta x_i$,积分的主要形式就已经形成. 为了以后使用方便,可把上述四步概括为下面两步,设所求量为 U,区间为 $[a,b]$.

第一步:在区间 $[a,b]$ 上任取一小区间 $[x,x+\mathrm{d}x]$,并求出相应于这个小区间的部分量 ΔU 的近似值,如果 ΔU 能近似地表示为 $f(x)$ 在 $[x,x+\mathrm{d}x]$ 左端点 x 处的值与 $\mathrm{d}x$ 的乘积 $f(x)\mathrm{d}x$,就把 $f(x)\mathrm{d}x$ 称为所求量 U 的微元,记作 $\mathrm{d}U$,即

$$\mathrm{d}U = f(x)\mathrm{d}x;$$

第二步:以所求量 U 的微元 $\mathrm{d}U = f(x)\mathrm{d}x$ 为被积表达式,在 $[a,b]$ 上作定积分,得

$$U = \int_a^b f(x)\mathrm{d}x,$$

这就是所求量 U 的积分表达式.

这个方法称为"微元法",下面我们将应用此方法来讨论几何、经济中的一些问题.

2. 用定积分求平面图形的面积

(1)直角坐标系下的面积计算

(一)设平面图形由连续曲线 $y = f_1(x)$,$y = f_2(x)$ 及直线 $x = a$,$x = b$ 所围成,并且在 $[a,b]$ 上 $f_1(x) \geqslant f_2(x)$(图 5-9,图 5-10),那么这块图形的面积为

$$A = \int_a^b [f_1(x) - f_2(x)]\mathrm{d}x. \tag{1}$$

事实上,小区间$[x,x+\mathrm{d}x]$上的面积微元 $\mathrm{d}S=[f_1(x)-f_2(x)]\mathrm{d}x$,于是所求平面图形的面积为

$$A = \int_a^b [f_1(x)-f_2(x)]\mathrm{d}x.$$

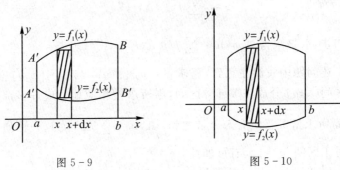

图 5 - 9   图 5 - 10

(二)设平面图形由连续曲线 $x=g_1(y),x=g_2(y)$ 及直线 $y=c,y=d$ 所围成,并且在$[c,d]$上 $g_1(y)\geqslant g_2(y)$(图 5 - 11),那么这块图形的面积为

$$A = \int_c^d [g_1(y)-g_2(y)]\mathrm{d}y. \tag{2}$$

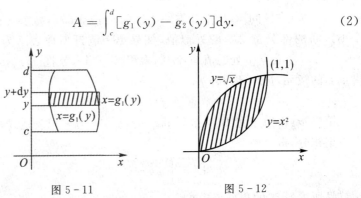

图 5 - 11   图 5 - 12

例 1 计算由两条抛物线 $y^2=x$ 和 $y=x^2$ 所围平面图形的面积(图 5 - 12).

解 (方法一)为了确定积分的上、下限,先求出这两条曲线的交点$(0,0)$和$(1,1)$,在区间$[0,1]$上$\sqrt{x}>x^2$,代入公式(1)得所求面积为

$$A = \int_0^1 [\sqrt{x}-x^2]\mathrm{d}x = \left[\frac{2}{3}x^{\frac{3}{2}}-\frac{1}{3}x^3\right]_0^1 = \frac{1}{3}.$$

(方法二)先求出两曲线的交点$(0,0)$和$(1,1)$,在区间$[0,1]$上$\sqrt{y}\geqslant y^2$,代入公式(2)得所求面积

$$A = \int_0^1 (\sqrt{y}-y^2)\mathrm{d}y = \frac{1}{3}.$$

例2 计算抛物线 $y^2=2x$ 与直线 $x-y=4$ 所围平面图形的面积(图 5 - 13).

解 (方法一)求出两条曲线的交点$(2,-2)$和$(8,4)$,所求面积

$$A = \int_{-2}^{4} \left(y + 4 - \frac{1}{2}y^2 \right) dy = \left[\frac{y^2}{2} + 4y - \frac{y^3}{6} \right]_{-2}^{4} = 18.$$

(方法二)用直线 $x=2$ 将图形分成两部分,左侧图形的面积

$$A_1 = \int_{0}^{2} \left[\sqrt{2x} - (-\sqrt{2x}) \right] dx = 2\sqrt{2} \left[\frac{2}{3} x^{\frac{3}{2}} \right]_{0}^{2} = \frac{16}{3};$$

右侧图形的面积

$$A_2 = \int_{2}^{8} \left[\sqrt{2x} - (x-4) \right] dx = \left[\frac{2\sqrt{2}}{3} x^{\frac{3}{2}} - \frac{1}{2}x^2 + 4x \right]_{2}^{8} = \frac{38}{3}.$$

所求图形的面积

$$A = A_1 + A_2 = \frac{16}{3} + \frac{38}{3} = 18.$$

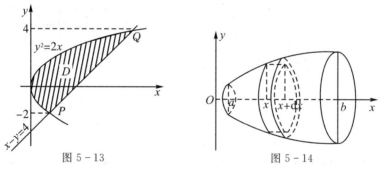

图 5 - 13　　　　　　　　　图 5 - 14

注 由例 2 可知,对同一问题,有时可选取不同的积分变量进行计算,计算的难易程度往往不同,因此在实际计算时,应选取合适的积分变量,使计算简化.

3. 用定积分求体积

(1)已知平行截面的立体体积

设有一立体(图 5 - 14),其垂直于 x 轴的截面积是已知连续函数 $S(x)$,且立体位于 $x=a$,$x=b$ 两点处垂直于 x 轴的两个平面之间,求此立体的体积.

在区间 $[a,b]$ 上任取一个小区间 $[x,x+dx]$,此区间相应的小立体体积可以用底面积为 $S(x)$,高为 dx 的扁柱体的体积 $dv=S(x)dx$ 近似代替,即体积微元 $dv=S(x)dx$,于是所求立体的体积

$$v = \int_{a}^{b} S(x) dx. \tag{3}$$

例 3　一平面经过半径为 R 的圆柱体的底面直径 AB,并与底面交成角 α,求此平面截圆柱体所得楔形的体积(图 5-15).

解　取直径 AB 所在的直线为 x 轴,底面中心为原点,这时垂直于 x 轴的各个截面都是直角三角形,它的一个锐角为 α,这个锐角的邻边长度为 $\sqrt{R^2-x^2}$,这样截面面积为

$$S(x) = \frac{1}{2}(R^2 - x^2)\tan\alpha,$$

因此所求体积为

$$v = \int_{-R}^{R} \frac{1}{2}(R^2 - x^2)\tan\alpha\, \mathrm{d}x = \frac{1}{2}\tan\alpha \left[R^2 x - \frac{x^3}{3}\right]_{-R}^{R} = \frac{2}{3}R^3\tan\alpha.$$

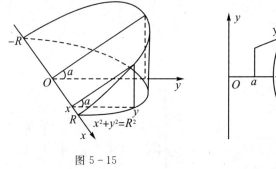

图 5-15　　　　　　　　　　　图 5-16

(2)旋转体的体积

设有一曲边梯形,由连续曲线 $y=f(x)$,x 轴及直线 $x=a$,$x=b$ 所围成,求此曲边梯形绕 x 轴旋转一周所形成的旋转体(图 5-16)的体积.

在 $[a,b]$ 上任取一个区间 $[x,x+\mathrm{d}x]$,如图 5-16 所示.在点 x 处垂直于 x 轴的截面是半径等于 $y=f(x)$ 的圆,因此截面面积 $A(x)=\pi y^2 = \pi\left[f(x)\right]^2$.由公式(3)得旋转体体积

$$v = \pi \int_a^b y^2 \mathrm{d}x = \pi \int_a^b \left[f(x)\right]^2 \mathrm{d}x. \tag{4}$$

例 4　将抛物线 $y=x^2$,x 轴及直线 $x=0$,$x=2$ 所围成的平面图形绕 x 轴旋转,求所形成的旋转体的体积.

解　根据公式(4)得

$$v = \pi \int_0^2 y^2 \mathrm{d}x = \pi \int_0^2 x^4 \mathrm{d}x = \frac{32}{5}\pi.$$

若平面图形是由连续曲线 $y=f_1(x)$,$y=f_2(x)$(不妨设 $0 \leqslant f_1(x) \leqslant f_2(x)$)及 $x=a$,$x=b$ 所围成的平面图形,则该图形绕 x 轴旋转一周

所形成的立体体积

$$v = \pi \int_a^b \left[f_2^2(x) - f_1^2(x) \right] \mathrm{d}x. \tag{5}$$

例 5　求圆 $x^2 + (y-b)^2 = a^2 (0 < a < b)$ 绕 x 轴旋转所形成的立体体积.

解　易知该立体是由 $y_1 = b + \sqrt{a^2 - x^2}$，$y_2 = b - \sqrt{a^2 - x^2}$ 以及 $x = a, x = -a$ 围成的平面图形绕 x 轴旋转所生成的立体. 由公式(5)知

$$
\begin{aligned}
v &= \pi \int_{-a}^a \left[(b + \sqrt{a^2 - x^2})^2 - (b - \sqrt{a^2 - x^2})^2 \right] \mathrm{d}x \\
&= \pi \int_{-a}^a 4b \sqrt{a^2 - x^2} \mathrm{d}x \\
&= 4b\pi \left[\frac{a^2}{2} \arcsin \frac{x}{a} + \frac{x}{2} \sqrt{a^2 - x^2} \right] \Big|_{-a}^a = 2\pi^2 a^2 b.
\end{aligned}
$$

用类似的方法可求得曲线 $x = g_1(y), x = g_2(y)$（不妨设 $0 \le g_1(y) \le g_2(y)$）及直线 $y = c, y = d (c < d)$ 所围成的图形绕 y 轴旋转一周而生成的旋转体的体积

$$v = \pi \int_c^d \left[g_2^2(y) - g_1^2(y) \right] \mathrm{d}y. \tag{6}$$

4. 定积分在经济中的应用

（1）由经济函数的边际,求经济函数在区间上的增量

根据边际成本,边际收入,边际利润以及产量 x 的变动区间 $[a,b]$ 上的改变量（增量）就等于它们各自边际在区间 $[a,b]$ 上的定积分:

$$R(b) - R(a) = \int_a^b R'(x) \mathrm{d}x \tag{7}$$

$$C(b) - C(a) = \int_a^b C'(x) \mathrm{d}x \tag{8}$$

$$L(b) - L(a) = \int_a^b L'(x) \mathrm{d}x \tag{9}$$

例 6　已知某商品边际收入为 $-0.08x + 25$（万元/t）,边际成本为 5（万元/t）,求产量 x 从 250 t 增加到 300 t 时销售收入 $R(x)$,总成本 $C(x)$,利润 $I(x)$ 的改变量（增量）.

解　首先求边际利润

$$L'(x) = R'(x) - C'(x) = -0.08x + 25 - 5 = -0.08x + 20,$$

所以根据式(7)、式(8)、式(9),依次求出:

$$
\begin{aligned}
R(300) - R(250) &= \int_{250}^{300} R'(x) \mathrm{d}x \\
&= \int_{250}^{300} (-0.08x + 25) \mathrm{d}x = 150 \text{ 万元};
\end{aligned}
$$

$$C(300) - C(250) = \int_{250}^{300} C'(x) \mathrm{d}x$$

$$= \int_{250}^{300} 5 \mathrm{d}x = 250 \text{ 万元};$$

$$L(300) - L(250) = \int_{250}^{300} L'(x) \mathrm{d}x$$

$$= \int_{250}^{300} (-0.08x + 20) \mathrm{d}x = -100 \text{ 万元}.$$

(2)由经济函数的变化率,求经济函数在区间上的平均变化率

设某经济函数的变化率为 $f(t)$,则称 $\dfrac{\int_{t_1}^{t_2} f(t) \mathrm{d}t}{t_2 - t_1}$ 为该经济函数在时间间隔 $[t_2, t_1]$ 内的平均变化率.

例 7 某银行的利息连续计算,利息率是时间 t(单位:年)的函数:

$$r(t) = 0.08 + 0.015\sqrt{t},$$

求它在开始 2 年,即时间间隔 $[0, 2]$ 内的平均利息率.

解 由于

$$\int_0^2 r(t) \mathrm{d}t = \int_0^2 (0.08 + 0.015\sqrt{t}) \mathrm{d}t$$

$$= 0.16 + 0.01 t\sqrt{t}\,\big|_0^2 = 0.16 + 0.02\sqrt{2},$$

所以开始 2 年的平均利息率为

$$r = \frac{\int_0^2 r(t) \mathrm{d}t}{2 - 0} = 0.08 + 0.01\sqrt{2} \approx 0.094.$$

(3)由贴现率求总贴现值在时间区间上的增量

设某个项目在 t(年)时的收入为 $f(t)$(万元),年利率为 r,即贴现率是 $f(t)\mathrm{e}^{-rt}$,则应用定积分计算,该项目在时间区间 $[a, b]$ 上总贴现值的增量为 $\int_a^b f(t)\mathrm{e}^{-rt}\mathrm{d}t$.

设某工程总投资在竣工时的贴现值为 A(万元),竣工后的年收入预计为 a(万元)年利率为 r,银行利息连续计算. 在进行动态经济分析时,把竣工后收入的总贴现值达到 A,即使关系式

$$\int_0^T a\mathrm{e}^{-rt}\mathrm{d}t = A.$$

成立的时间 T(年)称为该项工程的投资回收期.

例 8 某工程总投资在竣工时的贴现值为 1000 万元,竣工后的年收入预计为 200 万元,年利息率为 0.08,求该工程的投资回收期.

解　这里 $A=1000, a=200, r=0.08$，则该工程竣工后 T 年内收入的总贴现值为

$$\int_0^T 200 \mathrm{e}^{-0.08t} \mathrm{d}t = \frac{200}{-0.08} \mathrm{e}^{-0.08t} \Big|_0^T = 2500(1-\mathrm{e}^{-0.08T}).$$

令 $2500(1-\mathrm{e}^{-0.08T})=1000$，即得该工程回收期为

$$T = -\frac{1}{0.08}\ln\left(1-\frac{1000}{2500}\right) = -\frac{1}{0.08}\ln 0.6 = 6.39(年).$$

练习 5.4

1. 计算下列各题中平面图形的面积：
   (1) 抛物线 $y=x^2$ 与直线 $y=2x$ 所围成的图形；
   (2) 曲线 $y=1-\mathrm{e}^x, y=1-\mathrm{e}^{-x}$ 和 $x=1$ 所围成的图形；
   (3) 曲线 $y=\dfrac{1}{x}$ 与直线 $y=x$ 和 $y=2$ 所围成的图形；
   (4) 曲线 $y=\cos x, y=\sin x$ 与直线 $x=0$ 和 $x=\pi$ 所围成的图形.

2. 求下列立体的体积：
   (1) 由曲线 $y=x^3$ 及直线 $x=2, y=0$ 所围成的平面图形分别绕 x 轴及 y 轴旋转所得旋转体的体积；
   (2) 有一立体，以长半轴 $a=10$，短半轴 $b=5$ 的椭圆为底，而垂直于长轴的截面都是等边三角形，求其体积.

3. 某公司运行 t(年)所获利润为 $L(t)$(元)利润的年变化率为 $L'(t)=3\times10^5 \sqrt{t+1}$(元/年)，求利润从第 4 年初到第 8 年末，即时间间隔$[3,8]$内年平均变化率.

§5.5　广义积分

我们在前面讨论定积分时，总假定积分区间是有限的，被积函数是有界的. 但在理论上或实际问题中往往需要讨论积分区间无限或被积函数为无界函数的情形. 因此我们有必要把积分概念针对这两种情形加以推广，这种推广后的积分称为广义积分.

1. 无穷限的广义积分

定义 1　设函数 $f(x)$ 在区间 $[a,+\infty)$ 上连续，取 $b>a$. 如果极限 $\lim\limits_{b\to+\infty}\int_a^b f(x)\mathrm{d}x$ 存在，则称此极限为函数 $f(x)$ 在无穷区间 $[a,+\infty)$ 上的广义积分，记作 $\int_a^{+\infty} f(x)\mathrm{d}x$，即

$$\int_a^{+\infty} f(x)\mathrm{d}x = \lim_{b\to+\infty}\int_a^b f(x)\mathrm{d}x.$$

这时也称广义积分 $\displaystyle\int_a^{+\infty} f(x)\mathrm{d}x$ 收敛.

如果上述极限不存在,函数 $f(x)$ 在无穷区间 $[a,+\infty)$ 上的广义积分 $\displaystyle\int_a^{+\infty} f(x)\mathrm{d}x$ 就没有意义,此时称广义积分 $\displaystyle\int_a^{+\infty} f(x)\mathrm{d}x$ 发散.

类似地,设函数 $f(x)$ 在区间 $(-\infty,b]$ 上连续,如果极限 $\displaystyle\lim_{a\to-\infty}\int_a^b f(x)\mathrm{d}x(a<b)$ 存在,则称此极限为函数 $f(x)$ 在无穷区间 $(-\infty,b]$ 上的广义积分,记作 $\displaystyle\int_{-\infty}^b f(x)\mathrm{d}x$,即 $\displaystyle\int_{-\infty}^b f(x)\mathrm{d}x=\lim_{a\to-\infty}\int_a^b f(x)\mathrm{d}x$. 这时也称广义积分 $\displaystyle\int_{-\infty}^b f(x)\mathrm{d}x$ 收敛. 如果上述极限不存在,则称广义积分 $\displaystyle\int_{-\infty}^b f(x)\mathrm{d}x$ 发散.

设函数 $f(x)$ 在区间 $(-\infty,+\infty)$ 上连续,如果广义积分 $\displaystyle\int_{-\infty}^0 f(x)\mathrm{d}x$ 和 $\displaystyle\int_0^{+\infty} f(x)\mathrm{d}x$ 都收敛,则称上述两个广义积分的和为函数 $f(x)$ 在无穷区间 $(-\infty,+\infty)$ 上的广义积分,记作 $\displaystyle\int_{-\infty}^{+\infty} f(x)\mathrm{d}x$,即

$$\int_{-\infty}^{+\infty} f(x)\mathrm{d}x=\int_{-\infty}^0 f(x)\mathrm{d}x+\int_0^{+\infty} f(x)\mathrm{d}x$$
$$=\lim_{a\to-\infty}\int_a^0 f(x)\mathrm{d}x+\lim_{b\to+\infty}\int_0^b f(x)\mathrm{d}x.$$

这时也称广义积分 $\displaystyle\int_{-\infty}^{+\infty} f(x)\mathrm{d}x$ 收敛.

如果上式右端有一个广义积分发散,则称广义积分 $\displaystyle\int_{-\infty}^{+\infty} f(x)\mathrm{d}x$ 发散.

可见,求广义积分的基本思路是:先求定积分,再取极限.

例1   计算广义积分 $\displaystyle\int_0^{+\infty}\frac{1}{1+x^2}\mathrm{d}x$.

解   取 $b>0$,因为
$$\lim_{b\to+\infty}\int_0^b\frac{1}{1+x^2}\mathrm{d}x=\lim_{b\to+\infty}\arctan x\,|_0^b=\lim_{b\to+\infty}\arctan b=\frac{\pi}{2}.$$
所以 $\displaystyle\int_0^{+\infty}\frac{1}{1+x^2}\mathrm{d}x=\frac{\pi}{2}$.

例2   计算广义积分 $\displaystyle\int_{-\infty}^0 x\mathrm{e}^x\mathrm{d}x$.

解   取 $b<0$,因为 $\displaystyle\lim_{b\to-\infty}\int_b^0 x\mathrm{e}^x\mathrm{d}x=\lim_{b\to-\infty}\int_b^0 x\mathrm{d}\mathrm{e}^x=\lim_{b\to-\infty}(x\mathrm{e}^x-\mathrm{e}^x)\,|_b^0$
$$=\lim_{b\to-\infty}(\mathrm{e}^b-b\mathrm{e}^b-1)=-1,$$

所以 $\displaystyle\int_{-\infty}^{0} x\mathrm{e}^{x}\mathrm{d}x = -1$.

例 3　讨论广义积分 $\displaystyle\int_{a}^{+\infty} \frac{1}{x^{p}}\mathrm{d}x (a > 0)$ 的敛散性.

解　当 $p = 1$ 时，$\displaystyle\int_{a}^{+\infty} \frac{1}{x^{p}}\mathrm{d}x = \int_{a}^{+\infty} \frac{1}{x}\mathrm{d}x = [\ln x]_{a}^{+\infty} = +\infty$.

当 $p < 1$ 时，$\displaystyle\int_{a}^{+\infty} \frac{1}{x^{p}}\mathrm{d}x = \left[\frac{1}{1-p}x^{1-p}\right]_{a}^{+\infty} = +\infty$.

当 $p > 1$ 时，$\displaystyle\int_{a}^{+\infty} \frac{1}{x^{p}}\mathrm{d}x = \left[\frac{1}{1-p}x^{1-p}\right]_{a}^{+\infty} = \frac{a^{1-p}}{p-1}$.

因此，当 $p > 1$ 时，此广义积分收敛，其值为 $\dfrac{a^{1-p}}{p-1}$；当 $p \leqslant 1$ 时，此广义积分发散.

2. 被积函数有无穷间断点的广义积分

定义 2　设函数 $f(x)$ 在区间 (a, b) 上连续，而在点 a 的右邻域内无界. 取 $\varepsilon > 0$，如果极限

$$\lim_{\varepsilon \to 0^{+}} \int_{a+\varepsilon}^{b} f(x)\mathrm{d}x$$

存在，则称此极限为函数 $f(x)$ 在区间 $(a, b]$ 上的广义积分，仍然记作 $\displaystyle\int_{a}^{b} f(x)\mathrm{d}x$，即

$$\int_{a}^{b} f(x)\mathrm{d}x = \lim_{\varepsilon \to 0^{+}} \int_{a+\varepsilon}^{b} f(x)\mathrm{d}x.$$

这时也称广义积分 $\displaystyle\int_{a}^{b} f(x)\mathrm{d}x$ 收敛.

如果上述极限不存在，就称广义积分 $\displaystyle\int_{a}^{b} f(x)\mathrm{d}x$ 发散.

类似地，设函数 $f(x)$ 在区间 $[a, b)$ 上连续，而在点 b 的左邻域内无界. 取 $\varepsilon > 0$，如果极限

$$\lim_{\varepsilon \to 0^{+}} \int_{a}^{b-\varepsilon} f(x)\mathrm{d}x$$

存在，则称此极限为函数 $f(x)$ 在区间 $[a, b)$ 的广义积分，仍然记作 $\displaystyle\int_{a}^{b} f(x)\mathrm{d}x$，即

$$\int_{a}^{b} f(x)\mathrm{d}x = \lim_{\varepsilon \to 0^{+}} \int_{a}^{b-\varepsilon} f(x)\mathrm{d}x.$$

这时也称广义积分 $\displaystyle\int_{a}^{b} f(x)\mathrm{d}x$ 收敛. 如果上述极限不存在，就称广义积分

$\int_a^b f(x)\mathrm{d}x$ 发散.

设函数 $f(x)$ 在区间 $[a,b]$ 上除点 $c(a<c<b)$ 外连续,而在点 c 的邻域内无界. 如果两个广义积分

$$\int_a^c f(x)\mathrm{d}x \text{ 与 } \int_c^b f(x)\mathrm{d}x$$

都收敛,则定义

$$\int_a^b f(x)\mathrm{d}x = \int_a^c f(x)\mathrm{d}x + \int_c^b f(x)\mathrm{d}x.$$

否则,就称广义积分 $\int_a^b f(x)\mathrm{d}x$ 发散.

例 4 计算广义积分 $\int_0^a \dfrac{1}{\sqrt{a^2-x^2}}\mathrm{d}x$ $(a>0)$.

解 因为 $\lim\limits_{x\to a-0} \dfrac{1}{\sqrt{a^2-x^2}} = +\infty$,所以该积分为广义积分. 于是

$$\int_0^a \dfrac{1}{\sqrt{a^2-x^2}}\mathrm{d}x = \lim_{\varepsilon\to 0^+}\left[\arcsin\frac{x}{a}\right]_0^{a-\varepsilon} = \lim_{\varepsilon\to 0^+}\left[\arcsin\frac{a-\varepsilon}{a} - 0\right] = \frac{\pi}{2}.$$

例 5 讨论广义积分 $\int_{-1}^1 \dfrac{1}{x^2}\mathrm{d}x$ 的收敛性.

解 函数 $\dfrac{1}{x^2}$ 在区间 $[-1,1]$ 上除 $x=0$ 外连续,且 $\lim\limits_{x\to 0}\dfrac{1}{x^2}=\infty$.

由于 $\int_{-1}^0 \dfrac{1}{x^2}\mathrm{d}x = \lim\limits_{x\to 0^-}\left[-\dfrac{1}{x}\right]_{-1}^0 = \lim\limits_{x\to 0^-}\left[\left(-\dfrac{1}{x}\right)-1\right] = +\infty$,即广义

积分 $\int_{-1}^0 \dfrac{1}{x^2}\mathrm{d}x$ 发散,所以广义积分 $\int_{-1}^1 \dfrac{1}{x^2}\mathrm{d}x$ 发散.

注 本题若按常义积分去做就会得到错误的结果.

练习 5.5

1.判别下列各反常积分的收敛性,如果收敛,计算反常积分的值:

(1) $\int_1^{+\infty} \dfrac{\mathrm{d}x}{x^4}$;   (2) $\int_1^{+\infty} \dfrac{\mathrm{d}x}{\sqrt{x}}$;

(3) $\int_{-\infty}^{+\infty} \dfrac{\mathrm{d}x}{x^2+2x+2}$;   (4) $\int_0^1 \dfrac{x}{\sqrt{1-x^2}}\mathrm{d}x$;

(5) $\int_0^2 \dfrac{\mathrm{d}x}{(1-x)^2}$;   (6) $\int_1^2 \dfrac{x\mathrm{d}x}{\sqrt{x-1}}$.

2.利用递推公式计算反常积分 $I_n = \int_0^{+\infty} x^n \mathrm{e}^{-x}\mathrm{d}x$.

§5.6　应用案例分析

1.森林救火

问题内容:假设一场森林大火在无风、无雨、可燃性物质分布均匀的状况下进行.森林的损失费与森林的烧毁面积成正比,比例常数为 c_1;每个救火队员的一次性运输费为 c_2,每人每天所消耗的费用为 c_3,每个救火队员的灭火速度为 λ.问应该派多少救火队员参与救火?

分析:根据总费用最少的原则,列出目标函数,约束条件,确定最优的救火队员人数.

第一步:设开始着火的时间为 0,开始救火的时间为 t_1,火被扑灭的时间为 t_2,救火人数为 x,烧毁的森林损失费为 w_1,救火费用为 w_2.烧毁的森林面积是时间 t 的函数,记为 $S(t)$.所以救火的总费用 $w=w_1+w_2$.

第二步:考虑在森林着火的过程中的任意时刻 t,设烧毁面积 $S(t)$ 按圆面不断增加,t 时刻烧毁的圆面半径为 $r(t)$.由于大火在无风、无雨、可燃性物质分布均匀的状况下进行,故圆面的半径应与时间 t 成正比,设比例系数为 α(与可燃物的性质相关),则 $\dfrac{\mathrm{d}r}{\mathrm{d}t}=\alpha$,所以 $r(t)=\alpha t$,且 $S(t)=\pi r^2(t)$,从而火势蔓延速度

$$\frac{\mathrm{d}S}{\mathrm{d}t}=2\pi r(t)\frac{\mathrm{d}r}{\mathrm{d}t}=2\pi\alpha^2 t.$$

记 $\beta=2\pi\alpha^2$,则 $\dfrac{\mathrm{d}S}{\mathrm{d}t}=\beta t,t\in[0,t_1]$.

第三步:在 $[t_1,t_2]$ 时间段,由于有 x 人救火,故火势蔓延速度为 $(\beta-\lambda x)t$,要最终扑灭火,应设 $\beta<\lambda x$. $\dfrac{\mathrm{d}S}{\mathrm{d}t}$ 与时间 t 的关系如下图 5-17 所示:

从图上可以看出,$\dfrac{\mathrm{d}S}{\mathrm{d}t}$ 由原点出发,沿斜率为 β 的直线上升至 t_1 时,取得最大值 b;再由点 t_1 取 b 值出发,沿斜率为 $\beta-\lambda xt_2$ 与 t 轴相交,其值降为 0,这时火被扑灭.

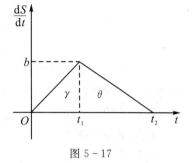

图 5-17

第四步:由定积分的几何意义,最终森林烧毁的面积为

$$S(t_2)=\int_0^{t_2}\frac{\mathrm{d}S}{\mathrm{d}t}\mathrm{d}t=\frac{1}{2}bt_2,$$

其中变量 b 和 t_2 与派出的救火队员人数密切相关.

利用导数的定义,有

$$| \beta - \lambda x | = \lambda x - \beta = \tan \theta = \frac{b}{t_2 - t_1},$$

所以 $t_2 - t_1 = \dfrac{b}{\lambda x - \beta}$. 又 $\beta = \tan \gamma = \dfrac{b}{t_1}$,故 $b = \beta t_1$. 于是

$$S(t_2) = \frac{b t_1}{2} + \frac{b(t_2 - t_1)}{2} = \frac{b t_1}{2} + \frac{b^2}{2(\lambda x - \beta)} = \frac{\beta t_1{}^2}{2} + \frac{\beta^2 t_1{}^2}{2(\lambda x - \beta)}.$$

第五步:根据假设得到救火总费用为

$$w(x) = c_1 S(t_2) + (t_2 - t_1) c_3 x + c_2 x$$

$$= \frac{c_1 b t_1}{2} + \frac{c_1 b^2}{2(\lambda x - \beta)} + \frac{c_3 b x}{\lambda x - \beta} + c_2 x$$

$$= \frac{c_1 \beta t_1{}^2}{2} + \frac{c_1 \beta^2 t_1{}^2}{2(\lambda x - \beta)} + \frac{c_3 \beta t_1 x}{\lambda x - \beta} + c_2 x.$$

第六步:因此求最佳救火人数的问题就是对上式求极值,即 $\dfrac{\mathrm{d}w}{\mathrm{d}x} = 0$,

解出最佳救火人数

$$x = \sqrt{\frac{c_1 \lambda \beta^2 t_1{}^2 + 2 c_3 \beta^2 t_1}{2 c_2 \lambda^2}} + \frac{\beta}{\lambda},$$

其中 t_1 是常量,它与发现火情的时间有关.

进一步的问题:

由于森林火灾的蔓延过程很复杂,还有一些起着重要作用的因素,如风、雨、地形、河流、湖泊及可燃物的分布情况和燃烧理论,故此模型还有待于进一步改进.

本章小结

本章介绍了定积分的概念,定积分的性质等有关定积分的知识,以简洁的论述取代论证和推导,目的在于介绍定积分的相关内容,为后续内容奠定基础.

1. 定积分的概念

2. 定积分的性质

3. 变上限的定积分

4. 牛顿—莱布尼兹公式

5. 定积分的计算

6. 无限区间上的广义积分

无限区间上的广义积分,原则上是把它化为一个定积分,再通过求极限的方法确定该广义积分是否收敛. 在广义积分收敛时,就求出了广义积分的值.

7. 定积分的应用

定积分可应用于求平面图形的面积,或在已知某经济函数的变化率或边际函数时,求总量函数或总量函数在一定范围内的增量.

第 5 章综合练习题

1. 求 $\dfrac{\mathrm{d}}{\mathrm{d}x} \displaystyle\int_{\sin x}^{\cos x} \cos(\pi t^2)\mathrm{d}t$.

2. 设 $f(x) = \begin{cases} x+1, & x \leqslant 1, \\ \dfrac{1}{2}x^2, & x > 1, \end{cases}$ 求 $\displaystyle\int_0^2 f(x)\mathrm{d}x$.

3. 求 $\displaystyle\lim_{x \to +\infty} \dfrac{\displaystyle\int_0^x (\operatorname{arctg} t)^2 \mathrm{d}t}{\sqrt{x^2+1}}$.

4. 设 $f(x) = \begin{cases} \dfrac{1}{2}\sin x, & 0 \leqslant x \leqslant \pi, \\ 0, & \text{其他}, \end{cases}$ 求 $\varphi(x) = \displaystyle\int_0^x f(t)\mathrm{d}t$.

5. 设 $f(x) = \begin{cases} \dfrac{1}{1+x}, & \text{当 } x \geqslant 0 \text{ 时}, \\ \dfrac{1}{1+\mathrm{e}^x}, & \text{当 } x < 0 \text{ 时}, \end{cases}$ 求 $\displaystyle\int_0^2 f(x-1)\mathrm{d}x$.

6. 设 $f(x)$ 是连续函数,且 $f(x) = x + 2\displaystyle\int_0^1 f(t)\mathrm{d}t$,求 $f(x)$.

7. 证明:$\sqrt{2}\mathrm{e}^{-\frac{1}{2}} < \displaystyle\int_{-\frac{1}{\sqrt{2}}}^{\frac{1}{\sqrt{2}}} \mathrm{e}^{-x^2}\mathrm{d}x < \sqrt{2}$.

8. 设 $f(x) = \begin{cases} 1+x^2, & x < 0, \\ \mathrm{e}^{-x}, & x \geqslant 0, \end{cases}$ 求 $\displaystyle\int_1^3 f(x-2)\mathrm{d}x$.

9. 设 $f(x)$ 有一个原函数为 $1 + \sin^2 x$,求 $\displaystyle\int_0^{\frac{\pi}{2}} x f'(2x)\mathrm{d}x$.

10. 设 $f(x) = ax + b - \ln x$,在 $[1,3]$ 上 $f(x) \geqslant 0$,求出常数 a,b 使 $\displaystyle\int_1^3 f(x)\mathrm{d}x$ 最小.

11. 求由曲线 $y = x^{\frac{3}{2}}$ 与直线 $x = 4, x$ 轴所围图形绕 y 轴旋转而成的旋转体的体积.

12. 计算下列积分:

(1) $\displaystyle\int_0^{\frac{\pi}{2}} \dfrac{x + \sin x}{1 + \cos x}\mathrm{d}x$;　　　　(2) $\displaystyle\int_0^{\frac{\pi}{4}} \ln(1 + \tan x)\mathrm{d}x$;

(3) $\displaystyle\int_0^{\frac{\pi}{2}} \dfrac{1}{1 + \cos^2 x}\mathrm{d}x$;　　　　(4) $\displaystyle\int_0^{\frac{\pi}{2}} \sqrt{1 - \sin 2x}\,\mathrm{d}x$;

(5) $\displaystyle\int_0^a \dfrac{\mathrm{d}x}{x + \sqrt{a^2 - x^2}}$.

13.下图中所示的为某城市一天内的温度变化曲线,温度的单位为℃,时间的单位为 h(小时),从半夜 0 点计起,试问:

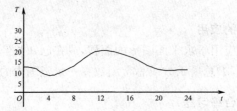

(1)该天的平均温度近似等于多少?

(2)该天内是否必有某时刻的实际温度等于该天的平均温度,为什么?

14.图中给出了某质点做直线运动时的速度函数 $v(t)(0 \leqslant t \leqslant 10)$ 的图形,试求出位置函数 $s(t)$ 的函数表达式和加速度函数 $a(t)$ 的表达式(已知 $s(0)=0$).

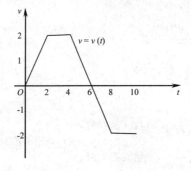

第 6 章

空间解析几何

本章简要介绍了空间直角坐标系,讨论了空间曲面的方程,介绍了几种特殊的二次曲面.通过对这些内容的学习,可以对空间曲面的形状和性质有一个较为直观的认识,对多元函数的微分学和积分学将起到重要的作用.

§6.1　空间直角坐标系

1. 空间直角坐标系

在平面解析几何中,我们利用两条互相垂直且具有公共原点的数轴建立了直角坐标系,将平面上的点用一个二元有序数对来表示,建立了一个一一对应关系.同样,为了更好的研究空间图形,也需要建立空间中的点与有序数组之间的一一对应关系.这种关系的建立是通过引入空间直角坐标系来实现的.

过空间中一定点 O 作三条互相垂直的,且以 O 为原点的数轴,它们具有相同的单位长度,这三条轴分别称为 x 轴(横轴)、y 轴(纵轴)、z 轴(竖轴),统称为坐标轴.它们的命名顺序一般按照右手法则确定:以右手握住 z 轴,当右手的四个手指从 x 轴正向以 $\dfrac{\pi}{2}$ 角度转向 y 轴正方向时,大拇指的指向就是 z 轴的正方向.

三条坐标轴中的任意两条可以确定一个平面,这样确定出来的三个平面统称为坐标面.由 x 轴及 y 轴所确定的坐标面叫做 xOy 面,由 x 轴及 z 轴所确定的坐标面叫做 xOz 面,由 z 轴及 y 轴所确定的坐标面叫做 yOz 面.三个平面将空间分成八个部分,每一个部分叫做一个卦限.含有 x 轴、y 轴及 z 轴正半轴的那个卦限叫做第一卦限,第二卦限含有 x 轴的负半轴,y 轴及 z 轴正半轴,按照逆时针的顺序,在 xOy 面的上方,其他两个卦限依次为第三、第四卦限.第五至第八卦限在 xOy 面的下方,由第一卦限下方的第五卦限开始,按照逆时针方向,依次为第六、第七、第八卦限.这八个卦限分别用字母 Ⅰ、Ⅱ、Ⅲ、Ⅳ、Ⅴ、Ⅵ、Ⅶ、Ⅷ 表示,如图 6-1 所示.

设 M 为空间任意一点,过点 M 分别作垂直于三坐标轴的平面,与坐标轴分别交于 P、Q、R 三点(如图 6-2 所示),设这三点在 x 轴、y 轴和 z 轴上的坐标分别为 x,y 和 z.则点 M 唯一确定了一个三元有序数组 (x,y,z);反之,设给定一组三元有序数组 (x,y,z),在 x 轴、y 轴和 z 轴上分别取点 P、Q、R,使得 $OP=x,OQ=y,OR=z$,然后过点 P、Q、R 分别作垂直于 x 轴、y 轴和 z 轴的平面,这三个平面相交于点 M,即由一个三元有序数组 (x,y,z) 能唯一地确定一个空间中的点 M.这样,空间中的点 M 和三元有序数组 (x,y,z) 之间建立了一个一一对应关系,我们称这个三元有序数组为点 M 的坐标,记为 $M(x,y,z)$,并依次称 x,y 和 z 为点 M 的横坐标、纵坐标和竖坐标.

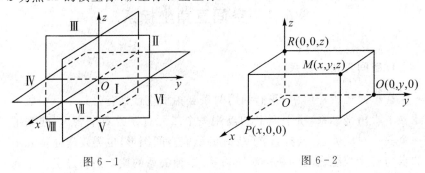

图 6-1   图 6-2

显然,原点 O 的坐标为 $(0,0,0)$;x 轴、y 轴和 z 轴上的点的坐标分别为 $(x,0,0)$、$(0,y,0)$ 和 $(0,0,z)$;xOy 面上的点的坐标为 $(x,y,0)$,yOz 面上的点的坐标为 $(0,y,z)$,xOz 面上的点的坐标为 $(x,0,z)$.八个卦限中,不在坐标面上的点的符号如下:Ⅰ$(+,+,+)$,Ⅱ$(-,+,+)$,Ⅲ$(-,-,+)$,Ⅳ$(+,-,+)$,Ⅴ$(+,+,-)$,Ⅵ$(-,+,-)$,Ⅶ$(-,-,-)$,Ⅷ$(+,-,-)$.

2. 空间两点的距离

设 $M_1(x_1,y_1,z_1)$ 和 $M_2(x_2,y_2,z_2)$ 是空间中的任意两点,和数轴上及平面上两点距离公式一样,我们也可以用这两点的坐标来表示它们的距离 d.

$$d=|M_1M_2|=\sqrt{(x_1-x_2)^2+(y_1-y_2)^2+(z_1-z_2)^2} \tag{1}$$

这就是空间中两点间的距离公式.特别地,点 $M(x,y,z)$ 与坐标原点 O $(0,0,0)$ 的距离为

$$d=|OM|=\sqrt{x^2+y^2+z^2} \tag{2}$$

例 1　求证以 $A(4,1,9),B(10,-1,6),C(2,4,3)$ 为顶点的三角形是一个等腰直角三角形.

证　因为 $|AB|^2=(4-10)^2+(1+1)^2+(9-6)^2=49$,

　　　　　$|AC|^2=(4-2)^2+(1-4)^2+(9-3)^2=49$,

　　　　　$|BC|^2=(10-2)^2+(-1-4)^2+(6-3)^2=98$,

所以 $|AB|=|AC|$,且 $|AB|^2+|AC|^2=|BC|^2$,

即以这三点为顶点的三角形是等腰直角三角形.

例 2　在 yOz 面上,求与三点以 $A(3,1,2),B(4,-2,-2),C(0,5,1)$ 等距离的点.

解　因为所求点在 yOz 面上,所以设该点为 $M(0,y,z)$,依题意有 $|MA|=|MB|=|MC|$,即 $\begin{cases} |MA|=|MB| \\ |MA|=|MC| \end{cases}$

$$\Rightarrow \begin{cases} \sqrt{(0-3)^2+(y-1)^2+(z-2)^2}=\sqrt{(0-4)^2+(y+2)^2+(z+2)^2}, \\ \sqrt{(0-3)^2+(y-1)^2+(z-2)^2}=\sqrt{(0-0)^2+(y-5)^2+(z-1)^2}, \end{cases}$$

将上面两式去掉根号,化简得 $\begin{cases} 5+3y+4z=0 \\ z-4y+6=0 \end{cases}$,解得 $\begin{cases} y=1 \\ z=-2 \end{cases}$,

故与三点等距离的点为 $M(0,1,-2)$.

练习 6.1

1.在空间直角坐标系中,指出下列各点在哪个卦限?

$$A(1,-3,1);B(2,3,-5);C(-2,-4,6);$$

$$D(2,-5,-4);E(-5,-8,-2).$$

2.求点 (a,b,c) 关于(1)各坐标平面;(2)各坐标轴;(3)坐标原点的对称点的坐标.

§6.2　常见空间曲面

1.曲面方程的概念

在日常生活中,我们经常遇到各种曲面,例如反光镜的镜面、管道的外表面以及锥面等.

像在平面解析几何中把平面曲线当作动点的轨迹一样,在空间解析

几何中,任何曲面都可以看作点的几何轨迹.在这样的意义下,如果曲面 S 与三元方程

$$F(x,y,z)=0 \qquad\qquad (1)$$

有下述关系:

(1)曲面 S 上任一点的坐标都能满足方程(1);

(2)不在曲面 S 上的点的坐标都不满足方程(1),

那么,方程(1)就叫做曲面 S 的方程,而曲面 S 就叫做方程(1)的图形(图 6-3).

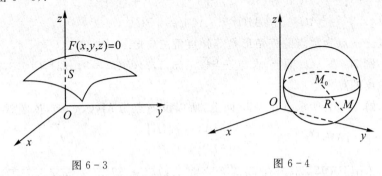

图 6-3　　　　　　　　　　　　图 6-4

本节中,我们将介绍几种常见的曲面及其方程.

2. 球面

例 1　建立球心在点 $M_0(x_0,y_0,z_0)$,半径为 R 的球面方程.

解　设 $M(x,y,z)$ 是球面上任意一点(图 6-4),那么 $|MM_0|=R$.

由于 $|MM_0|=\sqrt{(x-x_0)^2+(y-y_0)^2+(z-z_0)^2}$,

所以 $\sqrt{(x-x_0)^2+(y-y_0)^2+(z-z_0)^2}=R$,

或 $(x-x_0)^2+(y-y_0)^2+(z-z_0)^2=R^2$. $\qquad\qquad (2)$

这就是球面上任一点的坐标所满足的方程,而不在球面上的点都不能满足方程(2),因此方程(2)就是以点 $M_0(x_0,y_0,z_0)$ 为球心,R 为半径的球面的方程.

特别地,若球心在坐标原点,则球面方程为

$$x^2+y^2+z^2=R^2.$$

3. 平面

平面是一类特殊的空间曲面,我们不推导而直接给出平面的一般方程:

$$Ax+By+Cz+D=0,$$

其中 A,B,C 不全为零.任一平面都可以用具有上述形式的三元一次方程来表示.

特别地,当 $D=0$ 时,方程变为 $Ax+By+Cz=0$,它表示一个通过原点的平面.

当 $A=0$ 时,方程变为 $By+Cz+D=0$,它表示一个平行于 x 轴的平面.同理,方程 $Ax+Cz+D=0$ 和 $Ax+By+D=0$ 分别表示平行于 y 轴和 z 轴的平面.

当 $A=B=0$ 时,方程变为 $Cz+D=0$ 或 $z=-\dfrac{D}{C}$,它表示一个平行于 xoy 面的平面.同理,方程 $Ax+D=0$ 和 $By+D=0$ 分别表示平行于 yoz 面和 xoz 面的平面.

例 2　求通过 x 轴和点 $(4,-3,-1)$ 的平面的方程.

解　由于平面通过 x 轴,则平面平行于 x 轴,于是 $A=0$.又因为坐标原点在 x 轴上,所以平面通过坐标原点,于是 $D=0$.因此,可设这个平面的方程为

$$By+Cz=0.$$

又因平面通过点 $(4,-3,-1)$,所以有

$$-3B-C=0$$

或

$$C=-3B.$$

以此代入所设方程并除以 $B(B\neq0)$（为什么会有 $B\neq0$?）,便得所求的平面方程为

$$y-3z=0.$$

4. 柱面

例 3　方程 $x^2+y^2=R^2$ 表示怎样的曲面?

解　方程 $x^2+y^2=R^2$ 在 xOy 面上表示圆心在原点、半径为 R 的圆.在空间直角坐标系中,这个方程不含有竖坐标 z,即不论空间点的竖坐标 z 怎样,只要它的横坐标 x 和纵坐标 y 满足 $x^2+y^2=R^2$,那么这些点就在该曲面上.这就是说,凡是通过 xOy 面内圆 $x^2+y^2=R^2$ 上一点 $M(x,y,0)$,且平行于 z 轴的直线 l 都在这个曲面上.因此,这个曲面可以看作由平行于 z 轴的直线 l 沿 xOy 面上的圆 $x^2+y^2=R^2$ 移动而形成的.这样的曲面叫做圆柱面（图 6-5）,xOy 面上的圆 $x^2+y^2=R^2$ 叫做它的准线,而平行于 z 轴的直线 l 叫做它的母线.

一般的,直线 L 沿曲线 C 平行移动形成的轨迹叫做柱面,固定的曲线 C 叫做柱面的准线,动直线 L 叫做它的母线.

上面的例子中,不含 z 的方程 $x^2+y^2=R^2$ 在空间直角坐标系中表示圆柱面,它的母线平行于 z 轴,它的准线是 xOy 面上的圆 $x^2+y^2=R^2$.

类似地方程 $y^2=ax(a>0)$ 表示母线平行于 z 轴的柱面,它的准线是 xOy 面上的抛物线 $y^2=ax(a>0)$,该柱面叫做抛物柱面(图 6-6).

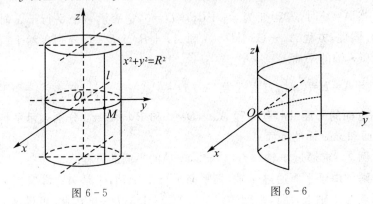

图 6-5　　　　　　　　　　图 6-6

又如,方程 $ax-by=0(a\neq0,b\neq0)$ 表示母线平行于 z 轴的柱面,它的准线是 xOy 面上的直线 $ax-by=0(a\neq0,b\neq0)$,它是过 z 轴的平面(图 6-7).

一般的,只含有 x、y 而缺 z 的方程 $F(x,y)=0$ 在空间直角坐标系中表示母线平行于 z 轴的柱面,其准线是 xOy 面上的曲线 $F(x,y)=0$(图 6-8).

类似地,只含有 x、z 而缺 y 的方程 $G(x,z)=0$ 表示母线平行于 y 轴的柱面;只含有 y、z 而缺 x 的方程 $H(y,z)=0$ 表示母线平行于 x 轴的柱面.

例如,方程 $y-z=0$ 表示母线平行于 x 轴的柱面,以 yOz 面上的直线 $y-z=0$ 为准线.它是过的 x 轴的平面(图 6-9).

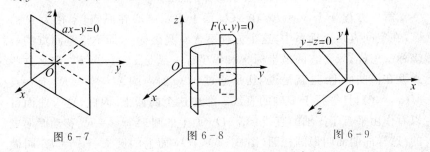

图 6-7　　　　　　图 6-8　　　　　　图 6-9

5. 旋转曲面

平面曲线 C 绕同一平面上的一条固定直线 L 旋转一周所形成的曲

面叫做旋转曲面,旋转曲线 C 和固定直线 L 分别叫做旋转曲面的母线和轴.

我们以 yOz 坐标面的曲线 C 绕 z 轴旋转一周形成的旋转曲面(图 6-10)为例来说明.曲线 C 的方程为 $f(y,z)=0$.

设 $M_1(0,y_1,z_1)$ 为曲线 C 上任意一点,那么有

$$f(y_1,z_1)=0 \tag{3}$$

当曲线 C 绕 z 轴旋转时,点 M_1 绕 z 轴转到另一点 $M(x,y,z)$,这时 $z=z_1$ 保持不变,且点 M 到 z 轴的距离

$$d=\sqrt{x^2+y^2}=|y_1|,$$

将 $z_1=z,y_1=\pm\sqrt{x^2+y^2}$ 代入(3)式,可得

$$f(\pm\sqrt{x^2+y^2},z)=0 \tag{4}$$

这就是所求旋转曲面的方程.

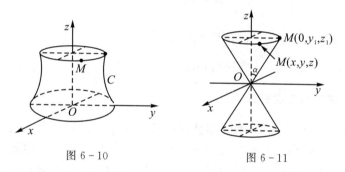

图 6-10   图 6-11

显然,在曲线 C 的方程 $f(y,z)=0$ 中,只需要将 y 改写为 $\pm\sqrt{x^2+y^2}$,便得到曲线 C 绕 z 轴旋转所成的旋转曲面的方程.

同理,曲线 C 绕 y 轴旋转所成的旋转曲面的方程为

$$f(y,\pm\sqrt{x^2+z^2})=0 \tag{5}$$

其他情况可以类推,方法是在平面曲线 C 的方程中,绕哪个坐标轴旋转,那么这个坐标保持不变,而另外一个坐标用剩余两个坐标的平方和的平方根的正负值代替即可.

例 4 直线 L 绕与之相交的另一条直线旋转一周,所得到的旋转面叫做圆锥面.两直线的交点叫做圆锥面的顶点,两直线的夹角 α $\left(0<\alpha<\dfrac{\pi}{2}\right)$ 叫做圆锥面的半顶角.试建立顶点在坐标原点 O,旋转轴为 z 轴,半顶角为 α 的圆锥面(图 6-11)的方程.

解 在 yOz 坐标面上,直线 L 的方程为 $z=y\cot\alpha$,因为旋转轴为

z 轴,所以只要将 $z=y\cot\alpha$ 中的 y 改成 $\pm\sqrt{x^2+y^2}$,便得这个圆锥面的方程

$$z=\pm\sqrt{x^2+y^2}\cot\alpha$$

或

$$z^2=a^2(x^2+y^2),$$

其中 $a=\cot\alpha$.

例 5 将下列曲线绕指定轴旋转一周,求得到的旋转面的方程.

(1) xOz 面上的双曲线 $\dfrac{x^2}{a^2}-\dfrac{z^2}{c^2}=1$,绕 z 轴旋转一周;

(2) yOz 面上的双曲线 $\dfrac{y^2}{b^2}+\dfrac{z^2}{c^2}=1$,绕 y 轴旋转一周;

(3) xOy 面上的双曲线 $y^2=2px$,绕 x 轴旋转一周.

解 所求曲线方程分别为:

(1) $\dfrac{x^2+y^2}{a^2}-\dfrac{z^2}{c^2}=1$(旋转双曲面);

(2) $\dfrac{y^2}{b^2}+\dfrac{x^2+z^2}{c^2}=1$(旋转椭球面);

(3) $y^2+z^2=2px$(旋转抛物面).

6. 常见的二次曲面

除了上面介绍的几种一般曲面以外,实际问题中常见的还有二次曲面.所谓二次曲面,是由三元二次方程 $F(x,y,z)=0$ 所表示的曲面.

二次曲面有九种,选取适当的空间直角坐标系,可得到它们的标准方程.下面介绍这九种二次曲面的标准方程.

(1)椭球面

方程

$$\frac{x^2}{a^2}+\frac{y^2}{b^2}+\frac{z^2}{c^2}=1(a>0,b>0,c>0)$$

所表示的曲面叫做椭球面,其中 a、b、c 叫做椭球面的半轴.

把 xOz 面上的椭圆 $\dfrac{x^2}{a^2}+\dfrac{z^2}{c^2}=1$ 绕 z 轴旋转一周,所得曲面称为旋转椭球面,其方程为

$$\frac{x^2+y^2}{a^2}+\frac{z^2}{c^2}=1,$$

再把旋转椭球面沿 y 轴方向伸缩 $\dfrac{b}{a}$ 倍,便得到椭球面的形状如图 6-12所示.

特别地,当 $a=b=c$ 时,椭球面成为 $x^2+y^2+z^2=a^2$,这是一个球心在原点,半径为 a 的球面.显然,球面是旋转椭球面的特殊情形,旋转椭球面是椭球面的特殊情形.把球面 $x^2+y^2+z^2=a^2$ 沿 z 轴方向伸缩 $\dfrac{c}{a}$ 倍,即得旋转椭球面 $\dfrac{x^2+y^2}{a^2}+\dfrac{z^2}{c^2}=1$;再沿 y 轴方向伸缩 $\dfrac{b}{a}$ 倍,即得椭球面.

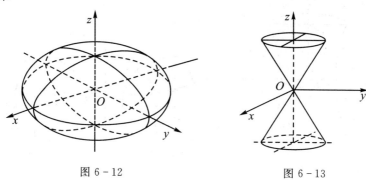

图 6 - 12　　　　　　　　　图 6 - 13

(2)椭圆锥面

方程

$$\frac{x^2}{a^2}+\frac{y^2}{b^2}=z^2\ (a>0,b>0),$$

所表示的曲面叫做椭球锥面.

平面 $z=t$ 与曲面 $F(x,y,z)=0$ 的交线称为截痕,通过综合截痕的变化来了解曲面形状的方法称作截痕法.

用截痕法研究椭圆锥面,以 $z=0$ 截椭圆锥面时得到一个点$(0,0,0)$,当 $t\neq0$ 时,得平面 $z=t$ 上的一个椭圆

$$\frac{x^2}{(at)^2}+\frac{y^2}{(bt)^2}=1.$$

当 t 变化时,上式表示一族长短轴比例不变的椭圆,当 $|t|$ 从大到小并变为 0 时,相应的椭圆从大到小,最终缩成一点.综上讨论,可得椭圆锥面的形状如图 6 - 13 所示.

(3)单叶双曲面

方程

$$\frac{x^2}{a^2}+\frac{y^2}{b^2}-\frac{z^2}{c^2}=1\ (a>0,b>0,c>0)$$

所表示的曲面叫做单叶双曲面.

把 xOz 面上的双曲线 $\dfrac{x^2}{a^2}-\dfrac{z^2}{c^2}=1$ 绕 z 轴旋转,得到旋转单叶双曲面 $\dfrac{x^2+y^2}{a^2}-\dfrac{z^2}{c^2}=1$(图 6 - 14).把此旋转曲面沿 y 轴方向伸缩 $\dfrac{b}{a}$ 倍,即得单叶双曲面 $\dfrac{x^2}{a^2}+\dfrac{y^2}{b^2}-\dfrac{z^2}{c^2}=1$.

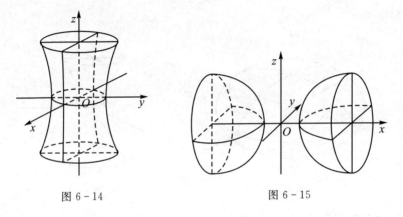

图 6 - 14   图 6 - 15

(4)双叶双曲面

方程

$$\frac{x^2}{a^2}-\frac{y^2}{b^2}-\frac{z^2}{c^2}=1(a>0,b>0,c>0),$$

所表示的曲面叫做双叶双曲面.

把 xOz 面上的双曲线 $\dfrac{x^2}{a^2}-\dfrac{z^2}{c^2}=1$ 绕 x 轴旋转,得到旋转双叶双曲面 $\dfrac{x^2+y^2}{a^2}-\dfrac{z^2}{c^2}=1$.把此旋转曲面沿 y 轴方向伸缩 $\dfrac{b}{c}$ 倍,即得单叶双曲面 $\dfrac{x^2}{a^2}-\dfrac{y^2}{b^2}-\dfrac{z^2}{c^2}=1$(图 6 - 15).

(5)椭圆抛物面

方程

$$\frac{x^2}{a^2}+\frac{y^2}{b^2}=z(a>0,b>0)$$

所表示的曲面叫做椭圆抛物面.

把 xOz 面上的抛物线 $\dfrac{x^2}{a^2}=z$ 绕 z 轴旋转,所得曲面 $\dfrac{x^2+y^2}{a^2}=z$ 叫做旋转抛物面.把此旋转曲面沿 y 轴方向伸缩 $\dfrac{b}{a}$ 倍,即得椭圆抛物面

$$\frac{x^2}{a^2}+\frac{y^2}{b^2}=z(图 6-16).$$

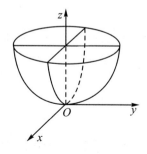

图 6-16

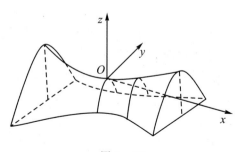

图 6-17

(6)双曲抛物面

方程

$$\frac{x^2}{a^2}-\frac{y^2}{b^2}=z(a>0,b>0),$$

所表示的曲面叫做双曲抛物面(又称作马鞍面).

用平面 $x=t$ 截此曲面,所得截痕 l 为平面 $x=t$ 上的抛物线 $-\frac{y^2}{b^2}=z-\frac{t^2}{a^2}$,此抛物线开口朝下,其顶点坐标为 $x=t,y=0,z=\frac{t^2}{a^2}$. 当 t 变化时,l 的形状不变,位置只作平移,而 l 的顶点的轨迹 L 为平面 $y=0$ 上的抛物线 $z=\frac{x^2}{a^2}$. 因此,以 l 为母线,L 为准线,母线 l 的顶点在准线 L 上滑动,且母线作平行移动,这样得到的曲面便是双曲抛物面(图 6-17),由于其形状像马鞍,因此又称作马鞍面.

除了上述六种二次曲面外,还有三种二次曲面是以二次曲线为准线的柱面

$$\frac{x^2}{a^2}+\frac{y^2}{b^2}=1,\frac{x^2}{a^2}-\frac{y^2}{b^2}=1,x^2=ay$$

依次称为椭圆柱面、双曲柱面、抛物柱面. 柱面的形状在前面已经讨论过,不再赘述.

练习 6.2

1.建立以点$(1,3,-2)$为球心,且通过坐标原点的球面方程.

2.求平行于 xoz 面且过点$(2,-5,3)$的平面方程.

3.指出下列方程在平面解析几何中和空间解析几何中分别表示什么图形:

(1)$x=2$; (2)$y=x+1$; (3)$x^2+y^2=4$; (4)$x^2-y^2=1$.

本章小结

本章介绍了空间直角坐标系,以及常见的空间曲面,以简洁的论述取代论证和推导,目的在于介绍相关内容,在学习中对相关空间曲面有一个直观的认识,为后续内容奠定基础.

1. 空间直角坐标系

右手法则,卦限以及各卦限内点的符号需要熟练掌握,空间两点间的距离公式

$$d = |M_1 M_2| = \sqrt{(x_1 - x_2)^2 + (y_1 - y_2)^2 + (z_1 - z_2)^2}.$$

2. 空间曲面

把握柱面方程的两个特征(即准线与母线),只要确定了准线和母线,柱面的方程就确定了. 对于旋转曲面方程,要掌握其生成方法,即平面曲线方程中保留和旋转轴同名的坐标,曲线中剩下的那个坐标用另外两个坐标平方和的平方根的正负值代换即可.

对于其他常见的曲面,如球面、椭圆抛物面等,要熟悉它们的方程和图形的形状.

第 6 章综合练习题

1. 一动点与两定点(2,3,1)和(4,5,6)等距离,求这动点的轨迹方程.

2. 方程 $x^2 + y^2 + z^2 + 2x - 4y + 2z = 0$ 表示什么曲面?

3. 求与坐标原点 O 及点(2,3,4)的距离之比为 1:2 的点的全体所组成的曲面的方程,它表示怎样的曲面?

4. 将 xOz 面上的抛物线 $x^2 = 5z$ 绕 z 轴旋转一周,求所生成的旋转曲面方程.

5. 将 xOz 面上的圆 $x^2 + z^2 = 9$ 绕 z 轴旋转一周,求所生成的旋转曲面方程.

6. 将 xOy 面上的双曲线 $4x^2 - 9z^2 = 36$ 分别绕 x 轴与 z 轴旋转一周,求所生成的旋转曲面方程.

7. 说明下列旋转曲面是怎样形成的:

(1) $\dfrac{x^2}{4} + \dfrac{y^2}{9} + \dfrac{z^2}{16} = 1$;　　　　(2) $x^2 - \dfrac{y^2}{9} + z^2 = 1$;

(3) $x^2 - y^2 - z^2 = 1$;　　　　(4) $(z-a)^2 = x^2 + y^2$.

8. 作出下列各组曲面所围成的立体图形:

(1) $x^2 + z^2 = 4y$ 与 $y = 4$;　　　　(2) $z = \sqrt{1 - x^2 - y^2}$ 与 $z = x^2 + y^2$;

(3) $z = 6 - x^2 - y^2$ 在第一卦限部分与 $x = 0, y = 0, z = 0, y = 2$.

第 7 章

多元函数的微分学

在前面几章,我们所讨论的函数都只有一个自变量,这种函数称为一元函数.可是,在一些自然界或技术过程中,相互约束在一起的、产生显著性影响的变量一般不只两个,反映到数学上,就是要考虑一个变量(因变量)和另外多个变量(自变量)的相互依赖关系,即多元函数.

在本章,我们将着重讨论二元函数,这不仅因为与二元函数有关的概念和方法大多有比较直观的解释,便于理解,而且这些概念和方法大多能自然推广到二元以上的函数.

§7.1 多元函数的基本概念

1. 引例

例 1 在几何学中,一个矩形的面积 s 依赖于边长 x 与 y,并且 $s=xy$.

例 2 从物理学中知道,理想气体的体积 V 与绝对温度 T 及压力 P 之间有下列关系式:

$$V=\frac{RT}{P}(R \text{ 为常数}).$$

例 3 设小麦平均每亩穗数为 x,平均每穗粒数为 y,平均每千粒重为 z 克,小麦平均亩产量为 u,则有

$$u=\frac{xyz}{1000}(\text{克}).$$

大量实例表明存在两个以上变量间的函数关系.撇开具体的函数形式,可以建立多元函数的定义.

2. 二元函数的概念

定义 1 设在同一变化过程中有三个变量 x,y 与 z,如果 x 与 y 在

某一平面区域 D 内各取一确定值,按照某一对应法则就有一确定值 z 与之对应,则称 z 为变量 x 与 y 的二元函数,通常记为

$$z = f(x,y), (x,y) \in D.$$

其中变量 z 又称为因变量,x 与 y 称为自变量,f 称为对应法则,D 称为函数的定义域.

类似地,还可以建立三元及以上函数的定义.

对于二元函数 $z = f(x,y)$ 来说,当给自变量 x,y 以确定的值时,平面上便确定了一点 $P(x,y)$. 如果对定点 $P(x,y)$,函数 $z = f(x,y)$ 有确定的值与之对应,我们就说函数 $z = f(x,y)$ 在点 $P(x,y)$ 是有定义的,并且 z 叫做对应于点 $P(x,y)$ 的函数值.平面上使函数有定义的点 $P(x,y)$ 的全体叫做函数 $z = f(x,y)$ 的定义域.二元函数的定义域一般来说是坐标面上有一条曲线或几条曲线围成的平面区域.

例 4   求二元函数 $z = \ln xy$ 的定义域.

解   为使函数有意义,要求对数的真数 $xy > 0$,于是定义域为

$$D = \{(x,y) \mid x > 0, y > 0 \ \text{或} \ x < 0, y < 0\}.$$

例 5   求二元函数 $z = \dfrac{\arcsin(3 - x^2 - y^2)}{\sqrt{x - y^2}}$ 的定义域.

解   要使函数有意义,要求

$$\begin{cases} |3 - x^2 - y^2| \leqslant 1, \\ x - y^2 > 0, \end{cases}$$

即

$$\begin{cases} 2 \leqslant x^2 + y^2 \leqslant 4, \\ x > y^2, \end{cases}$$

故所求定义域为

$$D = \{(x,y) \mid 2 \leqslant x^2 + y^2 \leqslant 4, x > y^2\}.$$

我们曾经利用平面直角坐标系表示一元函数 $y = f(x)$ 的图形,一般来说它是平面上的一条曲线.对于二元函数 $z = f(x,y)$ 我们需要用空间直角坐标系来表示它的图形.因此,设二元函数 $z = f(x,y)$ 在 xoy 平面上某区域 D 内有定义,于是在 D 内任取一点 $P(x,y)$,函数就有确定的 z 与之对应.这样就得到空间一个定点 $M(x,y,z)$ 和 D 内一点 P 相对应,当点 $P(x,y)$ 在 D 内变动时,点 M 就在空间内变动,一般来说,点 M 的轨迹就是空间的一个曲面,这个曲面就是二元函数 $z = f(x,y)$ 的图形.

例如,二元函数 $z = \sqrt{1 - x^2 - y^2}$ 表示以原点为中心,1 为半径的上半球面,它的定义域 D 就是 xoy 平面上以原点为圆心的单位圆.

3. 二元函数的极限

与一元函数的极限概念类似,二元函数的极限也是反映函数值随自变量变化而变化的趋势.

定义 2　设二元函数 $z=f(x,y)$ 在点 $P_0(x_0,y_0)$ 的某个去心邻域内有定义,如果当点 $P(x,y)$ 无限趋于点 $P_0(x_0,y_0)$ 时,函数 $f(x,y)$ 无限趋于一个常数 A,则称 A 为函数 $z=f(x,y)$ 在 $(x,y)\to(x_0,y_0)$ 时的极限,记为

$$\lim_{(x,y)\to(x_0,y_0)}f(x,y)=A \text{ 或 } \lim_{\substack{x\to x_0\\y\to y_0}}f(x,y)=A \text{ 或 } \lim_{p\to p_0}f(p)=A.$$

二元函数的极限与一元函数的极限具有相同的性质和运算法则,在此不再详述.

值得注意的是,在定义 2 中,动点 P 趋向于 P_0 的方式是任意的,即若 $\lim_{p\to p_0}f(p)=A$,则无论点 P 以何种方式趋向于 P_0,都有 $f(P)\to A$. 这个命题的逆否命题常常用来证明一个二元函数的极限不存在.

例 6　求极限 $\lim_{(x,y)\to(0,2)}\dfrac{\sin(xy)}{x}$.

解　
$$\lim_{(x,y)\to(0,2)}\frac{\sin(xy)}{x}=\lim_{(x,y)\to(0,2)}\frac{\sin(xy)}{xy}\cdot y$$
$$=\lim_{(x,y)\to(0,2)}\frac{\sin(xy)}{xy}\cdot\lim_{(x,y)\to(0,2)}y=2.$$

例 7　讨论函数 $f(x,y)=\begin{cases}\dfrac{xy}{x^2+y^2} & x^2+y^2\neq0\\ 0 & x^2+y^2=0\end{cases}$ 在点 $(0,0)$ 有无极限?

解　当点 $P(x,y)$ 沿 x 轴趋于点 $(0,0)$ 时,
$$\lim_{(x,y)\to(0,0)}f(x,y)=\lim_{x\to0}f(x,0)=\lim_{x\to0}0=0;$$
当点 $P(x,y)$ 沿 y 轴趋于点 $(0,0)$ 时,
$$\lim_{(x,y)\to(0,0)}f(x,y)=\lim_{y\to0}f(0,y)=\lim_{y\to0}0=0.$$
当点 $P(x,y)$ 沿直线趋于点 $(0,0)$ 时 $y=kx$ 有
$$\lim_{\substack{(x,y)\to(0,0)\\y=kx}}\frac{xy}{x^2+y^2}=\lim_{x\to0}\frac{kx^2}{x^2+k^2x^2}=\frac{k}{1+k^2}.$$
此时极限值随着 k 的变化而变化. 因此,函数 $f(x,y)$ 在 $(0,0)$ 处无极限.

4. 二元函数的连续性

定义 3　设二元函数 $z=f(x,y)$ 在点 $P_0(x_0,y_0)$ 的某个邻域内有定

义,如果

$$\lim_{(x,y)\to(x_0,y_0)} f(x,y) = f(x_0,y_0),$$

则称函数 $f(x,y)$ 在点 $P_0(x_0,y_0)$ 连续.如果函数 $f(x,y)$ 在点 $P_0(x_0,y_0)$ 处不连续,则称函数 $f(x,y)$ 在点 $P_0(x_0,y_0)$ 处间断.

例如,从例 7 知道,函数 $f(x,y) = \begin{cases} \dfrac{xy}{x^2+y^2} & x^2+y^2 \neq 0 \\ 0 & x^2+y^2 = 0 \end{cases}$ 在点 $(0,0)$

极限不存在,所以函数在点 $(0,0)$ 间断.

如果函数 $f(x,y)$ 在区域 D 内的每一点都连续,那么就称函数 $f(x,y)$ 在区域 D 内连续,或者称 $f(x,y)$) 是 D 上的连续函数.在区域 D 上连续的二元函数的图形是区域 D 上一张连续曲面.

可以证明,二(多)元连续函数的和、差、积仍为连续函数;连续函数的商在分母不为零处仍连续;二(多)元连续函数的复合函数也是连续函数.

与一元初等函数类似,二元初等函数是指可用一个解析式所表示的函数,这个式子是由自变量 x,y 及常数利用基本初等函数经过有限次的四则运算和复合运算而形成的.

例如,$\dfrac{x+x^2-y^2}{1+y^2}$,$\mathrm{e}^{x^2+y^2+z^2}$ 都是多元初等函数.

一切二元初等函数在其定义区域内是连续的.所谓定义区域是指包含在定义域内的区域或闭区域.

我们知道,一元连续函数有一些在理论和应用上都十分重要的性质,这些性质也可推广到有界闭区域多元连续函数上来.

性质 1(有界性与最大值最小值定理)   在有界闭区域 D 上的二元连续函数,必定在 D 上有界,且能取得它的最大值和最小值.

性质 2(介值定理)   在有界闭区域 D 上的二元连续函数必取得介于最大值和最小值之间的任何值.

练习 7.1

1.设函数 $f(x,y) = \dfrac{2xy}{x^2+y^2}$,求 $f\left(1, \dfrac{y}{x}\right)$.

2.设函数 $f(x,y) = x^2+y^2-xy\tan\dfrac{x}{y}$,求 $f(tx,ty)$.

3.求下列函数的定义域:

(1)$z = \ln(y^2-2x-1)$;   (2)$z = \sqrt{\sin\sqrt{x^2+y^2}}$;

$(3)z=\ln(y-x)+\dfrac{\sqrt{x}}{\sqrt{1-x^2-y^2}}$；　$(4)z=\arcsin\dfrac{y}{x}$.

4. 求下列极限：

$(1)\lim\limits_{(x,y)\to(1,0)}\dfrac{\ln(x+\mathrm{e}^y)}{\sqrt{x^2+y^2}}$；　　　　　$(2)\lim\limits_{(x,y)\to(0,0)}\dfrac{\sin(xy)}{x}$；

$(3)\lim\limits_{(x,y)\to(0,0)}\dfrac{2-\sqrt{xy+4}}{xy}$；　　　　$(4)\lim\limits_{(x,y)\to(0,0)}\dfrac{xy}{\sqrt{x^2+y^2}}$.

§7.2　偏导数与全微分

1. 偏导数

对于二元函数 $z=f(x,y)$，如果只有自变量 x 变化，而自变量 y 固定，这时它就是 x 的一元函数，这函数对 x 的导数，就称为二元函数 $z=f(x,y)$ 对于 x 的偏导数.

定义 1　设函数 $z=f(x,y)$ 在点 $P_0(x_0,y_0)$ 的某一邻域内有定义，当 y 固定在 y_0 而 x 在 x_0 处有增量 Δx 时，相应地函数有增量
$$f(x_0+\Delta x,y_0)-f(x_0,y_0),$$
如果
$$\lim_{\Delta x\to0}\frac{f(x_0+\Delta x,y_0)-f(x_0,y_0)}{\Delta x}$$
存在，则称此极限为函数 $z=f(x,y)$ 在点 $P_0(x_0,y_0)$ 处对 x 的偏导数，记作
$$\frac{\partial z}{\partial x}\bigg|_{\substack{x=x_0\\y=y_0}},\frac{\partial f}{\partial x}\bigg|_{\substack{x=x_0\\y=y_0}},z_x\bigg|_{\substack{x=x_0\\y=y_0}},\text{或}\ f_x(x_0,y_0).$$
即
$$f_x(x_0,y_0)=\lim_{\Delta x\to0}\frac{f(x_0+\Delta x,y_0)-f(x_0,y_0)}{\Delta x}.$$
类似地，函数 $z=f(x,y)$ 在点 $P_0(x_0,y_0)$ 处对 y 的偏导数定义为
$$\lim_{\Delta y\to0}\frac{f(x_0,y_0+\Delta y)-f(x_0,y_0)}{\Delta y},$$
记作 $\dfrac{\partial z}{\partial y}\bigg|_{\substack{x=x_0\\y=y_0}},\dfrac{\partial f}{\partial y}\bigg|_{\substack{x=x_0\\y=y_0}},z_y\bigg|_{\substack{x=x_0\\y=y_0}}$，或 $f_y(x_0,y_0)$.

如果函数 $z=f(x,y)$ 在区域 D 内每一点 $P(x,y)$ 处对 x 的偏导数都存在，那么，显然这个偏导是 x,y 的二元函数，它就称为函数 $z=f(x,y)$ 对自变量 x 的偏导函数，记作

$$\frac{\partial z}{\partial x}, \frac{\partial f}{\partial x}, z_x, \text{ 或 } f_x(x, y),$$

即

$$f_x(x, y) = \lim_{\Delta x \to 0} \frac{f(x + \Delta x, y) - f(x, y)}{\Delta x}.$$

类似地,可定义函数 $z = f(x, y)$ 对 y 的偏导函数,记作

$$\frac{\partial z}{\partial y}, \frac{\partial f}{\partial y}, z_y \text{ 或 } f_y(x, y)$$

即

$$f_y(x, y) = \lim_{\Delta y \to 0} \frac{f(x, y + \Delta y) - f(x, y)}{\Delta y}.$$

以上定义表明,求 $\dfrac{\partial f}{\partial x}$ 时,只要把 y 暂时看作常数而对 x 求导数;

求 $\dfrac{\partial f}{\partial y}$ 时,只要把 x 暂时看作常量而对 y 求导数.

偏导数的概念还可推广到二元以上的函数. 例如三元函数 $u = f(x, y, z)$ 在点 (x, y, z) 处对 x 的偏导数定义为

$$f_x(x, y, z) = \lim_{\Delta x \to 0} \frac{f(x + \Delta x, y, z) - f(x, y, z)}{\Delta x},$$

它的求法也仍旧是利用一元函数的微分法.

例 1　求 $z = x^2 + 3xy + y^2$ 在点 $(1, 2)$ 处的偏导数.

解　把 y 看作常数,对 x 求导数,得

$$\frac{\partial z}{\partial x} = 2x + 3y,$$

把 x 看作常数,对 y 求导数,得

$$\frac{\partial z}{\partial y} = 3x + 2y,$$

故所求偏导数

$$\frac{\partial z}{\partial x}\bigg|_{\substack{x=1 \\ y=2}} = 2 \cdot 1 + 3 \cdot 2 = 8, \frac{\partial z}{\partial y}\bigg|_{\substack{x=1 \\ y=2}} = 3 \cdot 1 + 2 \cdot 2 = 7.$$

例 2　求 $z = x^y (x > 0, x \neq 1)$ 的偏导数.

解　$\dfrac{\partial z}{\partial x} = yx^{y-1}, \dfrac{\partial z}{\partial y} = x^y \ln x.$

例 3　求 $r = \sqrt{x^2 + y^2 + z^2}$ 的偏导数.

解　把 y 和 z 看作常数,对 x 求导数,得

$$\frac{\partial r}{\partial x} = \frac{x}{\sqrt{x^2 + y^2 + z^2}} = \frac{x}{r},$$

利用函数关于自变量的对称性,得

$$\frac{\partial r}{\partial y} = \frac{y}{\sqrt{x^2 + y^2 + z^2}} = \frac{y}{r},$$

$$\frac{\partial r}{\partial z} = \frac{z}{\sqrt{x^2 + y^2 + z^2}} = \frac{z}{r}.$$

例 4　已知理想气体的状态方程为 $PV = RT(R$ 为常数$)$,求证:

$$\frac{\partial P}{\partial V} \cdot \frac{\partial V}{\partial T} \cdot \frac{\partial T}{\partial P} = -1.$$

证　因为

$$P = \frac{RT}{V}, \frac{\partial P}{\partial V} = -\frac{RT}{V^2},$$

$$V = \frac{RT}{P}, \frac{\partial V}{\partial T} = \frac{R}{P},$$

$$T = \frac{PV}{R}, \frac{\partial T}{\partial P} = \frac{V}{R},$$

所以

$$\frac{\partial P}{\partial V} \cdot \frac{\partial V}{\partial T} \cdot \frac{\partial T}{\partial P} = -\frac{RT}{V^2} \cdot \frac{R}{P} \cdot \frac{V}{R} = -\frac{RT}{PV} = -1.$$

注　二元函数与一元函数的导数不同,偏导数的记号是一个整体记号,不能看作分子分母之商.

2. 高阶偏导数

设函数 $z = f(x, y)$ 在区域 D 内具有偏导数

$$\frac{\partial z}{\partial x} = f_x(x, y), \frac{\partial z}{\partial y} = f_y(x, y),$$

那么在 D 内 $f_x(x, y), f_y(x, y)$ 都是 x, y 的函数;如果这两个函数的偏导数也存在,则称它们是函数 $z = f(x, y)$ 的二阶偏导数.按照对变量求导次序的不同有下列四个二阶偏导数

$$\frac{\partial}{\partial x}\left(\frac{\partial z}{\partial x}\right) = \frac{\partial^2 z}{\partial x^2} = f_{xx}(x, y), \frac{\partial}{\partial y}\left(\frac{\partial z}{\partial x}\right) = \frac{\partial^2 z}{\partial x \partial y} = f_{xy}(x, y),$$

$$\frac{\partial}{\partial x}\left(\frac{\partial z}{\partial y}\right) = \frac{\partial^2 z}{\partial y \partial x} = f_{yx}(x, y), \frac{\partial}{\partial y}\left(\frac{\partial z}{\partial y}\right) = \frac{\partial^2 z}{\partial y^2} = f_{yy}(x, y).$$

其中 $\dfrac{\partial}{\partial y}\left(\dfrac{\partial z}{\partial x}\right) = \dfrac{\partial^2 z}{\partial x \partial y} = f_{xy}(x, y), \dfrac{\partial}{\partial x}\left(\dfrac{\partial z}{\partial y}\right) = \dfrac{\partial^2 z}{\partial y \partial x} = f_{yx}(x, y)$ 称为混合偏导数.

类似地可以定义三阶、四阶以及 n 阶偏导数.我们把二阶及二阶以上的偏导数统称为高阶偏导数.

例 5   设 $z = 3x^2y - 2x^3y^2 + 4y^2 + 5$, 求 z 的二阶偏导数.

解 $\dfrac{\partial z}{\partial x} = 6xy - 6x^2y^2, \dfrac{\partial z}{\partial y} = 3x^2 - 4x^3y + 8y,$

$$\dfrac{\partial^2 z}{\partial x^2} = 6y - 12xy^2, \dfrac{\partial^2 z}{\partial y^2} = -4x^3 + 8,$$

$$\dfrac{\partial^2 z}{\partial x \partial y} = 6x - 12x^2y, \dfrac{\partial^2 z}{\partial y \partial x} = 6x - 12x^2y.$$

由例 5 观察到两个二阶混合偏导数相等, 即

$$\dfrac{\partial^2 z}{\partial y \partial x} = \dfrac{\partial^2 z}{\partial x \partial y},$$

这个现象并不是偶然的, 事实上, 我们可以通过证明得出如下定理:

定理 1   如果函数 $z = f(x, y)$ 的两个二阶混合偏导数 $\dfrac{\partial^2 z}{\partial y \partial x}$ 及 $\dfrac{\partial^2 z}{\partial x \partial y}$ 在区域 D 内连续, 那么在该区域内这两个二阶混合偏导数必相等.

定理 1 表明: 二阶混合偏导数在连续的条件下与求偏导数的次序无关, 这给混合偏导数的计算带来了方便.

例 6   求 $z = x^2y$ 的二阶偏导数.

解 $$\dfrac{\partial z}{\partial x} = 2xy, \dfrac{\partial z}{\partial y} = x^2,$$

$$\dfrac{\partial^2 z}{\partial x^2} = 2y, \dfrac{\partial^2 z}{\partial y^2} = 0,$$

$$\dfrac{\partial^2 z}{\partial x \partial y} = 2x, \dfrac{\partial^2 z}{\partial y \partial x} = 2x.$$

3. 全微分

对于一元函数 $y = f(x)$, 我们定义其微分为函数增量 Δy 的线性主要部分. 用函数的微分代替函数的增量, 两者之差 $\Delta y - \mathrm{d}y$ 是一个比 Δx 高阶的无穷小. 对于多元函数, 我们也可以类似地讨论与其相应的概念.

一般地, 对于二元函数 $z = f(x, y)$, 在点 $P_0(x_0, y_0)$ 处, 给 x_0 以增量 Δx, 给 y_0 以增量 Δy, 则 z 相应的增量为

$$\Delta z = f(x_0 + \Delta x, y_0 + \Delta y) - f(x_0, y_0),$$

我们称之为全增量.

全增量 Δz 一般是 $\Delta x, \Delta y$ 的较为复杂的函数. 与一元函数的微分一样, 我们希望用自变量的全增量 $\Delta x, \Delta y$ 的线性函数来表示 Δz, 而且要求其误差很小. 下面看一个例子.

例 7　已知矩形的边长 x 与 y 分别由 x_0, y_0 变为 $x_0 + \Delta x, y_0 + \Delta y$,研究矩形面积 s 的全增量的表达式.

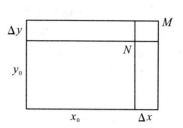

解　矩形面积 $s = xy$,面积 s 的全增量为

$$\Delta s = (x_0 + \Delta x)(y_0 + \Delta y) - x_0 y_0$$
$$= y_0 \Delta x + x_0 \Delta y + \Delta x \Delta y,$$

上述全增量 Δs 的表达式是 $y_0 \Delta x + x_0 \Delta y$ 和 $\Delta x \Delta y$ 两部分的和. 第一部分 $y_0 \Delta x + x_0 \Delta y$ 是 Δx、Δy 的线性函数,其中 Δx 的系数 y_0、Δy 的系数 x_0 是与 Δx、Δy 无关的常数. 从图可以看出,第二部分 $\Delta x \Delta y$ 比第一部分 $y_0 \Delta x + x_0 \Delta y$ 小得多. 显然,全增量 Δs 随着 Δx、Δy 一同成为无穷小量,且当 $\Delta x \to 0, \Delta y \to 0$ 时,点 M 到 N 的距离 $\rho = \sqrt{\Delta x^2 + \Delta y^2} \to 0$. 可以证明 $\Delta x \Delta y$ 是比 ρ 高阶的无穷小. 事实上,

$$\lim_{\substack{\Delta x \to 0 \\ \Delta y \to 0}} \frac{\Delta x \Delta y}{\rho} = \lim_{\substack{\Delta x \to 0 \\ \Delta y \to 0}} \Delta x \sin\theta = 0.$$

所以当 $|\Delta x|$、$|\Delta y|$ 很小时,可用 Δs 的第一部分 $y_0 \Delta x + x_0 \Delta y$ 作为它的近似值.

对于一般的二元函数来说,可以证明,只要当 $z = f(x, y)$ 在点 $P(x, y)$ 处具有连续的偏导数 $f_x(x, y)$ 及 $f_y(x, y)$,则函数 $z = f(x, y)$ 在点 $P(x, y)$ 处的全增量 Δz 可以表示为

$$\Delta z = f_x(x, y) \Delta x + f_y(x, y) \Delta y + \omega,$$

其中第一部分 $f_x(x, y) \Delta x + f_y(x, y) \Delta y$ 为 Δx、Δy 的线性函数,第二部分 $\omega = a_1 \Delta x + a_2 \Delta y$ 当 $\Delta x \to 0$ 且 $\Delta y \to 0$ 时,它是比 $\rho = \sqrt{\Delta x^2 + \Delta y^2}$ 高阶的无穷小. 因此,当 $|\Delta x|$、$|\Delta y|$ 很小时,可用 $f_x(x, y) \Delta x + f_y(x, y) \Delta y$ 作为全增量 Δz 的近似值,它们的误差只不过是比 ρ 高阶的无穷小.

定义 2　如果函数 $z = f(x, y)$ 在点 $P(x, y)$ 处具有连续的偏导数 $f_x(x, y)$ 及 $f_y(x, y)$,则称 Δz 的表达式的第一部分 $f_x(x, y) \Delta x + f_y(x, y) \Delta y$ 为函数 $z = f(x, y)$ 在点 $P(x, y)$ 处全微分,记作 $\mathrm{d}z$,即

$$\mathrm{d}z = f_x(x, y) \Delta x + f_y(x, y) \Delta y,$$

或写成

$$\mathrm{d}z = \frac{\partial z}{\partial x} \Delta x + \frac{\partial z}{\partial y} \Delta y.$$

又因为 x、y 是自变量,所以 $\Delta x = \mathrm{d}x$,$\Delta y = \mathrm{d}y$,所以 $\mathrm{d}z$ 可表示为

$$\mathrm{d}z = f_x(x, y) \mathrm{d}x + f_y(x, y) \mathrm{d}y,$$

其中 $f_x(x,y)\mathrm{d}x$ 称为函数 $z=f(x,y)$ 对 x 的偏微分，$f_y(x,y)\mathrm{d}y$ 为函数 $z=f(x,y)$ 对 y 的偏微分.

例 8　求函数 $z=4xy^3+5x^2y^2$ 的全微分.

解　因为

$$\frac{\partial z}{\partial x}=4y^3+10xy^2,\frac{\partial z}{\partial y}=12xy^2+10x^2y,$$

所以

$$\mathrm{d}z=(4y^3+10xy^2)\mathrm{d}x+(12xy^2+10x^2y)\mathrm{d}y.$$

例 9　计算函数 $z=\mathrm{e}^{xy}$ 在点 $(2,1)$ 处的全微分.

解　因为

$$\frac{\partial z}{\partial x}=y\mathrm{e}^{xy},\frac{\partial z}{\partial y}=x\mathrm{e}^{xy},$$

$$\frac{\partial z}{\partial x}\Big|_{\substack{x=2\\y=1}}=\mathrm{e}^2,\frac{\partial z}{\partial y}\Big|_{\substack{x=2\\y=1}}=2\mathrm{e}^2,$$

所以

$$\mathrm{d}z=\mathrm{e}^2\mathrm{d}x+2\mathrm{e}^2\mathrm{d}y.$$

全微分是多元函数所有的自变量都变化时，所引起的全增量的近似值，因此，在引进了全微分的概念后，就可以用它作为全增量的近似值来进行计算.

例 10　计算 $1.06^{2.01}$ 的近似值.

解　设函数 $z=f(x,y)=x^y$，令 $x_0=1,\Delta x=0.06,y_0=2,\Delta y=0.01$. 由全增量与全微分的关系可知，当 $|\Delta x|$、$|\Delta y|$ 很小时，

$$\Delta z=f(x_0+\Delta x,y_0+\Delta y)-f(x_0,y_0)\approx\mathrm{d}z=f_x(x_0,y_0)\Delta x+f_y(x,y)\Delta y,$$

即

$$f(x_0+\Delta x,y_0+\Delta y)\approx f(x_0,y_0)+f_x(x,y)\Delta x+f_y(x_0,y_0)\Delta y,$$

所以

$$1.06^{2.01}=f(1+0.06,2+0.01)$$
$$\approx f(1,2)+f_x(1,2)\cdot0.06+f_y(1,2)\cdot0.01$$
$$=1+2\times0.06+0\times0.01=1.12.$$

练习 7.2

1.求下列函数的偏导数：

(1) $z=x^2-2xy+y^3$；

(2) $z=x^{\sin y}$；

(3) $z=\dfrac{x^2+y^2}{xy}$；

(4) $z=\sqrt{\ln(xy)}$；

(5) $u=\left(\dfrac{x}{y}\right)^z$；

(6) $z=\mathrm{e}^x(\cos y+x\sin y)$.

2.设 $f(x,y)=x+y-\sqrt{x^2+y^2}$,求 $f_x(3,4)$, $f_y(3,4)$.

3.证明函数 $z=\ln(\sqrt{x}+\sqrt{y})$ 满足 $x\dfrac{\partial z}{\partial x}+y\dfrac{\partial z}{\partial y}=\dfrac{1}{2}$.

4.证明函数 $z=\dfrac{xy}{x+y}$ 满足 $x\dfrac{\partial z}{\partial x}+y\dfrac{\partial z}{\partial y}=z$.

5.求下列各函数的二阶偏导数:

(1) $z=\mathrm{e}^x\sin y$; (2) $z=\arctan\dfrac{y}{x}$; (3) $z=\ln(x+y^2)$.

6.证明函数 $z=\ln(x^2+y^2)$ 满足拉普拉斯方程:

$$\frac{\partial^2 z}{\partial x^2}+\frac{\partial^2 z}{\partial y^2}=0.$$

7.求下列函数的全微分:

(1) $z=\mathrm{e}^{\frac{y}{x}}$; (2) $z=\sqrt{\dfrac{x}{y}}$; (3) $z=\dfrac{y}{\sqrt{x^2+y^2}}$.

8.利用全微分计算 $1.97^{1.05}$ 的近似值.

§7.3 多元复合函数的求导法则

在一元函数的微分学中,我们介绍了复合函数的求导法则.对于多元复合函数,我们也有类似的结果.下面分几种情况来讨论.

1. 复合函数的中间变量均为一元函数的情形

定理 1 如果函数 $u=\varphi(t)$ 及 $v=\psi(t)$ 都在点 t 可导,函数 $z=f(u,v)$ 在对应点 (u,v) 具有连续偏导数,则复合函数 $z=f[\varphi(t),\psi(t)]$ 在点 t 可导,且有

$$\frac{\mathrm{d}z}{\mathrm{d}t}=\frac{\partial z}{\partial u}\cdot\frac{\mathrm{d}u}{\mathrm{d}t}+\frac{\partial z}{\partial v}\cdot\frac{\mathrm{d}v}{\mathrm{d}t}.$$

证明 当 t 取得增量 Δt 时,u、v 及 z 相应地也取得增量 Δu、Δv 及 Δz.由 $z=f(u,v)$、$u=\varphi(t)$ 及 $v=\psi(t)$ 的可微性,有

$$\Delta z=\frac{\partial z}{\partial u}\Delta u+\frac{\partial z}{\partial v}\Delta v+o(\rho)$$

$$=\frac{\partial z}{\partial u}\left[\frac{\mathrm{d}u}{\mathrm{d}t}\Delta t+o(\Delta t)\right]+\frac{\partial z}{\partial v}\left[\frac{\mathrm{d}v}{\mathrm{d}t}\Delta t+o(\Delta t)\right]+o(\rho)$$

$$=\left(\frac{\partial z}{\partial u}\cdot\frac{\mathrm{d}u}{\mathrm{d}t}+\frac{\partial z}{\partial v}\cdot\frac{\mathrm{d}v}{\mathrm{d}t}\right)\Delta t+\left(\frac{\partial z}{\partial u}+\frac{\partial z}{\partial v}\right)o(\Delta t)+o(\rho),$$

$$\frac{\Delta z}{\Delta t}=\frac{\partial z}{\partial u}\cdot\frac{\mathrm{d}u}{\mathrm{d}t}+\frac{\partial z}{\partial v}\cdot\frac{\mathrm{d}v}{\mathrm{d}t}+\left(\frac{\partial z}{\partial u}+\frac{\partial z}{\partial v}\right)\frac{o(\Delta t)}{\Delta t}+\frac{o(\rho)}{\Delta t},$$

令 $\Delta t \to 0$,上式两边取极限,即得

$$\frac{\mathrm{d}z}{\mathrm{d}t} = \frac{\partial z}{\partial u} \cdot \frac{\mathrm{d}u}{\mathrm{d}t} + \frac{\partial z}{\partial v} \cdot \frac{\mathrm{d}v}{\mathrm{d}t}.$$

用同样的方法,可以把定理推广到中间变量多于两个的情形,例如设 $z = f(u,v,w)$, $u = \varphi(t)$, $v = \psi(t)$, $w = \omega(t)$,则 $z = f[\varphi(t), \psi(t), \omega(t)]$ 对 t 的导数为

$$\frac{\mathrm{d}z}{\mathrm{d}t} = \frac{\partial z}{\partial u}\frac{\mathrm{d}u}{\mathrm{d}t} + \frac{\partial z}{\partial v}\frac{\mathrm{d}v}{\mathrm{d}t} + \frac{\partial z}{\partial w}\frac{\mathrm{d}w}{\mathrm{d}t}.$$

上述 $\dfrac{\mathrm{d}z}{\mathrm{d}t}$ 称为全导数.

2. 复合函数的中间变量均为多元函数的情形

定理 2　如果函数 $u = \varphi(x,y)$, $v = \psi(x,y)$ 在点 (x,y) 具有对 x 及 y 的偏导数,函数 $z = f(u,v)$ 在对应点 (u,v) 具有连续偏导数,则复合函数 $z = f[\varphi(x,y), \psi(x,y)]$ 在点 (x,y) 的两个偏导数存在,且有

$$\frac{\partial z}{\partial x} = \frac{\partial z}{\partial u} \cdot \frac{\partial u}{\partial x} + \frac{\partial z}{\partial v} \cdot \frac{\partial v}{\partial x}, \frac{\partial z}{\partial y} = \frac{\partial z}{\partial u} \cdot \frac{\partial u}{\partial y} + \frac{\partial z}{\partial v} \cdot \frac{\partial v}{\partial y}.$$

推广到三个中间变量的情形,设 $z = f(u,v,w)$, $u = \varphi(x,y)$, $v = \psi(x,y)$, $w = \omega(x,y)$,则

$$\frac{\partial z}{\partial x} = \frac{\partial z}{\partial u} \cdot \frac{\partial u}{\partial x} + \frac{\partial z}{\partial v} \cdot \frac{\partial v}{\partial x} + \frac{\partial z}{\partial w} \cdot \frac{\partial w}{\partial x}$$

$$= \frac{\partial z}{\partial u} \cdot \frac{\partial u}{\partial y} + \frac{\partial z}{\partial v} \cdot \frac{\partial v}{\partial y} + \frac{\partial z}{\partial w} \cdot \frac{\partial w}{\partial y}.$$

例 1　设 $z = uv + \sin t$,而 $u = \mathrm{e}^t$, $v = \cos t$. 求 $\dfrac{\mathrm{d}z}{\mathrm{d}t}$.

解
$$\frac{\mathrm{d}z}{\mathrm{d}t} = \frac{\partial z}{\partial u} \cdot \frac{\mathrm{d}u}{\mathrm{d}t} + \frac{\partial z}{\partial v} \cdot \frac{\mathrm{d}v}{\mathrm{d}t} + \frac{\partial z}{\partial t} = v\mathrm{e}^t - u\sin t + \cos t$$

$$= \mathrm{e}^t \cos t - \mathrm{e}^t \sin t + \cos t = \mathrm{e}^t(\cos t - \sin t) + \cos t.$$

例 2　设 $z = \mathrm{e}^u \sin v$,而 $u = xy$, $v = x + y$. 求 $\dfrac{\partial z}{\partial x}$ 和 $\dfrac{\partial z}{\partial y}$.

解
$$\frac{\partial z}{\partial x} = \frac{\partial z}{\partial u} \cdot \frac{\partial u}{\partial x} + \frac{\partial z}{\partial v} \cdot \frac{\partial v}{\partial x} = \mathrm{e}^u \sin v \cdot y + \mathrm{e}^u \cos v \cdot 1$$

$$= \mathrm{e}^{xy}[y\sin(x+y) + \cos(x+y)],$$

$$\frac{\partial z}{\partial y} = \frac{\partial z}{\partial u} \cdot \frac{\partial u}{\partial y} + \frac{\partial z}{\partial v} \cdot \frac{\partial v}{\partial y} = \mathrm{e}^u \sin v \cdot x + \mathrm{e}^u \cos v \cdot 1$$

$$= \mathrm{e}^{xy}[x\sin(x+y) + \cos(x+y)].$$

例 3　设 $z=f(u,v)$，而 $u=x^2+y^2$，$v=\dfrac{x}{y}$. 求 $\dfrac{\partial z}{\partial x}$ 和 $\dfrac{\partial z}{\partial y}$.

解　$\dfrac{\partial z}{\partial x}=\dfrac{\partial z}{\partial u}\cdot\dfrac{\partial u}{\partial x}+\dfrac{\partial z}{\partial v}\cdot\dfrac{\partial v}{\partial x}=\dfrac{\partial z}{\partial u}\cdot 2x+\dfrac{\partial z}{\partial v}\cdot\left(\dfrac{1}{y}\right),$

$\dfrac{\partial z}{\partial y}=\dfrac{\partial z}{\partial u}\cdot\dfrac{\partial u}{\partial y}+\dfrac{\partial z}{\partial v}\cdot\dfrac{\partial v}{\partial y}=\dfrac{\partial z}{\partial u}\cdot 2y+\dfrac{\partial z}{\partial v}\cdot\left(-\dfrac{x}{y^2}\right).$

例 4　求函数 $t=f(x,xy,xyz)$ 的偏导数.

解　设 $u=x$，$v=xy$，$w=xyz$，则有

$$\frac{\partial t}{\partial x}=\frac{\partial t}{\partial u}\cdot\frac{\partial u}{\partial x}+\frac{\partial t}{\partial v}\cdot\frac{\partial v}{\partial x}+\frac{\partial t}{\partial w}\cdot\frac{\partial w}{\partial x}=\frac{\partial t}{\partial u}+\frac{\partial t}{\partial v}\cdot y+\frac{\partial t}{\partial w}\cdot yz,$$

$$\frac{\partial t}{\partial y}=\frac{\partial t}{\partial u}\cdot\frac{\partial u}{\partial y}+\frac{\partial t}{\partial v}\cdot\frac{\partial v}{\partial y}+\frac{\partial t}{\partial w}\cdot\frac{\partial w}{\partial y}=\frac{\partial t}{\partial v}\cdot x+\frac{\partial t}{\partial w}\cdot xz,$$

$$\frac{\partial t}{\partial z}=\frac{\partial t}{\partial u}\cdot\frac{\partial u}{\partial z}+\frac{\partial t}{\partial v}\cdot\frac{\partial v}{\partial z}+\frac{\partial t}{\partial w}\cdot\frac{\partial w}{\partial z}=\frac{\partial t}{\partial w}\cdot xy.$$

注　有时候，为了表达简便，引入以下记号：

$$\frac{\partial t}{\partial u}=f'_1,\ \frac{\partial t}{\partial v}=f'_2,\ \frac{\partial t}{\partial w}=f'_3.$$

全微分形式不变性：

设 $z=f(u,v)$ 具有连续偏导数，则有全微分

$$\mathrm{d}z=\frac{\partial z}{\partial u}\mathrm{d}u+\frac{\partial z}{\partial v}\mathrm{d}v.$$

如果 $z=f(u,v)$ 具有连续偏导数，而 $u=\varphi(x,y)$，$v=\psi(x,y)$ 也具有连续偏导数，则

$$\mathrm{d}z=\frac{\partial z}{\partial x}\mathrm{d}x+\frac{\partial z}{\partial y}\mathrm{d}y=\left(\frac{\partial z}{\partial u}\frac{\partial u}{\partial x}+\frac{\partial z}{\partial v}\frac{\partial v}{\partial x}\right)\mathrm{d}x+\left(\frac{\partial z}{\partial u}\frac{\partial u}{\partial y}+\frac{\partial z}{\partial v}\frac{\partial v}{\partial y}\right)\mathrm{d}y$$

$$=\frac{\partial z}{\partial u}\left(\frac{\partial u}{\partial x}\mathrm{d}x+\frac{\partial u}{\partial y}\mathrm{d}y\right)+\frac{\partial z}{\partial v}\left(\frac{\partial v}{\partial x}\mathrm{d}x+\frac{\partial v}{\partial y}\mathrm{d}y\right)=\frac{\partial z}{\partial u}\mathrm{d}u+\frac{\partial z}{\partial v}\mathrm{d}v,$$

由此可见，无论 z 是自变量 u、v 的函数或中间变量 u、v 的函数，它的全微分形式是一样的. 这个性质叫做全微分形式不变性.

例 5　设 $z=\mathrm{e}^u\sin v$，而 $u=xy$，$v=x+y$，利用全微分形式不变性求全微分.

解

$$\mathrm{d}z=\frac{\partial z}{\partial u}\mathrm{d}u+\frac{\partial z}{\partial v}\mathrm{d}v=\mathrm{e}^u\sin v\,\mathrm{d}u+\mathrm{e}^u\cos v\,\mathrm{d}v$$

$$=\mathrm{e}^u\sin v\,(y\mathrm{d}x+x\mathrm{d}y)+\mathrm{e}^u\cos v\,(\mathrm{d}x+\mathrm{d}y)$$

$$=\mathrm{e}^{xy}[y\sin(x+y)+\cos(x+y)]\mathrm{d}x$$

$$+\mathrm{e}^{xy}[x\sin(x+y)+\cos(x+y)]\mathrm{d}y$$

练习 7.3

1. 设 $z = \dfrac{u+2v}{2u-v}$，而 $u = e^x, v = e^{-x}$. 求 $\dfrac{dz}{dx}$.

2. 设 $z = \dfrac{y}{x}$，而 $x = e^t, y = 1 - e^{2t}$. 求 $\dfrac{dz}{dt}$.

3. 设 $z = u^2 \ln v$，而 $u = \dfrac{x}{y}, v = 3x - 2y$. 求 $\dfrac{\partial z}{\partial x}$ 和 $\dfrac{\partial z}{\partial y}$.

4. 设 $z = \arctan \dfrac{x}{y}$，而 $x = u + v, y = u - v$. 验证 $\dfrac{\partial z}{\partial u} + \dfrac{\partial z}{\partial v} = \dfrac{u-v}{u^2+v^2}$.

5. 设 f 可微，求下列函数的一阶偏导数：

(1) $u = f(x^2 - y^2, xy)$； (2) $u = f\left(\dfrac{x}{y}, \dfrac{y}{z}\right)$； (3) $u = f(x - y^2, xy, xyz)$.

6. 设 $z = xy + xF(u)$，其中 $F(u)$ 可导，$u = \dfrac{y}{x}$. 证明

$$x \frac{\partial z}{\partial x} + y \frac{\partial z}{\partial y} = z + xy.$$

7. 设函数 $z = \dfrac{y}{f(x^2-y^2)}$，其中 $f(u)$ 为可导函数，验证

$$\frac{1}{x} \frac{\partial z}{\partial x} + \frac{1}{y} \frac{\partial z}{\partial y} = \frac{z}{y^2}.$$

8. 设 $z = (2x+y)^{x-2y}$，求 dz.

§7.4 隐函数微分法

在研究一元函数的微分法时，我们曾经介绍过隐函数的求导法. 现在我们给出一般一元隐函数的求导公式，并由此推出多个自变量的隐函数微分法.

1. 一元函数的隐函数

定理 1 设函数 $F(x, y)$ 在点 $P_0(x_0, y_0)$ 的某一邻域内具有连续偏导数，$F(x_0, y_0) = 0, F_y(x_0, y_0) \neq 0$，则方程 $F(x, y) = 0$ 在点 (x_0, y_0) 的某一邻域内恒能唯一确定一个连续且具有连续导数的函数 $y = f(x)$，它满足条件 $y_0 = f(x_0)$，并有

$$\frac{dy}{dx} = -\frac{F_x}{F_y}.$$

定理的结论我们不做证明，我们仅给出如下推导：

将 $y = f(x)$ 代入 $F(x, y) = 0$，得恒等式

$$F(x, f(x)) \equiv 0,$$

等式两边对 x 求导得

$$\frac{\partial F}{\partial x} + \frac{\partial F}{\partial y} \cdot \frac{\mathrm{d}y}{\mathrm{d}x} = 0,$$

由于 F_y 连续,且 $F_y(x_0, y_0) \neq 0$,所以存在 (x_0, y_0) 的一个邻域,在这个邻域里 $F_y \neq 0$,于是得

$$\frac{\mathrm{d}y}{\mathrm{d}x} = -\frac{F_x}{F_y}.$$

例 1　求由方程 $\sin y + \mathrm{e}^x = xy^2$ 所确定的 y 对 x 的导数.

解　令 $F(x, y) = \sin y + \mathrm{e}^x - xy^2$,求出

$$\frac{\partial F}{\partial x} = \mathrm{e}^x - y^2, \frac{\partial F}{\partial y} = \cos y - 2xy,$$

所以

$$\frac{\mathrm{d}y}{\mathrm{d}x} = -\frac{\mathrm{e}^x - y^2}{\cos y - 2xy}.$$

2. 二元函数的隐函数

隐函数存在定理还可以推广到多元函数. 一个二元方程 $F(x, y) = 0$ 可以确定一个一元隐函数,一个三元方程 $F(x, y, z) = 0$ 可以确定一个二元隐函数.

定理 2　设函数 $F(x, y, z)$ 在点 $P_0(x_0, y_0, z_0)$ 的某一邻域内具有连续的偏导数,且 $F(x_0, y_0, z_0) = 0$,$F_z(x_0, y_0, z_0) \neq 0$,则方程 $F(x, y, z) = 0$ 在点 (x_0, y_0, z_0) 的某一邻域内恒能唯一确定一个连续且具有连续偏导数的函数 $z = f(x, y)$,它满足条件 $z_0 = f(x_0, y_0)$,并有

$$\frac{\partial z}{\partial x} = -\frac{F_x}{F_z}, \frac{\partial z}{\partial y} = -\frac{F_y}{F_z}.$$

与定理 1 类似,我们有如下推导:

将 $z = f(x, y)$ 代入 $F(x, y, z) = 0$,得

$$F(x, y, f(x, y)) \equiv 0,$$

将上式两端分别对 x 和 y 求导,得

$$F_x + F_z \cdot \frac{\partial z}{\partial x} = 0, F_y + F_z \cdot \frac{\partial z}{\partial y} = 0,$$

因为 F_z 连续且 $F_z(x_0, y_0, z_0) \neq 0$,所以存在点 (x_0, y_0, z_0) 的一个邻域,使 $F_z \neq 0$,于是得

$$\frac{\partial z}{\partial x} = -\frac{F_x}{F_z}, \frac{\partial z}{\partial y} = -\frac{F_y}{F_z}.$$

例 2　求由方程 $\mathrm{e}^{-xy} + \mathrm{e}^z = 2z$ 所确定的函数 z 对 x 和 y 的偏导数.

解 设 $F(x,y,z)=\mathrm{e}^{-xy}+\mathrm{e}^z-2z$,则

$$F_x=-y\mathrm{e}^{-xy},F_y=-x\mathrm{e}^{-xy},F_z=\mathrm{e}^z-2,$$

所以

$$\frac{\partial z}{\partial x}=-\frac{F_x}{F_z}=-\frac{y\mathrm{e}^{-xy}}{\mathrm{e}^z-2},\frac{\partial z}{\partial y}=-\frac{F_y}{F_z}=-\frac{x\mathrm{e}^{-xy}}{\mathrm{e}^z-2}.$$

练习 7.4

1. 设 $\sin y+\mathrm{e}^x=xy^2$,求 $\dfrac{\mathrm{d}y}{\mathrm{d}x}$.

2. 设 $\ln\sqrt{x^2+y^2}=\arctan\dfrac{y}{x}$,求 $\dfrac{\mathrm{d}y}{\mathrm{d}x}$.

3. 设 $x+2y+z-2\sqrt{xyz}=0$,求 $\dfrac{\partial z}{\partial x}$ 和 $\dfrac{\partial z}{\partial y}$.

4. 设 $\dfrac{x}{z}=\ln\dfrac{y}{z}$,求 $\dfrac{\partial z}{\partial x}$ 和 $\dfrac{\partial z}{\partial y}$.

5. 设 $\mathrm{e}^z=xyz$,求 $\dfrac{\partial z}{\partial x}$ 和 $\dfrac{\partial z}{\partial y}$.

6. 设 $x^2+y^2+z^2=yf\left(\dfrac{z}{y}\right)$,其中 $f(u)$ 可导,求 $\dfrac{\partial z}{\partial x}$ 和 $\dfrac{\partial z}{\partial y}$.

7. 设 $2\sin(x+2y-3z)=x+2y-3z$,证明 $\dfrac{\partial z}{\partial x}+\dfrac{\partial z}{\partial y}=1$.

§7.5　多元函数的极值

在实际问题中,往往会遇到求多元函数的最大值、最小值的问题. 与一元函数的极值相类似,多元函数的最大值、最小值与极大值、极小值有着紧密的联系. 下面我们以二元函数为例来讨论多元函数的极值问题.

1. 二元函数极值的概念

定义 1 设函数 $z=f(x,y)$ 在点 $P_0(x_0,y_0)$ 的某邻域内有定义,对于该邻域内的异于点 $P_0(x_0,y_0)$ 的任一点 $P(x,y)$,如果

$$f(x,y)<f(x_0,y_0),$$

则称函数 $f(x,y)$ 在点 $P_0(x_0,y_0)$ 有极大值,点 $P_0(x_0,y_0)$ 称为函数 $f(x,y)$ 的极大值点;如果

$$f(x,y)>f(x_0,y_0),$$

则称函数 $f(x,y)$ 在点 $P_0(x_0,y_0)$ 有极小值,点 $P_0(x_0,y_0)$ 称为函数 $f(x,y)$ 的极小值点. 极大值与极小值统称为极值,使函数取得极值的点称为极值点.

　　显然,二元函数的极值也是一个局部范围内的概念. 二元函数 $z=f(x,y)$ 在点 $P_0(x_0,y_0)$ 取得极大值,就表示二元函数 $z=f(x,y)$ 的曲面上,对于点 $P_0(x_0,y_0)$ 的对应点 $M_0(x_0,y_0,z_0)$ 的坐标 $z_0=f(x_0,y_0)$,大于 $P_0(x_0,y_0)$ 附近其他个点对应的曲面上的坐标,即曲面出现了如"山峰"的顶点. 类似地具有极小值的函数,它的曲面上出现如"山谷"的底点.

　　例 1　函数 $z=\sqrt{1-x^2-y^2}$ 在点 $(0,0)$ 处有极大值. 从几何上看,$z=\sqrt{1-x^2-y^2}$.

　　表示以原点为球心,半径为 1 的上半球面,点 $(0,0,1)$ 是它的顶点.

　　例 2　函数 $z=2x^2+3y^2$ 在点 $(0,0)$ 处有极小值,从几何上看,$z=2x^2+3y^2$ 表示一个开口朝上的椭圆抛物面,点 $(0,0,0)$ 是它的顶点.

　　与导数在一元函数极值研究中的作用一样,偏导数也是研究多元函数极值的主要手段. 如果二元函数 $z=f(x,y)$ 在点 $P_0(x_0,y_0)$ 处取得极值,那么固定 $y=y_0$,一元函数 $z=f(x,y_0)$ 在 $x=x_0$ 点处必取得相同的极值;同理,固定 $x=x_0$,$z=f(x_0,y)$ 在 $y=y_0$ 处必取得相同的极值.

　　定理 1（函数有极值的必要条件）

　　如果函数 $z=f(x,y)$ 在点 $P_0(x_0,y_0)$ 有极值,并且 $f(x,y)$ 在点 $P_0(x_0,y_0)$ 可偏导,则它在该点处的偏导数必然为零,即
$$f_x(x_0,y_0)=0,\quad f_y(x_0,y_0)=0.$$

　　与一元函数类似,对于多元函数,凡是能使一阶偏导数同时为零的点称为函数的驻点.

　　定理 2（函数有极值的充分条件）

　　设函数 $z=f(x,y)$ 在点 $P_0(x_0,y_0)$ 的某邻域内有直到二阶的连续偏导数,又 $f_x(x_0,y_0)=0,f_y(x_0,y_0)=0.$ 令
$$f_{xx}(x_0,y_0)=A,\quad f_{xy}(x_0,y_0)=B,\quad f_{yy}(x_0,y_0)=C.$$

　　(1)当 $AC-B^2>0$ 时,$f(x_0,y_0)$ 是极值,且当 $A>0$ 时有极小值,当 $A<0$ 时有极大值;

　　(2)当 $AC-B^2<0$ 时,$f(x_0,y_0)$ 不是极值;

　　(3)当 $AC-B^2=0$ 时,$f(x_0,y_0)$ 是否为极值需另作讨论.

　　根据定理 1 和定理 2,求函数 $z=f(x,y)$ 极值的一般步骤为:

　　第一步解方程组 $f_x(x_0,y_0)=0,f_y(x_0,y_0)=0,$ 求出所有驻点;

　　第二步对于每一个驻点 $P_0(x_0,y_0)$,求出二阶偏导数的值 A、B、C;

　　第三步定出 $AC-B^2$ 的符号,再判定是否是极值.

　　例 3　求函数 $f(x,y)=-x^4-y^4+4xy-1$ 的极值.

解　解方程组
$$\begin{cases} f_x(x,y)=-4x^3+4y=0 \\ f_y(x,y)=-4y^3+4x=0 \end{cases},$$

得驻点 $(0,0),(1,1),(-1,-1)$，又
$$f_{xx}(x,y)=-12x^2,\ f_{xy}(x,y)=4,\ f_{yy}(x,y)=-12y^2,$$

在点 $(0,0)$，$AC-B^2=-16$，所以 $f(0,0)$ 不是极值；

在点 $(1,1)$，$AC-B^2=128$，所以 $f(1,1)=1$ 是极大值；

在点 $(-1,-1)$，$AC-B^2=128$，所以 $f(1,1)=1$ 是极大值.

与一元函数相类似，我们可以利用函数的极值来求函数的最大值和最小值.

求最值的一般方法是，将函数在 D 内的所有驻点处的函数值及在 D 的边界上的最大值和最小值相互比较，其中最大者即为最大值，最小者即为最小值.

例 4　求二元函数 $z=f(x,y)=x^2y(4-x-y)$，在直线 $x+y=6$，x 轴和 y 轴所围成的闭区域 D 上的最大值与最小值.

解　先求函数在 D 内的驻点，解方程组
$$\begin{cases} f_x(x,y)=2xy(4-x-y)-x^2y=0 \\ f_y(x,y)=x^2(4-x-y)-x^2y=0 \end{cases}$$

得区域 D 内唯一驻点 $(2,1)$，且 $f(2,1)=4$；再求 $f(x,y)$ 在 D 边界上的最值，在边界 $x=0$ 和 $y=0$ 上 $f(x,y)=0$；在边界 $x+y=6$ 上，$f(x,y)=x^2(6-x)(-2)$，由
$$f_x=4x(x-6)+2x^2=0,$$

得 $x_1=0,x_2=4\Rightarrow y=6-x|_{x=4}=2,f(4,2)=-64.$

比较后可知 $f(2,1)=4$ 为最大值，$f(4,2)=-64$ 为最小值.

例 5　某厂要用铁板做一个体积为 $2m^3$ 的有盖长方体水箱. 问当长、宽、高各取怎样的尺寸时才能使用料最省？

解　设水箱的长为 x m，宽为 y m，则其高应为 $\dfrac{2}{xy}$ m. 此水箱所用材料的面积
$$A=2\left(xy+y\cdot\frac{2}{xy}+x\cdot\frac{2}{xy}\right),$$

即
$$A=2\left(xy+\frac{2}{x}+\frac{2}{y}\right)\quad(x>0,y>0),$$

令

$$\begin{cases} A_x = 2\left(y - \dfrac{2}{x^2}\right) = 0, \\ A_y = 2\left(x - \dfrac{2}{y^2}\right) = 0. \end{cases}$$

解这方程组,得

$$x = \sqrt[3]{2}, y = \sqrt[3]{2}.$$

因此,当 $x = \sqrt[3]{2}, y = \sqrt[3]{2}, z = \sqrt[3]{2}$ 时,A 取最小值. 也就是说,当水箱的长、宽、高都为 $\sqrt[3]{2}m$ 时,水箱所用材料最省.

例 6 某工厂生产两种产品 A 与 B,出售单价分别是 10 元和 9 元,生产 x 单位产品 A 和 y 单位产品 B 的总费用是

$$c = 400 + 2x + 3y + 0.01(3x^2 + xy + 3y^2),$$

求取得最大利润时两种产品的产量.

解 设生产 x 单位产品 A 和 y 单位产品 B 时的利润函数为 $L(x, y)$,则有

$$L(x, y) = 8x + 6y - 400 - 0.01(3x^2 + xy + 3y^2),$$

令

$$\begin{cases} L_x = 8 - 0.01(6x + y) = 0, \\ L_y = 6 - 0.01(x + 6y) = 0, \end{cases}$$

解得 $x = 120, y = 80$. 即当生产 120 单位产品 A 和 80 单位产品 B 时产生的利润最大.

2. 条件极值

前面所讨论的极值,对于函数的自变量一般只要求其在定义域内,并无其他限制条件,这类极值我们称为无条件极值. 但在实际问题中,常会遇到对函数的自变量还有附加条件的极值问题.

例如,小王有 200 元钱,他决定用来购买两种急需物品:计算机磁盘和录音磁带. 设他购买 x 张磁盘,y 盒录音磁带,效果函数为 $u(x, y) = \ln x + \ln y$. 又已知每张磁盘 8 元,每盒磁带 10 元,问他如何分配这 200 元以达到最佳效果?

问题的实质是求 $u(x, y) = \ln x + \ln y$ 在条件 $8x + 10y = 200$ 下的极值. 像这种对自变量有附加条件的极值称为条件极值.

对于有些条件极值问题,我们可以把条件极值转化为无条件极值来求解. 例如上述问题,从条件 $8x + 10y = 200$ 中解出

$$y=\frac{1}{10}(200-8x),$$

则问题就转化为

$$u=\ln\frac{x}{10}(200-8x),$$

的无条件极值.

但是在大多数情况下,将条件极值转化为无条件极值并不简单. 此时,我们一般会用到下面介绍的拉格朗日乘数法.

设函数 $f(x,y)$ 与 $\varphi(x,y)$ 在所考察的区域内具有一阶连续的偏导数,则求目标函数 $f(x,y)$ 在条件 $\varphi(x,y)=0$ 下的条件极值问题,可以转化为求拉格朗日函数

$$L(x,y,\lambda)=f(x,y)+\lambda\varphi(x,y),$$

(其中 λ 是参数)的无条件极值问题.

求解这个问题的拉格朗日乘数法具体步骤为:

(1)构造拉格朗日函数

$$L(x,y,\lambda)=f(x,y)+\lambda\varphi(x,y),$$

(2)由方程组

$$\begin{cases} L_x=f_x(x,y)+\lambda\varphi_x(x,y)=0,\\ L_y=f_y(x,y)+\lambda\varphi_y(x,y)=0,\\ L_\lambda=\varphi(x,y)=0. \end{cases}$$

求出 x,y 以及 λ,那么点 (x,y) 是目标函数 $f(x,y)$ 在约束条件 $\varphi(x,y)=0$ 下的可能极值点.

例7 求从原点到曲面 $(x-y)^2-z^2=1$ 的最短距离.

解 设目标函数为 $f(x,y,z)=x^2+y^2+z^2$,作拉格朗日函数

$$L(x,y,z,\lambda)=x^2+y^2+z^2+\lambda((x-y)^2-z^2-1),$$

求解方程组

$$\begin{cases} L_x=2x+2\lambda(x-y)=0,\\ L_y=2y-2\lambda(x-y)=0,\\ L_z=2z-2\lambda z=0,\\ (x-y)^2-z^2=1. \end{cases}$$

得 $z=0$ 或 $\lambda=1$.

当 $\lambda=1$ 时,$x=y=0$,z 无实数解;当 $z=0$ 时,$x=\pm\frac{1}{2}$,$y=\mp\frac{1}{2}$,于是得两个可能极值点 $M_1\left(\frac{1}{2},-\frac{1}{2},0\right)$,$M_2\left(-\frac{1}{2},\frac{1}{2},0\right)$. 由于最短距离

必然存在,必在 M_1,M_2 处取得,所以

$$|OM_1| = |OM_2| = \sqrt{\left(\pm\frac{1}{2}\right)^2 + \left(\pm\frac{1}{2}\right)^2 + 0^2} = \frac{1}{\sqrt{2}}$$

即为所求的最短距离.

例 8 某企业生产一产品,生产函数为 $Q = 30xy$,其中投入 x 与 y 的价格分别为 25 元和 16 元,已知生产费用预算为 5000 元,试问如何安排生产使产量最高?

解 投入费用(成本)为 $25x + 16y = 0$,设拉格朗日函数为

$$L(x,y,\lambda) = 30xy + \lambda(25x + 16y - 5000),$$

求解方程组

$$\begin{cases} L_x = 30y + 25\lambda = 0, \\ L_y = 30x + 16\lambda = 0, \\ L_\lambda = 25x + 16y - 5000 = 0. \end{cases}$$

得到

$$x = 100, y = 156.25.$$

由于只有一个驻点 $(100, 156.25)$,所以根据该问题的性质,当投入 x 为 100 个单位,y 为 156.25 个单位时其产量最高,最高产量为 $Q = 468750$ 元.

练习 7.5

1. 求下面函数的极值:

(1) $f(x,y) = x^3 + y^3 - 3xy$;

(2) $f(x,y) = x^4 + y^4 - x^2 - 2xy - y^2$;

(3) $f(x,y) = e^{2x}(x + 2y^2 + 2y)$;

(4) $f(x,y) = 4(x - y) - x^2 - y^2$.

2. 求函数 $z = xy$ 在条件 $x + y = 1$ 下的极值.

3. 求表面积为 a^2 而体积最大的长方体的体积.

4. 在平面 xOy 上求一点,使它到 $x = 0$,$y = 0$ 及 $x + 2y - 16 = 0$ 三直线的平均距离之和为最小.

5. 设某工厂生产某产品的数量 S 与所用的两种原料 A,B 的数量 x,y 间有关系式 $S(x,y) = 0.005x^2y$,现用 150 万元购置原料,已知 A,B 原料每吨单价分别为 1 万元和 2 万元,问购进两种原料各多少,才能使生产的数量最多?

6. 某厂生产甲、乙两种产品,其销售单位价分别为 10 万元和 9 万元,若生产 x 件甲产品和 y 件乙产品的总成本为:

$$C = 400 + 2x + 3y + 0.01(2x^2 + xy + 3y^2)(万元)$$

又已知两种产品的总产量为 100 件,求企业获得最大利润时两种产品的产量.

本章小结

1. 多元函数的极限与连续性

多元函数的极限的复杂性,主要是因为自变量变化趋势的多样性造成的. 我们不能因为

$p(x,y)$ 以某些特殊的方式趋于 $p_0(x_0,y_0)$ 时,函数无限接近于某一确定值,就断定函数的极限存在. 但反过来,如果 $p(x,y)$ 以不同方式趋于不同值,我们可以断定函数极限不存在. 借助于一元函数极限求法我们可以求多元函数的极限. 多元函数在其定义区域内是连续的,闭区间上连续的多元函数与一元函数有相类似的性质.

2. 偏导数

多元函数偏导数本质上还是函数(偏)增量与自变量增量之比的极限. 多元函数关于某个

自变量求偏导数时,是把其他自变量看作是常数,然后利用一元函数求导的方法对这个自变量求导得到的.

3. 全微分

要特别注意,多元函数在某点可微与该点的偏导数存在性不等价. 若可微,则偏导数必存

在;反过来,未必成立.

4. 复合函数与隐函数的微分

用链式法则求复合函数的偏导数,关键要把握好函数间的复合关系,这是重点也是难点.

5. 偏导数的应用

要熟悉利用偏导数求无条件极值的方法及一般步骤;了解拉格朗日乘数法求条件极值问题.

第 7 章综合练习题

1.在"充分"、"必要"和"充分必要"三者之间选择一个正确的填入下列空格内:

(1) $f(x,y)$ 在点 (x,y) 可微分是 $f(x,y)$ 在该点连续的 _____ 条件,$f(x,y)$ 在点 (x,y) 连续是 $f(x,y)$ 在该点可微分 _____ 条件;

(2) $z=f(x,y)$ 在点 (x,y) 的偏导数 $\dfrac{\partial z}{\partial x}$ 和 $\dfrac{\partial z}{\partial y}$ 存在是 $f(x,y)$ 在该点可微分 ____ 条件,$z=f(x,y)$ 在点 (x,y) 可微分是函数在该点的偏导数 $\dfrac{\partial z}{\partial x}$ 和 $\dfrac{\partial z}{\partial y}$ 存在 ____ 条件;

(3)函数 $z=f(x,y)$ 的两个二阶混合偏导数 $\dfrac{\partial^2 z}{\partial x \partial y}$ 和 $\dfrac{\partial^2 z}{\partial y \partial x}$ 在区域 D 内连续是这两个混合偏导数在 D 内相等的 _____ 条件.

2.求下列函数的定义域,并用平面图形表示出来:

(1) $z=\arcsin \dfrac{x}{y}$;　　(2) $z=\sqrt{y^2-4x+8}$;　　(3) $z=\ln\left(2-\dfrac{y}{x}\right)$.

3.求下列函数的偏导数:

(1) $z=\arctan \dfrac{y^2}{x}$;　　(2) $z=\sin xy+\cos^2 xy$;　　(3) $z=\sqrt{\ln xy}$;

(4) $z=(1+xy)^y$;　　(5) $u=x^{\frac{y}{z}}$.

4.求下列函数所有的二阶偏导数:

(1) $z=x\ln xy$;　　　　(2) $z=y^x$;　　　　　　(3) $z=\dfrac{y}{x}\sin \dfrac{x}{y}$.

5.求下列函数的全微分:

(1) $z=xy+\dfrac{y}{x}$;　　(2) $z=\dfrac{y}{\sqrt{x^2+y^2}}$;　　　　(3) $u=x^{yz}$.

6.设 $z=\sin x+F(\sin y-\sin x)$,证明:

$$\frac{\partial z}{\partial x}\cos y+\frac{\partial z}{\partial y}\cos x=\cos x\cos y.$$

7.求平面 $\dfrac{x}{3}+\dfrac{y}{4}+\dfrac{z}{5}=1$ 和柱面 $x^2+y^2=1$ 的交线上与 xOy 平面距离最短的点.

8.某厂家生产的一种产品同时在两个市场销售,售价分别为 p_1 和 p_2,销售量分别为 q_1 和 q_2,需求函数分别为

$$q_1=24-0.2p_1,\quad q_2=10-0.05p_2,$$

总成本函数为

$$C=35+40(q_1+q_2).$$

试问:厂家如何确定两个市场售价,能使其获得最大利润? 最大利润为多少?

9.要建造一座长方形的小房子,其体积为 $150\ m^3$,已知前墙和屋顶的每单位面积的造价是其他墙身造价的 3 倍和 1.5 倍,问房子的前墙的长度和房子的高度为多少时,房子的造价最小?

第 8 章

二重积分

在一元积分学中,我们知道定积分是从实践中抽象出来的概念,它是某种确定形式的和的极限.与定积分类似,二重积分也是一种"和式的极限".所不同的是:定积分的被积函数是一元函数,积分范围是一个区间;二重积分的被积函数是一个二元函数,积分范围是平面上的一个区域.它们之间具有密切联系,二重积分可以通过定积分来计算.

§8.1 二重积分的概念与性质

1.二重积分的概念

例 1   曲顶柱体的体积

设有一立体,它的底是 xOy 面上的闭区域 D,它的侧面是以 D 的边界曲线为准线而母线平行于 z 轴的柱面,它的顶是曲面 $z=f(x,y)$,这里 $f(x,y)\geqslant 0$ 且在 D 上连续.这种立体叫做曲顶柱体(见图 8-1(a)).现在我们来讨论如何计算曲顶柱体的体积.

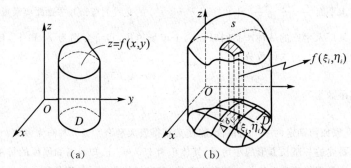

(a)   (b)

图 8-1

我们知道平顶柱体的高不变,它的体积可用公式:

体积＝底面积×高

来计算.但曲顶柱体的高是变化的,不能按上述公式来计算体积.我们回忆一下在求曲边梯形面积时,也曾遇到过这类问题,当时我们是这样解决问题的:先在局部上"以直代曲"求得曲边梯形面积的近似值;然后通过取极限,由近似值得到精确值.下面我们仍用这种思考问题的方法来求曲顶柱体的体积.

首先,用一组曲线网把 D 分成 n 个小区域:

$$\Delta\sigma_1,\cdots,\Delta\sigma_n,$$

分别以这些小闭区域的边界曲线为准线,作母线平行于 z 轴的柱面,这些柱面把原来的曲顶柱体分为 n 个细曲顶柱体.在每个 $\Delta\sigma_i$ 中任取一点 (ξ_i,η_i),以 $f(\xi_i,\eta_i)$ 为高而底为 $\Delta\sigma_i$ 的平顶柱体(见图 $8-1(b)$)的体积为

$$f(\xi_i,\eta_i)\Delta\sigma_i,$$

所以,这个平顶柱体体积之和

$$\sum_{i=1}^{n}f(\xi_i,\eta_i)\Delta\sigma_i,$$

可以认为是整个曲顶柱体体积的近似值.为求得曲顶柱体体积的精确值,将分割加密,只需取极限,即

$$V=\lim_{\lambda\to0}\sum_{i=1}^{n}f(\xi_i,\eta_i)\Delta\sigma_i,$$

其中 λ 是各个小区域的直径中的最大值.

例 2　平面薄片的质量

设有一平面薄片占有 xOy 面上的闭区域 D,它在点 (x,y) 处的面密度为 $\rho(x,y)$,这里 $\rho(x,y)>0$ 且在 D 上连续.现在要计算该薄片的质量 M.

用一组曲线网把 d 分成 n 个小区域

$$\Delta\sigma_1,\cdots,\Delta\sigma_n,$$

把各小块的质量近似地看作均匀薄片的质量

$$\rho(\xi_i,\eta_i)\Delta\sigma_i,$$

各小块质量的和作为平面薄片的质量的近似值

$$M\approx\sum_{i=1}^{n}\rho(\xi_i,\eta_i)\Delta\sigma_i.$$

将分割加细,取极限,得到平面薄片的质量

$$M=\lim_{\lambda\to0}\sum_{i=1}^{n}\rho(\xi_i,\eta_i)\Delta\sigma_i,$$

其中 λ 是各个小区域的直径中的最大值.

上面两个问题的实际意义虽然不同,但是所求量都归结为同一形式的和的极限.在物理、力学、几何和工程技术中,有许多物理量或几何量

都可归结为这一形式和的极限.

定义 1　设 $f(x,y)$ 是有界闭区域 D 上的有界函数.将闭区域 D 任意分成 n 个小闭区域

$$\Delta\sigma_1,\cdots,\Delta\sigma_n$$

其中 $\Delta\sigma_i$ 表示第 i 个小区域,也表示它的面积.在每个 $\Delta\sigma_i$ 上任取一点 (ξ_i,η_i),作和

$$\sum_{i=1}^n f(\xi_i,\eta_i)\Delta\sigma_i.$$

如果当各小闭区域的直径中的最大值 λ 趋于零时,这和的极限总存在,则称此极限为函数 $f(x,y)$ 在闭区域 D 上的二重积分,记作 $\iint\limits_D f(x,y)\mathrm{d}\sigma$,即

$$\iint\limits_D f(x,y)\mathrm{d}\sigma = \lim_{\lambda\to 0}\sum_{i=1}^n f(\xi_i,\eta_i)\Delta\sigma_i.$$

$f(x,y)$ 称为被积函数,$f(x,y)\mathrm{d}\sigma$ 称为被积表达式,$\mathrm{d}\sigma$ 称为面积元素,x, y 称为积分变量,D 称为积分区域.$\sum_{i=1}^n f(\xi_i,\eta_i)\Delta\sigma_i$ 称为积分和.

如果在直角坐标系中用平行于坐标轴的直线网来划分 D,那么除了包含边界点的一些小闭区域外,其余的小闭区域都是矩形闭区域.设矩形闭区域 $\Delta\sigma_i$ 的边长为 Δx_i 和 Δy_i,则 $\Delta\sigma_i=\Delta x_i\Delta y_i$,因此在直角坐标系中,有时也把面积元素 $\mathrm{d}\sigma$ 记作 $\mathrm{d}x\mathrm{d}y$,而把二重积分记作

$$\iint\limits_D f(x,y)\mathrm{d}x\mathrm{d}y.$$

其中 $\mathrm{d}x\mathrm{d}y$ 叫做直角坐标系中的面积元素.

二重积分的存在性:当 $f(x,y)$ 在闭区域 D 上连续时,积分和的极限是存在的,也就是说函数 $f(x,y)$ 在 D 上的二重积分必定存在.我们总假定函数 $f(x,y)$ 在闭区域 D 上连续,所以 $f(x,y)$ 在 D 上的二重积分都是存在的.

二重积分的几何意义:如果 $f(x,y)\geqslant 0$,被积函数 $f(x,y)$ 可解释为曲顶柱体的在点 (x,y) 处的竖坐标,所以二重积分的几何意义就是曲顶柱体的体积.如果 $f(x,y)$ 是负的,柱体就在 xOy 面的下方,二重积分的绝对值仍等于曲顶柱体的体积,但二重积分的值是负的.

2.二重积分的性质

二重积分也与一元函数的定积分有相类似的性质,而且证明也与定积分的性质证明类似.

性质 1　设 c_1、c_2 为常数,则

$$\iint\limits_{D}[c_1 f(x,y) + c_2 g(x,y)]\mathrm{d}\sigma = c_1\iint\limits_{D}f(x,y)\mathrm{d}\sigma + c_2\iint\limits_{D}g(x,y)\mathrm{d}\sigma.$$

此性质表明二重积分满足线性运算.

性质 2　如果闭区域 D 被有限条曲线分为有限个部分闭区域,则在 D 上的二重积分等于在各部分闭区域上的二重积分的和. 例如 D 分为两个闭区域 D_1 与 D_2,则

$$\iint\limits_{D}f(x,y)\mathrm{d}\sigma = \iint\limits_{D_1}f(x,y)\mathrm{d}\sigma + \iint\limits_{D_2}f(x,y)\mathrm{d}\sigma.$$

此性质表明二重积分对于积分区域具有可加性.

性质 3　$\iint\limits_{D}1 \cdot \mathrm{d}\sigma = \iint\limits_{D}\mathrm{d}\sigma = \sigma(\sigma$ 为 D 的面积$)$.

性质 4　如果在 D 上,$f(x,y) \leqslant g(x,y)$,则有不等式

$$\iint\limits_{D}f(x,y)\mathrm{d}\sigma \leqslant \iint\limits_{D}g(x,y)\mathrm{d}\sigma.$$

特殊地

$$\left|\iint\limits_{D}f(x,y)\mathrm{d}\sigma\right| \leqslant \iint\limits_{D}|f(x,y)|\mathrm{d}\sigma.$$

性质 5　设 M、m 分别是 $f(x,y)$ 在闭区域 D 上的最大值和最小值,σ 为 D 的面积,则有

$$m\sigma \leqslant \iint\limits_{D}f(x,y)\mathrm{d}\sigma \leqslant M\sigma.$$

此性质称为二重积分的估值定理.

性质 6　设函数 $f(x,y)$ 在闭区域 D 上连续,σ 为 D 的面积,则在 D 上至少存在一点 (ξ,η) 使得

$$\iint\limits_{D}f(x,y)\mathrm{d}\sigma = f(\xi,\eta)\sigma.$$

此性质称为二重积分的中值定理.

练习 8.1

1.利用二重积分的定义证明 $\iint\limits_{D}\mathrm{d}\sigma = \sigma$,其中 σ 为 D 的面积.

2.根据二重积分的性质比较积分 $\iint\limits_{D}\ln(x+y)\mathrm{d}\sigma$ 与 $\iint\limits_{D}[\ln(x+y)]^2\mathrm{d}\sigma$ 的大小,其中 $D = \{(x,y) \mid 3 \leqslant x \leqslant 5, 0 \leqslant y \leqslant 1\}$.

3.根据二重积分的性质估计积分 $I = \iint\limits_{D}(x^2 + 4y^2 + 9)\mathrm{d}\sigma$,其中 $D = \{(x,y) \mid x^2 + y^2 \leqslant 4\}$.

§8.2 二重积分的计算

二重积分按定义来计算相当复杂,本节将介绍一种计算二重积分的方法,其基本思想就是将二重积分转化为两次定积分来计算.

1.利用直角坐标计算二重积分

前面我们提到,在直角坐标系中如果用平行于坐标轴的直线网来划分 D,面积元素 $d\sigma$ 就表示为 $dxdy$,此时二重积分可以写成 $\iint\limits_{D} f(x,y)dxdy$ 的形式.下面我们来讨论如何把二重积分 $\iint\limits_{D} f(x,y)dxdy$ 转化为二次积分,在具体讨论二重积分的计算之前,我们先来介绍 X 型区域和 Y 型区域的概念.

X 型区域: $\{(x,y) \mid a \leqslant x \leqslant b, \varphi_1(x) \leqslant y \leqslant \varphi_2(x)\}$,其中函数 $\varphi_1(x)$、$\varphi_2(x)$ 在区间 $[a,b]$ 上连续.这种区域的特点是:穿过区域且平行于 y 轴的直线与区域的边界相交不多于两点(见图 8-2).

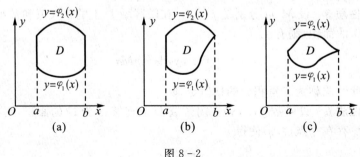

图 8-2

Y 型区域: $\{(x,y) \mid c \leqslant y \leqslant d, \psi_1(y) \leqslant x \leqslant \psi_2(y)\}$,其中函数 $\psi_1(y)$、$\psi_2(y)$ 在区间 $[c,d]$ 上连续.这种区域的特点是:穿过区域且平行于 x 轴的直线与区域的边界相交不多于两点(见图 8-3).

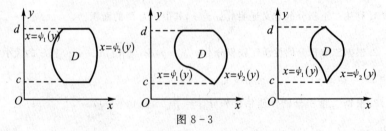

图 8-3

设 $f(x,y) \geqslant 0, D = \{(x,y) \mid a \leqslant x \leqslant b, \varphi_1(x) \leqslant y \leqslant \varphi_2(x)\}$.
此时二重积分 $\iint\limits_{D} f(x,y)\mathrm{d}\sigma$ 在几何上表示以曲面 $z = f(x,y)$ 为顶,以区域 D 为底的曲顶柱体的体积.

对于 $x_0 \in [a,b]$,曲顶柱体在 $x = x_0$ 处截面的面积为以区间 $[\varphi_1(x_0), \varphi_2(x_0)]$ 为底、以曲线 $z = f(x_0, y)$ 为曲边的曲边梯形,所以这截面的面积为

$$A(x_0) = \int_{\varphi_1(x_0)}^{\varphi_2(x_0)} f(x_0, y)\mathrm{d}y,$$

根据平行截面面积为已知的立体体积的方法,得曲顶柱体体积为

$$V = \int_a^b A(x)\mathrm{d}x = \int_a^b \left[\int_{\varphi_1(x)}^{\varphi_2(x)} f(x,y)\mathrm{d}y\right]\mathrm{d}x,$$

即

$$V = \iint\limits_{D} f(x,y)\mathrm{d}\sigma = \int_a^b \left[\int_{\varphi_1(x)}^{\varphi_2(x)} f(x,y)\mathrm{d}y\right]\mathrm{d}x.$$

可记为

$$\iint\limits_{D} f(x,y)\mathrm{d}\sigma = \int_a^b \mathrm{d}x \int_{\varphi_1(x)}^{\varphi_2(x)} f(x,y)\mathrm{d}y. \tag{1}$$

上式就是把二重积分化为先对变量 y 后对变量 x 的二次积分的计算公式. 即先把 $f(x,y)$ 中的 x 看作常数, $f(x,y)$ 看作只是 y 的函数,并对 y 计算从 $\varphi_1(x)$ 到 $\varphi_2(x)$ 的定积分,然后把结果(是 x 的函数)再对 x 计算从 a 到 b 的定积分.

注:虽然在讨论中,我们假定了 $f(x,y) \geqslant 0$,这只是为了几何上说明方便而引入的条件,实际上,上述公式的成立不受此条件限制.

类似地,如果区域 D 为 Y 型区域:

$$c \leqslant y \leqslant \mathrm{d}, \psi_1(y) \leqslant x \leqslant \psi_2(y),$$

则有

$$\iint\limits_{D} f(x,y)\mathrm{d}\sigma = \int_c^d \mathrm{d}y \int_{\psi_1(y)}^{\psi_2(y)} f(x,y)\mathrm{d}x.$$

如果积分区域 D 既不是 X 型区域,又不是 Y 型区域,我们可以把它分割成若干个 X 型区域或 Y 型区域,然后在每块小区域上分别用上述公式进行计算.

如果积分区域 D 既是 X 型区域,又是 Y 型区域,即积分区域即可用不等式

$$a \leqslant x \leqslant b, \varphi_1(x) \leqslant y \leqslant \varphi_2(x),$$

表示,又可以用不等式

$$c \leqslant y \leqslant \mathrm{d}, \psi_1(y) \leqslant x \leqslant \psi_2(y),$$

表示,则有

$$\int_a^b \mathrm{d}x \int_{\varphi_1(x)}^{\varphi_2(x)} f(x,y)\mathrm{d}y = \int_c^d \mathrm{d}y \int_{\psi_1(y)}^{\psi_2(y)} f(x,y)\mathrm{d}x.$$

上式表明,这两个不同积分次序的二次积分相等,这个结果使我们在计算二重积分时,可以有选择地化为其中一种二次积分,以使计算更简单.

将二重积分化为二次积分时,确定积分限是一个关键. 积分限是根据积分区域 D 来确定的,先画出积分区域 D 的图形. 假如积分区域 D 是 X 型的,如图 8-4 所示,在区间 $[a,b]$ 上任意取定一个值 x,积分区域上以这个 x 值为横坐标的点在一直线段上,这段直线平行于 y 轴,该线段上点的纵坐标从 $\varphi_1(x)$ 到 $\varphi_2(x)$,这就是把公式(1)中先把 x 看作常量而对 y 积分时的下限和上限. 因为上面的 x 的值是 $[a,b]$ 上任意取定的,所以再把 x 看做变量而对 x 积分时,积分区间就是 $[a,b]$.

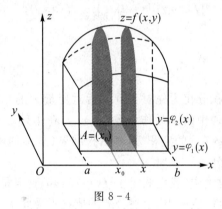

图 8-4

例 1   计算 $\iint\limits_D xy\mathrm{d}\sigma$,其中 D 是由直线 $y=1$、$x=2$ 及 $y=x$ 所围成的闭区域.

解法 1   可把 D 看成是 X 型区域:$1 \leqslant x \leqslant 2$,$1 \leqslant y \leqslant x$. 于是

$$\iint\limits_D xy\mathrm{d}\sigma = \int_1^2 \left[\int_1^x xy\mathrm{d}y \right]\mathrm{d}x = \int_1^2 \left[x \cdot \frac{y^2}{2} \right]_1^x \mathrm{d}x$$

$$= \frac{1}{2}\int_1^2 (x^3 - x)\mathrm{d}x = \frac{1}{2}\left[\frac{x^4}{4} - \frac{x^2}{2} \right]_1^2 = \frac{9}{8}.$$

解法 2   也可把 D 看成是 Y 型区域:$1 \leqslant y \leqslant 2$,$y \leqslant x \leqslant 2$. 于是

$$\iint\limits_D xy\mathrm{d}\sigma = \int_1^2 \left[\int_y^2 xy\mathrm{d}x \right]\mathrm{d}y = \int_1^2 \left[y \cdot \frac{x^2}{2} \right]_y^2 \mathrm{d}y$$

$$= \int_1^2 \left(2y - \frac{y^3}{2} \right)\mathrm{d}y = \left[y^2 - \frac{y^4}{8} \right]_1^2 = \frac{9}{8}.$$

例 2　计算 $\iint\limits_{D} xy\,\mathrm{d}\sigma$,其中 D 是由曲线 $y = x^2$ 及直线 $y = x$ 所围成的闭区域.

解　可把 D 看成是 X 型区域:$0 \leqslant x \leqslant 1, x^2 \leqslant y \leqslant x$. 于是

$$\iint\limits_{D} xy\,\mathrm{d}\sigma = \int_0^1 \mathrm{d}x \int_{x^2}^x xy\,\mathrm{d}y = \int_0^1 x \cdot \left[\frac{y^2}{2}\right]_{x^2}^x \mathrm{d}x$$

$$= \frac{1}{2} \int_0^1 (x^3 - x^5)\,\mathrm{d}x = \frac{1}{24}.$$

例 3　计算 $\iint\limits_{D} y\sqrt{1 + x^2 - y^2}\,\mathrm{d}\sigma$,其中 D 是由直线 $y = 1$、$x = -1$ 及 $y = x$ 所围成的闭区域.

解　可把 D 看成是 X 型区域:$-1 \leqslant x \leqslant 1, x \leqslant y \leqslant 1$. 于是

$$\iint\limits_{D} y\sqrt{1 + x^2 - y^2}\,\mathrm{d}\sigma = \int_{-1}^1 \mathrm{d}x \int_x^1 y\sqrt{1 + x^2 - y^2}\,\mathrm{d}y$$

$$= -\frac{1}{3} \int_{-1}^1 \left[(1 + x^2 - y^2)^{\frac{3}{2}}\right]_x^1 \mathrm{d}x$$

$$= -\frac{1}{3} \int_{-1}^1 (|x|^3 - 1)\,\mathrm{d}x$$

$$= -\frac{2}{3} \int_0^1 (x^3 - 1)\,\mathrm{d}x = \frac{1}{2}.$$

例 4　计算 $\iint\limits_{D} (x - y)\,\mathrm{d}\sigma$,其中 D 是由直线 $y = x - 2$ 及抛物线 $y^2 = x$ 所围成的闭区域.

解法 1　积分区域可以表示为 $D: -1 \leqslant y \leqslant 2, y^2 \leqslant x \leqslant y + 2$,于是

$$\iint\limits_{D} xy\,\mathrm{d}\sigma = \int_{-1}^2 \mathrm{d}y \int_{y^2}^{y+2} (x - y)\,\mathrm{d}x = \int_{-1}^2 \left[\frac{x^2}{2} - yx\right]_{y^2}^{y+2} \mathrm{d}y$$

$$= \int_{-1}^2 \left[2 - \frac{1}{2}y^2 + y^3 - \frac{1}{2}y^4\right]\mathrm{d}y = \frac{99}{20}.$$

解法 2　积分区域也可以表示为 $D = D_1 + D_2$,其中 $D_1: 0 \leqslant x \leqslant 1$, $-\sqrt{x} \leqslant y \leqslant \sqrt{x}$;$D_2: 1 \leqslant x \leqslant 4, x - 2 \leqslant y \leqslant \sqrt{x}$. 于是

$$\iint\limits_{D} (x - y)\,\mathrm{d}\sigma = \int_0^1 \mathrm{d}x \int_{-\sqrt{x}}^{\sqrt{x}} (x - y)\,\mathrm{d}y + \int_1^4 \mathrm{d}x \int_{x-2}^{\sqrt{x}} (x - y)\,\mathrm{d}y$$

$$= \frac{99}{20}.$$

很明显,解法 2 比解法 1 计算量大.

例 5　转换二次积分 $\int_0^1 \mathrm{d}x \int_{1-x}^{\sqrt{1-x^2}} f(x,y)\mathrm{d}y$ 的积分顺序.

解　这是要把先对 y 后对 x 积分的二次积分转换为先对 x 后对 y 的二次积分. 由题知积分区域 D 的 X 型区域表示为：$0 \leqslant x \leqslant 1$, $1-x \leqslant y \leqslant \sqrt{1-x^2}$, 据此画出 D 的图形.

为了转换积分次序, 将 D 表示成 Y 型区域：$0 \leqslant y \leqslant 1, 1-y \leqslant x \leqslant \sqrt{1-y^2}$, 所以

$$\int_0^1 \mathrm{d}x \int_{1-x}^{\sqrt{1-x^2}} f(x,y)\mathrm{d}y = \int_0^1 \mathrm{d}y \int_{1-y}^{\sqrt{1-y^2}} f(x,y)\mathrm{d}x.$$

2. 利用极坐标计算二重积分

有些二重积分, 积分区域 D 的边界曲线用极坐标方程来表示比较方便, 且被积函数用极坐标变量 r、θ 表达比较简单. 例如当积分区域是圆域、圆域的部分, 或者当被积函数为 $f(x^2+y^2)$ 时, 一般我们就考虑利用极坐标来计算二重积分 $\iint\limits_D f(x,y)\mathrm{d}\sigma$.

如果 $f(x,y)$ 在闭区域 D 上连续, 那么 $f(x,y)$ 在 D 上的二重积分一定存在. 在直角坐标系中, 我们用平行于 x 轴和 y 轴的两族直线分割区域 D, 得到直角坐标系中的面积元素 $\mathrm{d}\sigma = \mathrm{d}x\mathrm{d}y$. 而在极坐标系中, 我们用 $r=$ 常数的一族以极点为圆心的同心圆, 以及 $\theta=$ 常数的一族以极点为起点的射线来分割区域 D, 设 $\mathrm{d}\sigma$ 是在 r 到 $r+\mathrm{d}r$ 两个圆周及 θ 到 $\theta+\mathrm{d}\theta$ 两条射线之间的区域面积 (见图 $8-5$). 当分割很细, $\mathrm{d}r$ 和 $\mathrm{d}\theta$ 都很小时, 可以把这个小区域看作是边长分别为 $\mathrm{d}r$ 和 $r\mathrm{d}\sigma$ 的矩形, 所以

$$\mathrm{d}\sigma = r\mathrm{d}r\mathrm{d}\theta,$$

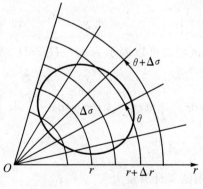

图 $8-5$

再分别用 $x = r\cos\theta, y = r\sin\theta$ 代替被积函数 $f(x, y)$ 中的 x 和 y, 于是得到二重积分 $\iint\limits_D f(x, y)\mathrm{d}\sigma$ 的极坐标形式

$$\iint\limits_D f(x, y)\mathrm{d}\sigma = \iint\limits_D f(r\cos\theta, r\sin\theta)r\mathrm{d}r\mathrm{d}\theta.$$

与直角坐标系中的二重积分一样, 在实际计算时, 极坐标系中的二重积分也应化为二次积分来计算. 至于如何确定二次积分的上、下限, 要根据积分区域 D 的边界经极坐标变换后的具体情况而定.

(1) 如果极点 O 不在区域 D 内(见图 $8-6$(a)), D 由射线 $\theta = \alpha, \theta = \beta$ 与两条连续曲线 $r = r_1(\theta), r = r_2(\theta)$ 所围成, 此时 D 内的任意一点 (r, θ) 满足

$$\alpha \leqslant \theta \leqslant \beta, r_1(\theta) \leqslant r \leqslant r_2(\theta).$$

于是二重积分可化为二次积分

$$\iint\limits_D f(r\cos\theta, r\sin\theta)r\mathrm{d}r\mathrm{d}\theta = \int_\alpha^\beta \mathrm{d}\theta \int_{r_1(\theta)}^{r_2(\theta)} f(r\cos\theta, r\sin\theta)r\mathrm{d}r.$$

特别地, 如果 $\varphi_1(\theta) \equiv 0$, 即 D 为射线 $\theta = \alpha, \theta = \beta$ 与连续曲线 $r = r(\theta)$ 所围成的曲边扇形(见图 $8-6$(b)), 此时 D 内的任意一点 (r, θ) 满足

$$\alpha \leqslant \theta \leqslant \beta, 0 \leqslant r \leqslant r(\theta).$$

此时二重积分可化为二次积分

$$\iint\limits_D f(r\cos\theta, r\sin\theta)r\mathrm{d}r\mathrm{d}\theta = \int_\alpha^\beta \mathrm{d}\theta \int_0^{r(\theta)} f(r\cos\theta, r\sin\theta)r\mathrm{d}r.$$

(2) 如果极点 O 在区域 D 内(见图 $8-6$(c)), 闭区域 D 的边界由射线由连续曲线 $r = r(\theta)$ 给出, 此时 D 内的任意一点 (r, θ) 满足

$$0 \leqslant \theta \leqslant 2\pi, 0 \leqslant r \leqslant r(\theta),$$

于是二重积分可化为二次积分

$$\iint\limits_D f(r\cos\theta, r\sin\theta)r\mathrm{d}r\mathrm{d}\theta = \int_0^{2\pi} \mathrm{d}\theta \int_0^{r(\theta)} f(r\cos\theta, r\sin\theta)r\mathrm{d}r.$$

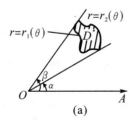
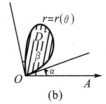

图 $8-6$

例 6   计算 $\iint\limits_{D} \mathrm{e}^{-x^2-y^2}\mathrm{d}x\mathrm{d}y$,其中 D 是由中心在原点、半径为 a 的圆周所围成的闭区域.

解   在极坐标系中,闭区域 D 可表示为 $0 \leqslant \theta \leqslant 2\pi, 0 \leqslant r \leqslant a$,于是

$$\iint\limits_{D} \mathrm{e}^{-x^2-y^2}\mathrm{d}x\mathrm{d}y = \iint\limits_{D} \mathrm{e}^{-r^2} r\mathrm{d}r\mathrm{d}\theta$$

$$= \int_0^{2\pi}\left[\int_0^a \mathrm{e}^{-r^2} r\mathrm{d}r\right]\mathrm{d}\theta = \int_0^{2\pi}\left[-\frac{1}{2}\mathrm{e}^{-r^2}\right]_0^a\mathrm{d}\theta$$

$$= \frac{1}{2}(1-\mathrm{e}^{-a^2})\int_0^{2\pi}\mathrm{d}\theta = \pi(1-\mathrm{e}^{-a^2}).$$

例 7   计算 $\iint\limits_{D} \dfrac{1}{1+x^2+y^2}\mathrm{d}x\mathrm{d}y$,其中 D 是由 $x^2+y^2 \leqslant 1$ 所确定的圆域.

解   在极坐标下,D 可以表示为 $0 \leqslant \theta \leqslant 2\pi, 0 \leqslant r \leqslant 1$,于是

$$\iint\limits_{D} \frac{1}{1+x^2+y^2}\mathrm{d}x\mathrm{d}y = \int_0^{2\pi}\mathrm{d}\theta\int_0^1 \frac{r\mathrm{d}r}{1+r^2}$$

$$= \int_0^{2\pi}\frac{1}{2}\ln 2\mathrm{d}\theta = \pi\ln 2.$$

例 8   计算 $\iint\limits_{D} \dfrac{y^2}{x^2}\mathrm{d}x\mathrm{d}y$,其中 D 是由 $x^2+y^2 \leqslant 2x$ 所确定的圆域.

解   在极坐标下,D 可以表示为 $-\dfrac{\pi}{2} \leqslant \theta \leqslant \dfrac{\pi}{2}, 0 \leqslant r \leqslant 2\cos\theta$,于是

$$\iint\limits_{D} \frac{y^2}{x^2}\mathrm{d}x\mathrm{d}y = \int_{-\frac{\pi}{2}}^{\frac{\pi}{2}}\mathrm{d}\theta\int_0^{2\cos\theta} \frac{\sin^2\theta}{\cos^2\theta}r\mathrm{d}r = \int_{-\frac{\pi}{2}}^{\frac{\pi}{2}} 2\sin^2\theta\mathrm{d}\theta = \pi.$$

练习 8.2

1.计算下列二重积分:

(1) $\iint\limits_{D} x^2 y^2\mathrm{d}x\mathrm{d}y$,其中 D 是矩形区域:$0 \leqslant x \leqslant 1, -1 \leqslant y \leqslant 1$;

(2) $\iint\limits_{D} x\sqrt{x^2+y^4}\mathrm{d}x\mathrm{d}y$,其中 D 是由 $y^2 = x, y^2 = -x, y = 1$ 所围成的闭区域;

(3) $\iint\limits_{D} \dfrac{y^2}{x^2}\mathrm{d}x\mathrm{d}y$,其中 D 是由曲线 $xy = 1$ 与直线 $y = x, y = 2$ 所围成的闭区域;

(4) $\iint\limits_{D} \dfrac{x-1}{(y+1)^2}\mathrm{d}x\mathrm{d}y$,其中 D 是由曲线 $y^2 = x$ 与直线 $y = x-2$ 所围成的闭区域.

2.将二重积分 $\iint\limits_{D} f(x,y)\mathrm{d}x\mathrm{d}y$ 化为二次积分(两种次序都要),其中积分区域 D 是:

(1) $|x| \leqslant 1, |y| \leqslant 4$;

(2)由直线 $y=x$ 及抛物线 $y^2=4x$ 所围成；

(3)由 x 轴及半圆周 $x^2+y^2=4$ 所围成.

3.交换下列两次积分的次序：

(1) $\displaystyle\int_0^1 \mathrm{d}y \int_y^{\sqrt{y}} f(x,y)\mathrm{d}x$；

(2) $\displaystyle\int_1^2 \mathrm{d}y \int_{\frac{1}{y}}^{y} f(x,y)\mathrm{d}x$；

(3) $\displaystyle\int_0^1 \mathrm{d}x \int_{1-x}^{\sqrt{1-x^2}} f(x,y)\mathrm{d}y$；

(4) $\displaystyle\int_0^1 \mathrm{d}x \int_0^x f(x,y)\mathrm{d}y + \int_1^2 \mathrm{d}x \int_0^{2-x} f(x,y)\mathrm{d}y$.

4.证明：

$$\int_0^1 \mathrm{d}y \int_0^{\sqrt{y}} \mathrm{e}^y f(x)\mathrm{d}x = \int_0^1 (\mathrm{e}-\mathrm{e}^{x^2}) f(x)\mathrm{d}x.$$

5.如果二重积分 $\displaystyle\iint\limits_D f(x,y)\mathrm{d}x\mathrm{d}y$ 的被积函数 $f(x,y)$ 是两个函数 $f_1(x)$ 及 $f_2(y)$ 的乘积，即 $f(x,y)=f_1(x) \cdot f_2(y)$，积分区域 $D=\{(x,y)\mid a\leqslant x\leqslant b, c\leqslant y\leqslant d\}$，证明：

$$\iint\limits_D f_1(x) \cdot f_2(y)\mathrm{d}x\mathrm{d}y = \left[\int_a^b f_1(x)\mathrm{d}x\right] \cdot \left[\int_a^b f_2(y)\mathrm{d}y\right].$$

6.用极坐标计算下列二重积分：

(1) $\displaystyle\iint\limits_D (4-x-y)\mathrm{d}\sigma$，$D$ 是圆域 $x^2+y^2\leqslant a^2$；

(2) $\displaystyle\iint\limits_D \arctan\frac{y}{x}\mathrm{d}\sigma$，$d$ 是由圆 $x^2+y^2=4$，$x^2+y^2=1$ 以及直线 $y=0$，$y=x$ 所围成的第一象限的闭区域；

(3) $\displaystyle\iint\limits_D \sqrt{x^2+y^2}\mathrm{d}\sigma$，$d$ 是圆环形区域 $a^2\leqslant x^2+y^2\leqslant b^2$.

7.求由曲面 $z=x^2+2y^2$ 和 $z=6-2x^2-y^2$ 所围成的立体体积.

8.计算由四个平面 $x=0$，$y=0$，$x=1$，$y=1$ 所围成的柱体被平面 $z=0$ 及 $2x+3y+z=6$ 截得的立体体积.

本章小结

1.二重积分的概念和性质

把一种和式的极限抽象出来就是二重积分，即

$$\iint\limits_D f(x,y)\mathrm{d}\sigma = \lim_{\lambda\to 0} \sum_{i=1}^n f(\xi_i,\eta_i)\Delta\sigma_i.$$

极限的存在性不依赖于区域 D 的分割和 (ξ_i,η_i) 的取法，只与函数

$f(x,y)$ 和区域 D 有关. $\iint\limits_{D} f(x,y)\mathrm{d}\sigma$ 在几何上表示各部分区域上的曲顶柱体体积的代数和.

2. 二重积分的计算

二重积分主要是在直角坐标系和极坐标系下计算,计算时要注意选择适当的坐标系. 它们都是化为两次定积分来计算,关键在于确定积分限.

第 8 章综合练习题

1. 计算下列二重积分:

(1) $\iint\limits_{D}(1+x)\sin y\mathrm{d}x\mathrm{d}y$,其中 D 是顶点分别为 $(0,0)$,$(1,0)$,$(1,2)$ 和 $(0,1)$ 的梯形区域;

(2) $\iint\limits_{D}(x^2-y^2)\mathrm{d}x\mathrm{d}y$,其中 $d=\{(x,y)\mid 0\leqslant x\leqslant\pi,0\leqslant y\leqslant\sin x\}$;

(3) $\iint\limits_{D}\sqrt{R^2-x^2-y^2}\mathrm{d}x\mathrm{d}y$,其中 D 是圆周 $x^2+y^2=Rx$ 所围成的闭区域.

2. 改变下列二次积分的次序:

(1) $\displaystyle\int_0^{2\pi}\mathrm{d}x\int_0^{\sin x}f(x,y)\mathrm{d}y$;   (2) $\displaystyle\int_0^{2a}\mathrm{d}x\int_{\sqrt{2ax-x^2}}^{\sqrt{2ax}}f(x,y)\mathrm{d}y\,(a>0)$.

3. 证明:

$$\int_0^a\mathrm{d}y\int_0^y\mathrm{e}^{m(a-x)}f(x)\mathrm{d}x=\int_0^a(a-x)\mathrm{e}^{m(a-x)}f(x)\mathrm{d}x.$$

4. 设 $f(x)$ 在区间 $[a,b]$ 上连续,证明:

$$\left[\int_a^b f(x)\mathrm{d}x\right]^2\leqslant(b-a)\int_a^b f^2(x)\mathrm{d}x.$$

5. 设 $f(x)$ 在区间 $[0,1]$ 上连续,并设 $\displaystyle\int_0^1 f(x)\mathrm{d}x=A$,求 $\displaystyle\int_0^1\mathrm{d}x\int_x^1 f(x)f(y)\mathrm{d}y$.

6. 计算下列曲线围成的面积:

(1) $y=\sin x,y=\cos x,x=0$;   (2) $y=x^2,y=4x-x^2$.

7. 利用极坐标计算下列二重积分:

(1) $\iint\limits_{D}\mathrm{e}^{x^2+y^2}\mathrm{d}x\mathrm{d}y$,其中 D 是圆周 $x^2+y^2=4$ 所围成的闭区域;

(2) $\iint\limits_{D}y\mathrm{d}x\mathrm{d}y$,其中 $D=\{(x,y)\mid 0\leqslant x^2+y^2\leqslant a^2,0\leqslant x,0\leqslant y\}$.

8. 设平面薄片所占的区域 D 是螺线 $r=2\theta$ 上的一段弧 $\left(0,\dfrac{\pi}{2}\right)$ 与直线 $\theta=\dfrac{\pi}{2}$ 所围成,它的面密度 $\rho(x,y)=x^2+y^2$,求该薄片的质量.

第9章

微分方程

　　微积分研究的对象是函数关系,在实际问题中,往往很难直接得到所研究的变量之间的函数关系,却比较容易建立起这些变量与它们的导数或微分之间的联系,从而得到一个关于未知函数的导数或微分的方程,即微分方程.通过求解这种方程,同样可以找到指定未知变量之间的函数关系.因此,微分方程是数学联系实际,并应用于实际的重要途径和桥梁,是各个学科进行研究的强有力工具.

§9.1　微分方程的基本概念

　　首先通过几个具体的问题来给出微分方程的基本概念.

　　例1　一条曲线通过点$(1,2)$,且在该曲线上任一点$M(x,y)$处的切线的斜率为$2x$,求这条曲线的方程.

　　解　设曲线方程为$y=y(x)$.由导数的几何意义可知函数$y=y(x)$满足

$$\frac{\mathrm{d}y}{\mathrm{d}x}=2x \tag{1}$$

同时还满足以下条件:

$$x=1 \text{ 时},y=2 \tag{2}$$

　　把(1)式两端积分,得

$$y=\int 2x\mathrm{d}x \quad 即 \quad y=x^2+C \tag{3}$$

其中C是任意常数.

　　把条件(2)代入(3)式,得

$$C=1,$$

由此解出C并代入(3)式,得到所求曲线方程:

$$y=x^2+1 \tag{4}$$

　　例 2　列车在平直线路上以 20 m/s 的速度行驶;当制动时列车获得加速度 -0.4 m/s². 问开始制动后多少时间列车才能停住,以及列车在这段时间里行驶了多少路程?

　　解　设列车开始制动后 t 秒时行驶了 s 米. 根据题意,反映制动阶段列车运动规律的函数 $s=s(t)$ 满足:

$$\frac{\mathrm{d}^2 s}{\mathrm{d}t^2}=-0.4 \qquad\qquad (5)$$

此外,还满足条件:

$$t=0 \text{ 时}, s=0, v=\frac{\mathrm{d}s}{\mathrm{d}t}=20 \qquad\qquad (6)$$

　　(5)式两端积分一次得:

$$v=\frac{\mathrm{d}s}{\mathrm{d}t}=-0.4t+C_1 \qquad\qquad (7)$$

再积分一次得

$$s=-0.2t^2+C_1 t+C_2 \qquad\qquad (8)$$

其中 C_1, C_2 都是任意常数.

　　把条件"$t=0$ 时 $v=20$"和"$t=0$ 时 $s=0$"分别代入(7)式和(8)式,得

$$C_1=20, \quad C_2=0$$

把 C_1, C_2 的值代入(7)及(8)式得

$$v=-0.4t+20, \qquad\qquad (9)$$

$$s=-0.2t^2+20t \qquad\qquad (10)$$

　　在(9)式中令 $v=0$,得到列车从开始制动到完全停止所需的时间:

$$t=\frac{20}{0.4}=50(\mathrm{s}).$$

再把 $t=50$ 代入(10)式,得到列车在制动阶段行驶的路程

$$s=-0.2\times 50^2+20\times 50=500(\mathrm{s}).$$

　　上述两个例子中的关系式(1)和(5)都含有未知函数的导数,它们都是微分方程.

　　一般地,凡表示未知函数、未知函数的导数与自变量之间的关系到的方程,叫做**微分方程**. 未知函数是一元函数的方程叫做**常微分方程**;未知函数是多元函数的方程,叫做**偏微分方程**. 本章只讨论常微分方程.

　　微分方程中所出现的未知函数的最高阶导数的阶数,叫做**微分方程的阶**. 例如,方程(1)是一阶微分方程;方程(5)是二阶微分方程方程. 又如,方程

$$y^{(4)}-4y'''+10y''-12y'+5y=\sin 2x$$

是四阶微分方程.

一般地,n 阶微分方程的形式是

$$F(x,y,y',\cdots,y^{(n)})=0,\tag{11}$$

其中 F 是个 $n+2$ 变量的函数. 这里必须指出,在方程(11)中,$y^{(n)}$ 是必须出现的,而 $x,y,y',\cdots,y^{(n-1)}$ 等变量则可以不出现. 例如 n 阶微分方程

$$y^{(n)}+1=0$$

中,除 $y^{(n)}$ 外,其他变量都没有出现.

如果能从方程(11)中解出最高阶导数,得微分方程

$$y^{(n)}=f(x,y,y',\cdots,y^{(n-1)}).\tag{12}$$

以后我们讨论的微分方程都是已解出最高阶导数的方程或能解出最高阶导数的方程,且(12)式右端的函数 f 在所讨论的范围内连续.

由前面的例子我们看到,在研究某些实际问题时,首先要建立微分方程,然后找出满足微分方程的函数,也就是说,找出这样的函数,把此函数代入微分方程能使该方程成为恒等式. 这个函数就叫做该微分方程的解. 确切地说,设函数 $y=\varphi(x)$ 在区间 I 上有 n 阶连续导数,如果在区间 I 上,

$$F[x,\varphi(x),\varphi'(x),\cdots,\varphi^{(n)}(x)]\equiv0,$$

那么函数 $y=\varphi(x)$ 就叫做微分方程(11)在区间 I 上的解.

例如,函数(3)和(4)都是微分方程(1)的解;函数(8)和(10)都是微分方程(5)的解.

如果微分方程的解中含有任意常数,且任意常数的个数与微分方程的阶数相同,这样的解叫做微分方程的**通解**. 例如,函数(3)是方程(1)的解,它含有一个任意常数,而方程(1)是一阶的,所以函数(3)是方程(1)的通解. 又如,函数(8)是方程的解,它含有两个任意常数,而方程(5)是二阶的,所以函数(8)是方程(5)的通解.

由于通解中含有任意常数,所以它还不能完全确定地反映某一客观事物的规律性,必须确定这些常数的值. 为此,要根据问题的实际情况提出确定这些常数的条件. 例如,例 1 中的条件(2),例 2 中的条件(6),便是这样的条件.

设微分方程中的未知函数为 $y=y(x)$,如果微分方程是一阶的,通常用来确定任意常数的条件是

$$x=x_0 \text{ 时},y=y_0,$$

或写成

$$y|_{x=x_0}=y_0,$$

其中 x_0, y_0 都是给定的值;如果微分方程是二阶的,通常用来确定任意常数的条件是:

$$x = x_0 \text{ 时}, y = y_0, y' = y'_0,$$

或写成 $$y\big|_{x=x_0} = y_0, y'\big|_{x=x_0} = y'_0,$$

其中 x_0, y_0 和 y'_0 都是给定的值. 上述条件叫做**初始条件**.

确定了通解中的任意常数以后,就得到了微分方程的特解. 例如(4)式是方程(1)满足条件(2)的特解;(10)式是方程(5)满足条件(6)的特解.

求微分方程 $y' = f(x, y)$ 满足初始条件 $y\big|_{x=x_0} = y_0$ 的特解这样一个问题,叫做一阶微分方程的**初值问题**,记作

$$\begin{cases} y' = f(x, y), \\ y\big|_{x=x_0} = y_0. \end{cases} \tag{13}$$

微分方程的解的图形是一条曲线,叫做微分方程的积分曲线. 初值问题(13)的几何意义是求微分方程的通过点 (x_0, y_0) 的那条积分曲线. 二阶微分方程的初值问题

$$\begin{cases} y'' = f(x, y, y'), \\ y\big|_{x=x_0} = y_0, y'\big|_{x=x_0} = y'_0 \end{cases}$$

的几何意义是求微分方程的通过点 (x_0, y_0) 且在该点处的切线斜率为 y'_0 的那条积分曲线.

例3 验证:函数

$$x = C_1 \cos kt + C_2 \sin kt \tag{14}$$

是微分方程

$$\frac{\mathrm{d}^2 x}{\mathrm{d}t^2} + k^2 x = 0 \tag{15}$$

的解.

解 求出所给函数(14)的导数

$$\frac{\mathrm{d}x}{\mathrm{d}t} = -kC_1 \sin kt + kC_2 \cos kt \tag{16}$$

$$\frac{\mathrm{d}^2 x}{\mathrm{d}t^2} = -k^2 C_1 \cos kt - k^2 C_2 \sin kt = -k^2 (C_1 \cos kt + C_2 \sin kt),$$

把 $\dfrac{\mathrm{d}^2 x}{\mathrm{d}t^2}$ 及 x 的表达式代入方程(15)得

$$-k^2 (C_1 \cos kt + C_2 \sin kt) + k^2 (C_1 \cos kt + C_2 \sin kt) \equiv 0.$$

函数(14)及其导数代入方程(15)后成为一个恒等式,因此函数(14)是微分方程(15)的解.

例 4 已知函数(14)当 $k \neq 0$ 时是微分方程(15)的通解,求满足初始条件

$$x\big|_{t=0}=A,\frac{\mathrm{d}x}{\mathrm{d}t}\bigg|_{t=0}=0$$

的特解.

解 将条件"$t=0$ 时,$x=A$"代入(14)式得

$$C_1=A,$$

将条件"$t=0$ 时,$\frac{\mathrm{d}x}{\mathrm{d}t}=0$"代入(16)式,得

$$C_2=0,$$

把 C_1,C_2 的值代入(14)式,就得所求的特解为

$$x=A\cos kt.$$

练习 9.1

1.指出下列微分方程的阶:

(1)$\mathrm{e}^{x+y}\mathrm{d}y+x\mathrm{d}x=0$;　　　　　　(2)$y''=2$;

(3)$(y')^2=x^2+2x$;　　　　　　(4)$L\dfrac{\mathrm{d}^2Q}{\mathrm{d}t^2}+R\dfrac{\mathrm{d}Q}{\mathrm{d}t}+\dfrac{Q}{C}=0$.

2.指出下列函数是否是微分方程的解:

(1)$xy'=2y,y=5x^2$;　　　　　　(2)$y''-2y'+y=0,y=x^2\mathrm{e}^x$;

(3)$y''=x^2+y^2,y=\dfrac{1}{x}$;　　　　　　(4)$y''-\dfrac{2}{x}y'+\dfrac{2}{x^2}y=0,y=C_1x+C_2x^2$.

3.写出由下列条件确定的曲线所满足的微分方程:

(1)曲线在点 (x,y) 处的切线的斜率等于该点横坐标的平方;

(2)曲线上点 $P(x,y)$ 处的法线与 x 轴的交点为 Q,且线段 PQ 被 y 轴平分.

4.设函数 $y=(1+x)^2u(x)$ 是方程 $\dfrac{\mathrm{d}y}{\mathrm{d}x}-\dfrac{2}{x+1}y=(x+1)^3$ 的通解,求 $u(x)$.

§9.2　可分离变量的微分方程

1.可分离变量的微分方程

本节开始,我们讨论一阶微分方程

$$y'=f(x,y) \tag{1}$$

的一些解法.

一阶微分方程有时也写成如下的对称形式:

$$P(x,y)\mathrm{d}x+Q(x,y)\mathrm{d}y=0 \tag{2}$$

在方程(2)中,变量 x 与 y 对称,它既可以看作是以 x 为自变量、y 为未知函数的方程

$$\frac{\mathrm{d}y}{\mathrm{d}x} = -\frac{P(x,y)}{Q(x,y)} \quad (Q(x,y) \neq 0),$$

也可看作是以 y 为自变量、x 为未知函数的方程

$$\frac{\mathrm{d}x}{\mathrm{d}y} = -\frac{Q(x,y)}{P(x,y)} \quad (P(x,y) \neq 0),$$

在 9.1 的例 1 中,我们遇到一阶微分方程

$$\frac{\mathrm{d}y}{\mathrm{d}x} = 2x,$$

或 $$\mathrm{d}y = 2x\mathrm{d}x.$$

把上式两端积分就得到这个方程的通解:

$$y = x^2 + C.$$

但是并不是所有的一阶微分方程都能这样求解.例如,对于一阶微分方程

$$\frac{\mathrm{d}y}{\mathrm{d}x} = 2xy^2 \tag{3}$$

就不能像上面那样直接两端用积分的方法求出它的通解.原因是方程(3)的右端含有未知函数 y 积分

$$\int 2xy^2 \mathrm{d}x,$$

求不出来.为了解决这个困难.在方程(3)的两端同时乘以 $\dfrac{\mathrm{d}x}{y^2}$,使方程(3)变为

$$\frac{\mathrm{d}y}{y^2} = 2x\mathrm{d}x.$$

这样,变量 x 与 y 已分离在等式的两端.然后两端积分得

$$-\frac{1}{y} = x^2 + C,$$

或 $$y = -\frac{1}{x^2 + C} \tag{4}$$

其中 C 是任意常数.

可以验证,函数(4)确实满足一阶微分方程(3),且含有一个任意常数,所以它是方程(3)的通解.

一般地,如果一个一阶微分方程能写成

$$g(y)\mathrm{d}y = f(x)\mathrm{d}x \tag{5}$$

的形式,就是说,能把微分方程写成一端只含 y 的函数和 $\mathrm{d}y$,另一端只含 x 的函数和 $\mathrm{d}x$,那么原方程就称为**可分离变量的微分方程**.

假定方程(5)中的函数 $g(y)$ 和 $f(x)$ 是连续的,设 $y=\varphi(x)$ 是方程的解,将它代入(5)中得到恒等式

$$g[\varphi(x)]\varphi'(x)\mathrm{d}x=f(x)\mathrm{d}x,$$

将上式两端积分,并由 $y=\varphi(x)$ 引进变量 y,得

$$\int g(y)\mathrm{d}y=\int f(x)\mathrm{d}x,$$

设 $G(y)$ 及 $F(x)$ 依次为 $g(y)$ 和 $f(x)$ 的原函数,于是有

$$G(y)=F(x)+C \tag{6}$$

因此,方程(5)满足关系式(6).反之,如果 $y=\Phi(x)$ 是由关系到式(6)所确定的隐函数,那么在 $g(y)\neq0$ 的条件下, $y=\Phi(x)$ 也是方程(5)的解.事实上,由隐函数的求导法可知,当 $g(y)\neq0$ 时,

$$\Phi'(x)=\frac{F'(x)}{G'(y)}=\frac{f(x)}{g(y)},$$

这就表示函数 $y=\Phi(x)$ 满足方程(5).所以如果已分离变量的方程(5)中 $g(y)$ 和 $f(x)$ 是连续的,且 $g(y)\neq0$,那么(5)式两端积分后得到的关系式(6),就用隐式给出了方程(5)的解,(6)式就叫做微分方程(5)的隐式解.又由于关系式(6)中含有任意常数,因此(6)式所确定的隐函数是方程(5)的通解,所以(6)式叫做微分方程(5)的**隐式通解**.

例 1　求微分方程

$$\frac{\mathrm{d}y}{\mathrm{d}x}=2xy \tag{7}$$

的通解.

解　方程(7)是可分离变量的,分离变量后得

$$\frac{\mathrm{d}y}{y}=2x\mathrm{d}x,$$

两端积分

$$\int\frac{\mathrm{d}y}{y}=\int2x\mathrm{d}x,$$

得

$$\ln|y|=x^2+C_1,$$

从而

$$y=\pm\mathrm{e}^{x^2+C_1}=\pm\mathrm{e}^{C_1}\mathrm{e}^{x^2},$$

又因为 $\pm\mathrm{e}^{C_1}$ 仍是任意常数,把它记作 C 便得到方程(7)的通解

$$y=C\mathrm{e}^{x^2}.$$

例 2　放射性元素铀由于不断地有原子放射出微粒子而变成其它元素,铀的含量就不断减少,这种现象叫做衰变.由原子物理学知道,铀的衰变速度与当时未衰变的原子的含量 M 成正比.已知 $t=0$ 时铀的含量为 M_0,求在衰变过程中含量 $M(t)$ 随时间变化的规律.

解   铀的衰变速度就是 $M(t)$ 对时间 t 的导数 $\dfrac{\mathrm{d}M}{\mathrm{d}t}$. 由于铀的衰变速度与其含量成正比,得到微分方程如下

$$\frac{\mathrm{d}M}{\mathrm{d}t} = -\lambda M, \tag{8}$$

其中 $\lambda(\lambda > 0)$ 是常数,叫做衰变系数. λ 前的负号是指由于当 t 增加时 M 单调减少,即 $\dfrac{\mathrm{d}M}{\mathrm{d}t} < 0$ 的缘故.

由题易知,初始条件为

$$M\Big|_{t=0} = M_0,$$

方程(8)是可以分离变量的,分离后得

$$\frac{\mathrm{d}M}{M} = -\lambda\mathrm{d}t,$$

两端积分 $$\int \frac{\mathrm{d}M}{M} = \int (-\lambda)\mathrm{d}t.$$

以 $\ln C$ 表示任意常数,因为 $M > 0$,得

$$\ln M = -\lambda t + \ln C,$$

即 $$M = Ce^{-\lambda t}.$$

是方程(8)的通解. 以初始条件代入上式,解得

$$M_0 = Ce^o = C$$

故得 $$M = M_0 e^{-\lambda t}.$$

铀的含量随时间的增加而按指数规律衰落减.

例 3   在一次谋杀发生后,尸体的温度从原来的 37 度按照牛顿冷却定律开始下降. 假设两个小时以后尸体的温度为 35 度,并假定周围空气的温度保持 20 度不变,试求出尸体温度 T 随时间 t 的变化规律. 有如果尸体被发现时的温度是 30 度,时间是下午 4 点整,那么谋杀发生在何时?

解   根据物体冷却数学模型,有

$$\begin{cases} \dfrac{\mathrm{d}T}{\mathrm{d}t} = -k(T-20), \\ \quad T(0) = 37. \end{cases}$$

其中 $k > 0$ 是常数. 分离变量求解得

$$T = 20 + Ce^{-kt},$$

代入初始条件 $T(0) = 37$,可求得 $C = 17$. 于是得到该初值问题的解为

$$T = 20 + 17e^{-kt}.$$

为求出 k 值,根据两个小时后尸体的温度为 35 度这一条件,有

$$35 = 20 + 17e^{-2k},$$

求得 $k \approx 0.063$，于是温度函数为
$$T = 20 + 17\mathrm{e}^{-0.063t},$$
将 $T = 30$ 代入上式求解得到
$$t \approx 8.4（小时）.$$
于是，可以判断谋杀是发生在尸体被发现约 8.4 小时前，所以谋杀大概发生在上午 7 点 36 分.

2.齐次方程

如果一阶微分方程
$$y' = f(x, y),$$
中的函数 $f(x, y)$ 可写成 $\dfrac{y}{x}$ 的函数，即 $f(x, y) = \varphi\left(\dfrac{y}{x}\right)$，则称这方程为齐次方程.

齐次方程
$$f(x, y) = \varphi\left(\frac{y}{x}\right) \tag{1}$$
通过变量替换，可以转化为可分离变量的方程来求解.

作代换 $u = \dfrac{y}{x}$，则 $y = ux$，于是
$$\frac{\mathrm{d}y}{\mathrm{d}x} = x\frac{\mathrm{d}u}{\mathrm{d}x} + u,$$
从而
$$x\frac{\mathrm{d}u}{\mathrm{d}x} + u = \varphi(u),$$
$$\frac{\mathrm{d}u}{\mathrm{d}x} = \frac{\varphi(u) - u}{x},$$
分离变量得
$$\frac{\mathrm{d}u}{\varphi(u) - u} = \frac{\mathrm{d}x}{x},$$
两端积分得
$$\int \frac{\mathrm{d}u}{\varphi(u) - u} = \int \frac{\mathrm{d}x}{x},$$
求出积分后，再用 $\dfrac{y}{x}$ 代替 u，便得所给齐次方程的通解.

例 4 解方程
$$xy' = y(1 + \ln y - \ln x).$$

解 原式可化为
$$\frac{\mathrm{d}y}{\mathrm{d}x} = \frac{y}{x}\left(1 + \ln \frac{y}{x}\right),$$
令 $u = \dfrac{y}{x}$，则
$$\frac{\mathrm{d}y}{\mathrm{d}x} = x\frac{\mathrm{d}u}{\mathrm{d}x} + u,$$

于是

$$x\frac{\mathrm{d}u}{\mathrm{d}x}+u=u(1+\ln u),$$

分离变量

$$\frac{\mathrm{d}u}{u\ln u}=\frac{\mathrm{d}x}{x},$$

两端积分得

$$\ln\ln|u|=\ln|x|+\ln C,$$
$$\ln|u|=Cx,$$

即

$$u=\mathrm{e}^{Cx},$$

故方程通解为

$$y=x\mathrm{e}^{Cx}.$$

例 5　解方程

$$y^2+x^2\frac{\mathrm{d}y}{\mathrm{d}x}=xy\frac{\mathrm{d}y}{\mathrm{d}x}.$$

解　原方程可变形为

$$\frac{\mathrm{d}y}{\mathrm{d}x}=\frac{y^2}{xy-x^2}=\frac{\left(\dfrac{y}{x}\right)^2}{\dfrac{y}{x}-1},$$

因此是齐次方程,令 $u=\dfrac{y}{x}$,则方程变为

$$x\frac{\mathrm{d}u}{\mathrm{d}x}=\frac{u}{u-1},$$

分离变量得

$$\left(1-\frac{1}{u}\right)\mathrm{d}u=\frac{\mathrm{d}x}{x},$$

两端积分得

$$\ln|xu|=u+C,$$

以 $u=\dfrac{y}{x}$ 代入上式,便得到原方程的通解

$$\ln|y|=\frac{y}{x}+C.$$

练习 9.2

1.求下列微分方程的通解:

(1) $xy'-y\ln y=0$;　　　　　　　　(2) $(1+\mathrm{e}^x)yy'=\mathrm{e}^x$;

(3) $\sqrt{1-x^2}\,y'=\sqrt{1-y^2}$;　　　　　(4) $x\mathrm{d}y+\mathrm{d}x=\mathrm{e}^y\mathrm{d}x$;

(5)$\cos x\sin y\mathrm{d}x+\sin x\cos y\mathrm{d}y=0$;　(6)$y'+\sin\dfrac{x+y}{2}=\sin\dfrac{x-y}{2}$.

2.求下列微分方程所满足的所给初始条件的特解:

(1)$y'=\mathrm{e}^{2x-y},y|_{x=0}=0$;　　　　　(2)$y'\sin x-y\ln y,y|_{x=\frac{\pi}{2}}=\mathrm{e}$.

3.求下列齐次方程的通解:

(1)$xy'-y-\sqrt{y^2-x^2}=0$;　　　　(2)$x\dfrac{\mathrm{d}y}{\mathrm{d}x}=y\ln\dfrac{y}{x}$;

(3)$(y^2-3x^2)\mathrm{d}y+2xy\mathrm{d}x=0$;　　　(4)$y'=\dfrac{x}{y}+\dfrac{y}{x}$.

4.镭的衰变速率与镭的现有量 Q 成正比.已知镭的原有量为 Q_0,经过 1600 年后还剩下一半,求镭的现有量 Q 与时间 t 的函数关系.

5.一个煮熟了的鸡蛋有 98 度,把它放在 18 度的水池里,5 分钟后,鸡蛋的温度是 38 度,假定没有感觉到水变热,求鸡蛋达到 20 度需要多少时间?

6.一只游船上有 800 人,一名游客患了某种传染疾病,12 小时后有 3 人发病.由于这种传染病没有早期症状,故感染者不能被及时隔离.直升机将在 60～72 小时内将疫苗运到,试估算运到时患此传染病的人数.

§9.3　一阶线性微分方程

形如方程

$$\frac{\mathrm{d}y}{\mathrm{d}x}+P(x)y=Q(x)\tag{1}$$

称为**一阶线性微分方程**.若 $Q(x)\equiv0$,称(1)为齐次的;若 $Q(x)\neq0$,称(1)为非齐次的.

当 $Q(x)\equiv0$ 时,方程(1)为可分离变量的微分方程.当 $Q(x)\neq0$ 时,为求其解首先把 $Q(x)$ 换为 0,即

$$\frac{\mathrm{d}y}{\mathrm{d}x}+P(x)y=0\tag{2}$$

称为对应于(1)的齐次微分方程,求得其解

$$y=C\mathrm{e}^{-\int P(x)\mathrm{d}x},$$

为求(1)的解,利用常数变易法,用 $u(x)$ 代替 C,即

$$y=u(x)\mathrm{e}^{-\int P(x)\mathrm{d}x},$$

于是

$$\frac{\mathrm{d}y}{\mathrm{d}x}=u'\mathrm{e}^{-\int P(x)\mathrm{d}x}+u\mathrm{e}^{-\int P(x)\mathrm{d}x}[-P(x)],$$

代入(1),得

$$u=\int Q(x)\mathrm{e}^{\int P(x)\mathrm{d}x}\mathrm{d}x+C,$$

故可得到非齐次微分方程(1)的通解为

$$y = \mathrm{e}^{-\int P(x)\mathrm{d}x}\left(\int Q(x)\mathrm{e}^{\int P(x)\mathrm{d}x}\mathrm{d}x + C\right). \tag{3}$$

例 1 求方程

$$y' - \frac{2y}{x+1} = (x+1)^{\frac{5}{2}} \tag{4}$$

的通解.

解 这是一个非齐次线性方程. 先求对应的齐次方程的通解.

$$\frac{\mathrm{d}y}{\mathrm{d}x} - \frac{2y}{x+1} = 0,$$

$$\frac{\mathrm{d}y}{y} = \frac{2\mathrm{d}x}{x+1},$$

$$\ln y = 2\ln(x+1) + \ln C,$$

$$y = C(x+1)^2, \tag{5}$$

用常数变易法把 C 换成 $u(x)$, 即令

$$y = u(x)(x+1)^2,$$

则有

$$\frac{\mathrm{d}y}{\mathrm{d}x} = u'(x+1)^2 + 2u(x+1),$$

代入(1)式中得

$$u' = (x+1)^{\frac{1}{2}},$$

两端积分, 得

$$u = \frac{2}{3}(x+1)^{\frac{3}{2}} + C.$$

再代入(4)式即得所求方程通解

$$y = (x+1)^2\left[\frac{2}{3}(x+1)^{\frac{3}{2}} + C\right].$$

另解 我们可以直接应用(3)式

$$y = \mathrm{e}^{-\int P(x)\mathrm{d}x}\left(\int Q(x)\mathrm{e}^{\int P(x)\mathrm{d}x}\mathrm{d}x + C\right)$$

得到方程的通解, 其中,

$$P(x) = -\frac{2}{x+1}, \quad Q(x) = (x+1)^{\frac{5}{2}}$$

代入积分同样可得方程通解

$$y = (x+1)^2\left[\frac{2}{3}(x+1)^{\frac{3}{2}} + C\right].$$

此法较为简便, 因此, 以后的解方程中, 可以直接应用(3)式求解.

例 2　求方程

$$\frac{\mathrm{d}y}{\mathrm{d}x} - \frac{ny}{x} = \mathrm{e}^x x^n \tag{6}$$

的通解.

解　先求对应的齐次方程的通解：

$$\frac{\mathrm{d}y}{\mathrm{d}x} - \frac{ny}{x} = 0,$$

$$\frac{\mathrm{d}y}{y} = \frac{n}{x}\mathrm{d}x,$$

两边积分后得到通解为

$$y = Cx^n \tag{7}$$

用常数变易法把 C 换成 $u(x)$，即令

$$y = u(x)x^n,$$

代入(6)得

$$u' = \mathrm{e}^x,$$

两端积分，得

$$u' = \mathrm{e}^x + C,$$

故得到原方程的通解为

$$y = (\mathrm{e}^x + C)x^n.$$

练习 9.3

求下列微分方程的解：

(1) $\dfrac{\mathrm{d}y}{\mathrm{d}x} + 2xy = 4x$；　　　　　　(2) $\dfrac{\mathrm{d}y}{\mathrm{d}x} - \dfrac{1}{x}y = 2x^2$；

(3) $\dfrac{\mathrm{d}y}{\mathrm{d}x} + y = \mathrm{e}^x$；　　　　　　　(4) $\dfrac{\mathrm{d}y}{\mathrm{d}x} + y\tan x = \sin 2x$；

(5) $(y^2 - 6x)y' + 2y = 0$；　　　　(6) $y\mathrm{d}x + (1+y)x\mathrm{d}y = \mathrm{e}^y\mathrm{d}y$；

(7) $\dfrac{\mathrm{d}y}{\mathrm{d}x} = \dfrac{1}{x\cos y + \sin 2y}$；　　(8) $y\ln y\mathrm{d}x + (x - \ln y)\mathrm{d}y = 0$.

2. 求下列微分方程满足初始条件的特解：

(1) $\dfrac{\mathrm{d}y}{\mathrm{d}x} + 3y = 8, y\vert_{x=0} = 2$；　　　　(2) $\dfrac{\mathrm{d}y}{\mathrm{d}x} - y\tan x = \sec x, y\vert_{x=0} = 0$；

(3) $(1-x^2)\dfrac{\mathrm{d}y}{\mathrm{d}x} + xy = 1, y\vert_{x=0} = 1$；　　(4) $\dfrac{\mathrm{d}y}{\mathrm{d}x} + y\cot x = 5\mathrm{e}^{\cos x}, y\vert_{x=\frac{\pi}{2}} = -4$.

3. 求一曲线方程，该曲线通过原点，并且在点 (x,y) 处的切线斜率等于 $2x + y$.

4. 设连续曲线 $y(x)$ 满足方程 $y(x) = \displaystyle\int_0^x y(t)\mathrm{d}t + \mathrm{e}^x$，求 $y(x)$.

§9.4 几种可降阶的高阶微分方程

以上讨论了一阶微分方程,但许多实际问题中,经常会遇到高阶微分方程.本节所要介绍的是三类比较特殊的二阶微分方程,可以通过适当的代换把他们从二阶降至一阶,然后再用前面的方法求解.

1. $y'' = f(x)$ 型

方程
$$y'' = f(x) \tag{1}$$
的特点只含有 y'' 和 x,不含 y 及 y'.在方程两边积分后,则有
$$y' = \int f(x)\mathrm{d}x + C_1,$$
再积一次分,得到它的通解为
$$y = \int \left[\int f(x)\mathrm{d}x + C_1 \right]\mathrm{d}x + C_2.$$

例 1   求微分方程 $y'' = \mathrm{e}^{2x} - \cos x$ 的通解.

解   对所给方程接连积分两次,得
$$y' = \frac{1}{2}\mathrm{e}^{2x} - \sin x + C_1,$$
$$y = \frac{1}{4}\mathrm{e}^{2x} + \cos x + C_1 x + C_2.$$

这就是所求的通解.

例 2   质量为 m 的质点受力 F 的作用沿 Ox 作直线运动.设力 F 仅是时间 t 的函数:$F = F(t)$.在开始时刻 $t = 0$ 时 $F(0) = F_0$,随着时间 t 的增大,此力 F 均匀地减小,直到 $t = T$ 时,$F(T) = 0$.如果开始时质点位于原点,且初速度为零,求这质点的运动规律.

解   设 $x = x(t)$ 表示在时刻 t 时质点的位置,根据牛顿第二定律,质点运动的微分方程为
$$m\frac{\mathrm{d}^2 x}{\mathrm{d}t^2} = F(t) \tag{2}$$
由题设,力 $F(t)$ 随 t 增大而均匀地减小,且 $t = 0$ 时,$F(0) = F_0$,所以 $F(t) = F_0 - kt$;又当 $t = T$ 时,$F(T) = 0$,从而
$$F(t) = F_0\left(1 - \frac{t}{T}\right).$$

于是方程(2)可以写成

$$\frac{\mathrm{d}^2 x}{\mathrm{d}t^2} = \frac{F_0}{m}\left(1 - \frac{t}{T}\right). \tag{3}$$

其初始条件为

$$x\big|_{t=0} = 0, \frac{\mathrm{d}x}{\mathrm{d}t}\bigg|_{t=0} = 0.$$

把(3)式两端积分,得

$$\frac{\mathrm{d}x}{\mathrm{d}t} = \frac{F_0}{m}\int\left(1 - \frac{t}{T}\right)\mathrm{d}t,$$

即

$$\frac{\mathrm{d}x}{\mathrm{d}t} = \frac{F_0}{m}\left(t - \frac{t^2}{2T}\right) + C_1. \tag{4}$$

将条件 $\dfrac{\mathrm{d}x}{\mathrm{d}t}\bigg|_{t=0} = 0$ 代入(4)式,得

$$C_1 = 0,$$

于是(4)式成为

$$\frac{\mathrm{d}x}{\mathrm{d}t} = \frac{F_0}{m}\left(t - \frac{t^2}{2T}\right). \tag{5}$$

把(5)式两端积分,得

$$x = \frac{F_0}{m}\left(\frac{t^2}{2} - \frac{t^3}{6T}\right) + C_2,$$

将条件 $x\big|_{t=0} = 0$ 代入上式,得

$$C_2 = 0.$$

于是所求质点得运动规律为

$$x = \frac{F_0}{m}\left(\frac{t^2}{2} - \frac{t^3}{6T}\right), 0 \leqslant t \leqslant T.$$

2. $y'' = f(x, y')$ 型

方程

$$y'' = f(x, y') \tag{6}$$

的特点是含有 y'', y', x, 不含 y.

令 $y' = p(x)$, 则 $y'' = p'$, 于是可将方程(6)化成一阶微分方程

$$p' = f(x, p),$$

这是一个关于 x, p 的一阶微分方程,设其通解为

$$p = g(x, C_1),$$

再把 $y' = p(x)$ 代入上式就有

$$\frac{\mathrm{d}y}{\mathrm{d}x} = g(x, C_1),$$

两边积分就得到方程的通解

$$y = \int g(x, C_1)\mathrm{d}x + C_2.$$

例 3 求微分方程

$$(1+x^2)y'' = 2xy'$$

满足初始条件

$$y\big|_{x=0} = 1,\ y'\big|_{x=0} = 3$$

的特解.

解 所给方程是 $y'' = f(x, y')$ 型的. 设 $y' = p$,代入方程并分离变量后,有

$$\frac{\mathrm{d}p}{p} = \frac{2x}{1+x^2}\mathrm{d}x.$$

两端积分,得

$$\ln|p| = \ln(1+x^2) + C,$$

即

$$p = y' = C_1(1+x^2)\ (C_1 = \mathrm{e}^C).$$

又由条件 $y'\big|_{x=0} = 3$,得

$$C_1 = 3,$$

所以

$$y' = 3(1+x^2).$$

再积分,得

$$y = x^3 + 3x + C_2.$$

又由条件 $y\big|_{x=0} = 1$ 得 $C_2 = 1$,

于是所求得特解为

$$y = x^3 + 3x + 1.$$

3. $y'' = f(y, y')$ 型

方程

$$y'' = f(y, y') \tag{7}$$

特点是不显含 x.

令 $y' = p(y)$,则

$$y'' = \frac{\mathrm{d}p}{\mathrm{d}x} = \frac{\mathrm{d}p}{\mathrm{d}y}\frac{\mathrm{d}y}{\mathrm{d}x} = p\frac{\mathrm{d}p}{\mathrm{d}y},$$

将其代入方程(7),于是可将方程(7)化为一阶微分方程

$$p\frac{\mathrm{d}p}{\mathrm{d}y} = f(y, p),$$

这是一个关于变量 y, p 的一阶微分方程,设其通解为

$$p = g(y, C_1),$$

再把 $y' = p(y)$ 代入上式, 于是有

$$\frac{\mathrm{d}y}{\mathrm{d}x} = g(y, C_1),$$

分离变量, 两边积分就能得到原方程的通解

$$\int \frac{1}{g(y, C_1)} \mathrm{d}y = x + C_2.$$

例 4 求微分方程

$$y'' + \frac{1}{1-y}(y')^2 = 0,$$

的解.

解 令 $y' = p(y)$, 则 $y'' = p\dfrac{\mathrm{d}p}{\mathrm{d}y}$, 代入方程

$$p\frac{\mathrm{d}p}{\mathrm{d}y} + \frac{1}{1-y}p^2 = 0,$$

即

$$p\left(\frac{\mathrm{d}p}{\mathrm{d}y} + \frac{1}{1-y}p\right) = 0,$$

当 $p \neq 0$ 时, 分离变量, 两边积分得到

$$p = C_1(y-1),$$

将 $y' = p(y)$ 代入上式, 方程变为

$$\frac{\mathrm{d}y}{\mathrm{d}x} = C_1(y-1),$$

分离变量, 两边积分得到通解为

$$y = C_2 \mathrm{e}^{C_1 x} + 1.$$

显然, 当 $p = 0$ 时, 即 $y = C$ 也包含在通解中.

练习 9.4

1. 求下列微分方程的解:

(1) $y'' = x + \sin x$;　　　　(2) $y'' = \dfrac{1}{1+x^2}$;　　　　(3) $(1+x^2)y'' - 2xy' = 0$;

(3) $y'' = 1 + (y')^2$;　　　　(4) $y'' = y' + x$;　　　　(6) $xy'' + y' = 0$;

(7) $yy'' + 2(y')^2 = 0$;　　　　(8) $y'' = (y')^3 + y'$.

2. 求下列微分方程在满足初始条件下的特解:

(1) $y'' = \dfrac{\ln x}{x^2}$, $y|_{x=1} = 0$, $y'|_{x=1} = 1$;

(2) $y^3 y'' + 1 = 0$, $y|_{x=1} = 1$, $y'|_{x=1} = 0$;

(3) $xy'' - y' = xy'$, $y|_{x=1} = 1$, $y'|_{x=1} = \mathrm{e}$.

3. 试求 $y'' = x$ 经过点 $M(0,1)$ 且在此点与直线 $y = \dfrac{x}{2} + 1$ 相切的积分曲线.

§9.5　二阶线性微分方程解的结构

形如

$$\frac{d^2 y}{dx^2} + P(x)\frac{dy}{dx} + Q(x)y = f(x) \tag{1}$$

方程称为二阶线性微分方程.

当 $f(x) \equiv 0$ 时,即方程

$$\frac{d^2 y}{dx^2} + P(x)\frac{dy}{dx} + Q(x)y = 0 \tag{2}$$

称为方程(1)所对应的齐次方程;当 $f(x) \neq 0$ 时称为非齐次的.

为求解方程(1),我们先来了解它所对应的齐次方程(2)的解的性质.

性质1　若 $y_1(x)$,$y_2(x)$ 是(2)的解,则 $y = C_1 y_1(x) + C_2 y_2(x)$ 也是(2)的解,其中 C_1,C_2 为任意常数.

函数 $y = C_1 y_1(x) + C_2 y_2(x)$ 是方程(2)的解,但此解未必是通解. 例如,设 $y_1(x) = 3 y_2(x)$,则 $y = (C_2 + 3 C_1) y_2(x) = C y_2(x)$,这显然不是方程(2)的通解. 那么 $C_1 y_1(x) + C_2 y_2(x)$ 何时成为通解? 只有当 $y_1(x)$ 与 $y_2(x)$ 线性无关时.

设 $y_1, y_2, \cdots, y_n$ 是定义在区间 I 内的函数,若存在不全为零的数 $k_1, k_2, \cdots, k_n$ 使得

$$k_1 y_1 + k_2 y_2 + \cdots + k_n y_n = 0,$$

恒成立,则称 $y_1, y_2, \cdots, y_n$ **线性相关. 否则称线性无关**.

例如:$1, \cos^2 x, \sin^2 x$ 线性相关,$1, x, x^2$ 线性无关.

对两个函数,当它们的比值为常数时,此二函数线性相关. 若它们的比值是函数时,线性无关.

性质2　若 $y_1(x)$,$y_2(x)$ 是(2)的两个线性无关的特解,那么

$$y = C_1 y_1(x) + C_2 y_2(x),$$

(C_1,C_2 为任意常数)是方程(2)的通解.

此性质称为二阶齐次线性微分方程(2)的通解结构.

例如,方程 $y'' + y = 0$ 是二阶齐次线性方程(这里 $p(x) \equiv 0$,$Q(x) \equiv 1$),容易验证,$y_1 = \cos x$ 与 $y_2 = \sin x$ 是所给方程的两个解,且 $\frac{y_2}{y_1} = \frac{\sin x}{\cos x} = \tan x$ $\neq$ 常数,即它们是线性无关的. 因此方程 $y'' + y = 0$ 的通解为

$$y = C_1 \cos x + C_2 \sin x.$$

下面讨论二阶非齐次线性方程(1)的通解.

在 9.3 节中我们已经看到,一阶非齐次线性微分方程的通解由两部分构成:一部分是对应的齐次方程的通解;另一部分是非齐次方程本身的一个特解.实际上,不仅一阶非齐次线性微分方程的通解具有这样的结构,而且二阶及更高阶的非齐次线性微分方程的通解也具有同样的结构.

性质 3　设 y^* 是(1)的特解,Y 是(2)的通解,则 $y=Y+y^*$ 是(1)的通解.

由于对应的齐次方程(2)的通解 $Y=C_1 y_1 + C_2 y_2$ 中含有两个任意常数,所以 $y=Y+y^*$ 中也含有两个任意常数,从而它就是二阶非齐次线性方程(1)的通解.

如:$y''+y=x^2$,$y=C_1\cos x+C_2\sin x$ 为 $y''+y=0$ 的通解,又 $y^*=x^2-2$ 是特解,则 $y=C_1\cos x+C_2\sin x$ 的通解.

性质 4　设(1)式中 $f(x)=f_1(x)+f_2(x)$,若 y_1^*,y_2^* 分别是

$$\frac{d^2 y}{dx^2}+P(x)\frac{dy}{dx}+Q(x)y=f_1(x),$$

$$\frac{d^2 y}{dx^2}+P(x)\frac{dy}{dx}+Q(x)y=f_2(x),$$

的特解,则 $y_1^*+y_2^*$ 为原方程的特解.

这一定理通常称为非齐次线性微分方程的解的叠加原理.

以上所有性质证明从略.

练习 9.5

1.判断下列各组函数是否线性相关:

(1)x^2,x^3;　　(2)$\cos 3x$,$\sin 3x$;　　(3)$\ln x$,$x\ln x$;　　(4)e^{5x},e^{7x}.

2.验证 $y_1=\cos \omega x$ 及 $y_2=\sin \omega x$ 都是方程 $y''+\omega^2 y=0$ 的解,并写出该方程的通解.

3.验证 $y=C_1 e^{C_2-3x}-1$ 是方程的解.说明它不是通解,其中 C_1,C_2 是两个任意的常数.

§9.6　二阶常系数齐次线性微分方程

方程

$$y''+py'+qy=0 \tag{1}$$

称为**二阶常系数齐次线性微分方程**,其中 p、q 均为常数.

由上节讨论知道,如果 y_1、y_2 是二阶常系数齐次线性微分方程的两个线性无关解,那么 $y=C_1y_1(x)+C_2y_2(x)$ 就是它的通解.

根据二阶常系数齐次线性微分方程(1)的特点,可以猜想 $y=\mathrm{e}^{rx}$ 是满足方程(1)的一个解,为此将 $y=\mathrm{e}^{rx}$ 代入方程(1)得

$$(r^2+pr+q)\mathrm{e}^{rx}=0,$$

由此可见,只要 r 满足代数方程

$$r^2+pr+q=0 \tag{2}$$

函数 $y=\mathrm{e}^{rx}$ 就是微分方程的解.

我们把方程(2)叫做微分方程(1)的特征方程.特征方程的两个根 r_1、r_2 可用公式

$$r_{1,2}=\frac{-p\pm\sqrt{p^2-4q}}{2},$$

求出.下面我们根据特征方程根的不同情况,分别来讨论方程(1)的通解.

(1)特征方程有两个不相等的实根 $r_1\neq r_2$ 时,函数 $y_1=\mathrm{e}^{r_1x}$、$y_2=\mathrm{e}^{r_2x}$ 是方程的两个线性无关的解.

这是因为,函数 $y_1=\mathrm{e}^{r_1x}$、$y_2=\mathrm{e}^{r_2x}$ 是方程的解,又

$$\frac{y_1}{y_2}=\frac{\mathrm{e}^{r_1x}}{\mathrm{e}^{r_2x}}=\mathrm{e}^{(r_1-r_2)x},$$

不是常数.因此方程的通解为

$$y=C_1\mathrm{e}^{r_1x}+C_2\mathrm{e}^{r_2x}.$$

(2)特征方程有两个相等的实根 $r_1=r_2$ 时,函数 $y_1=\mathrm{e}^{r_1x}$、$y_2=x\mathrm{e}^{r_1x}$ 是二阶常系数齐次线性微分方程的两个线性无关的解.

这是因为,$y_1=\mathrm{e}^{r_1x}$ 是方程的解,又

$$(x\mathrm{e}^{r_1x})''+p(x\mathrm{e}^{r_1x})'+q(x\mathrm{e}^{r_1x})$$
$$=(2r_1+xr_1^2)\mathrm{e}^{r_1x}+p(1+xr_1)\mathrm{e}^{r_1x}+qx\mathrm{e}^{r_1x}$$
$$=\mathrm{e}^{r_1x}(2r_1+p)+x\mathrm{e}^{r_1x}(r_1^2+pr_1+q)=0,$$

所以 $y_2=x\mathrm{e}^{r_1x}$ 也是方程的解,且 $\dfrac{y_2}{y_1}=\dfrac{x\mathrm{e}^{r_1x}}{\mathrm{e}^{r_1x}}=x$ 不是常数.

因此方程的通解为

$$y=C_1\mathrm{e}^{r_1x}+C_2x\mathrm{e}^{r_1x}.$$

(3)特征方程有一对共轭复根 $r=\alpha\pm i\beta$ 时,函数 $y=\mathrm{e}^{(\alpha\pm i\beta)x}$ 是微分方程的两个线性无关的复数形式的解.由欧拉公式

$$\mathrm{e}^{i\theta}=\cos\theta+i\sin\theta,$$

得

$$y_1 = e^{(a+i\beta)x} = e^{ax}(\cos \beta x + i\sin \beta x),$$

$$y_2 = e^{(a-i\beta)x} = e^{ax}(\cos \beta x - i\sin \beta x),$$

取

$$\overline{y}_1 = \frac{y_1 + y_2}{2} = e^{ax}\cos \beta x,$$

$$\overline{y}_2 = \frac{y_1 - y_2}{2i} = e^{ax}\sin \beta x,$$

故 $\overline{y}_1, \overline{y}_2$ 也是方程解. 且可以验证, $\overline{y}_1, \overline{y}_2$ 是方程的两个线性无关解. 因此此时方程的通解为

$$y = e^{ax}(C_1\cos \beta x + C_2\sin \beta x).$$

为了便于记忆, 我们将二阶常系数齐次线性微分方程(1)的通解形式列表如下:

表 1

两个不相等的实根 r_1, r_2	$y = C_1 e^{r_1 x} + C_2 e^{r_2 x}$
两个相等的实根 r_1, r_2	$y = (C_1 + C_2 x)e^{r_1 x}$
一对共轭复根 $r_{1,2} = \alpha \pm i\beta$	$y = e^{ax}(C_1\cos \beta x + C_2\sin \beta x)$

例 1　求微分方程 $y'' - 2y' - 3y = 0$ 的通解.

解　所给微分方程的特征方程为

$$r^2 - 2r - 3 = 0,$$

其根 $r_1 = -1, r_2 = 3$ 是两个不相等的实根, 因此所求通解为

$$y = C_1 e^{-x} + C_2 e^{3x}.$$

例 2　求方程 $\dfrac{d^2 s}{dt^2} + 2\dfrac{ds}{dt} + s = 0$ 满足初始条件 $s|_{t=0} = 4, s'|_{t=0} = -2$ 的特解.

解　所给方程的特征方程为

$$r^2 + 2r + 1 = 0,$$

其根 $r_1 = r_2 = -1$ 是两个相等的实根, 因此所求微分方程的通解为

$$s = (C_1 + C_2 t)e^{-t}.$$

将条件 $s|_{t=0} = 4$ 代入通解, 得 $C_1 = 4$, 从而

$$s = (4 + C_2 t)e^{-t},$$

将上式对 t 求导, 得

$$s' = (C_2 - 4 - C_2 t)e^{-t},$$

再把条件 $s'|_{t=0}=-2$ 代入上式,得 $C_2=2$. 于是所求特解为

$$s=(4+2t)e^{-t}.$$

例 3　求微分方程 $y''-2y+5y=0$ 的通解.

解　所给微分方程的特征方程为

$$r^2-2r+5=0,$$

其根 $r_{1,2}=1\pm2i$ 为一对共轭复根,因此所求通解为

$$y=e^x(C_1\cos 2x+C_2\sin 2x).$$

练习 9.6

1.求下列微分方程的通解:

(1) $y''+5y'+6y=0$;

(2) $16y''-24y'+9y=0$;

(3) $y''+8y'+25y=0$;

(4) $4y''-20y'+25y=0$;

(6) $y''-y=0$;

(6) $y''-4y'+13y=0$;

(7) $y''-4y'+5y=0$;

(8) $y''+2y'+10y=0$.

2.求下列微分方程满足初始条件的特解:

(1) $4y''+4y'+y=0,y|_{x=0}=2,y'|_{x=0}=0$;

(2) $y''+4y'+29y=0,y|_{x=0}=0,y'|_{x=0}=15$;

(3) $y''+y'+2y=0,y|_{x=0}=3,y'|_{x=0}=0$;

(4) $y''+25y=0,y|_{x=0}=2,y'|_{x=0}=5$.

§9.7　二阶常系数非齐次线性微分方程

方程

$$y''+Py'+qy=f(x),\tag{1}$$

称为**二阶常系数非齐次线性微分方程**,其中 p,q 是常数.

二阶常系数非齐次线性微分方程的通解是对应的齐次方程

$$y''+Py'+qy=0,$$

它的通解 $y=Y(x)$ 与非齐次方程本身的一个特解 $y=y^*(x)$ 之和

$$y=Y(x)+y^*(x).$$

本节将对方程中 $f(x)=p_m(x)e^{\lambda x}$ 型的特殊形式,给出求解方程(1)的特解的方法.

当 $f(x)=p_m(x)e^{\lambda x}$ 时,其中 $p_m(x)$ 为 x 的一个 m 次多项式

$$p_m(x)=a_0x^m+a_1x^{m-1}+\cdots+a_{m-1}x+a_m,$$

由于多项式与指数函数的乘积的导数仍是多项式与指数函数的乘积,可以猜想方程(1)的特解也应具有这种形式.因此,设特解形式为

$y^*(x)=Q(x)\mathrm{e}^{\lambda x}$ 将其代入方程(1),得等式

$$Q''(x)+(2\lambda+p)Q'(x)+(\lambda^2+p\lambda+q)Q(x)=p_m(x) \qquad (2)$$

如何求 $Q(x)$ 分以下三种情况讨论：

(1)如果 λ 不是特征方程 $r^2+pr+q=0$ 的根,则 $\lambda^2+p\lambda+q\neq0$,要使(2)式成立,$Q(x)$ 应设为 m 次多项式

$$Q_m(x)=b_0x^m+b_1x^{m-1}+\cdots+b_{m-1}x+b_m,$$

通过比较等式两边同次项系数,可确定 $b_0,b_1,\cdots,b_m$,并得所求特解

$$y^*(x)=Q_m(x)\mathrm{e}^{\lambda x}.$$

(2)如果 λ 是特征方程 $r^2+pr+q=0$ 的单根,则 $\lambda^2+p\lambda+q=0$,但 $2\lambda+P\neq0$,要使等式(2)成立,$Q(x)$ 应设为 $m+1$ 次多项式

$$Q(x)=xQ_m(x),$$

通过比较等式两边同次项系数,可确定 $b_0,b_1,\cdots,b_m$,并得所求特解

$$y^*(x)=xQ_m(x)\mathrm{e}^{\lambda x}.$$

(3)如果 λ 是特征方程 $r^2+pr+q=0$ 的二重根,则 $\lambda^2+p\lambda+q=0$,$2\lambda+P=0$,要使等式(2)成立,$Q(x)$ 应设为 $m+2$ 次多项式

$$Q(x)=x^2Q_m(x),$$

通过比较等式两边同次项系数,可确定 $b_0,b_1,\cdots,b_m$,并得所求特解

$$y^*(x)=x^2Q_m(x)\mathrm{e}^{\lambda x}.$$

综上所述,我们有如下结论：

如果 $f(x)=p_m(x)\mathrm{e}^{\lambda x}$,则二阶常系数非齐次线性微分方程(1)有形如

$$y^*(x)=x^kQ_m(x)\mathrm{e}^{\lambda x}$$

的特解,其中 $Q_m(x)$ 是与 $p_m(x)$ 同次的多项式,而 k 按 λ 不是特征方程的根、是特征方程的单根或是特征方程的的重根依次取为 0、1 或 2.

例 1 求微分方程 $y''-2y'-3y=3x+1$ 的一个特解.

解 这是一个 $f(x)=p_m(x)\mathrm{e}^{\lambda x}$ 型二阶常系数非齐次线性微分方程,$p_m(x)=3x+1,\lambda=0$.

与所给方程对应的齐次方程为

$$y''-2y'-3y=0,$$

它的特征方程为

$$r^2-2r-3=0.$$

由于这里 $\lambda=0$ 不是特征方程的根,所以应设特解为

$$y^*(x)=b_0x+b_1,$$

把它代入所给方程,得

$$-3b_0 x - 2b_0 - 3b_1 = 3x + 1,$$

比较两端 x 同次幂的系数,得

$$\begin{cases} -3b_0 = 3, \\ -2b_0 - 3b_1 = 1. \end{cases}$$

由此求得 $b_0 = -1, b_1 = \dfrac{1}{3}$. 于是求得所给方程的一个特解为

$$y^*(x) = -x + \frac{1}{3}.$$

例 2　求微分方程 $y'' - 5y' + 6y = x\mathrm{e}^{2x}$ 的通解.

解　所给方程是二阶常系数非齐次线性微分方程,

且是 $f(x) = p_m(x)\mathrm{e}^{\lambda x}$ 型(其中 $p_m(x) = x, \lambda = 2$).

与所给方程对应的齐次方程为

$$y'' - 5y' + 6y = 0,$$

它的特征方程为

$$r^2 - 5r + 6 = 0,$$

特征方程有两个实根 $r_1 = 2, r_1 = 3$,于是所给方程对应的齐次方程的通解为

$$Y = C_1 \mathrm{e}^{2x} + C_2 \mathrm{e}^{3x}.$$

由于 $\lambda = 2$ 是特征方程的单根,所以应设方程的特解为

$$y^*(x) = x(b_0 x + b_1)\mathrm{e}^{2x},$$

把它代入所给方程,得

$$-2b_0 x + 2b_0 - b_1 = x,$$

比较两端 x 同次幂的系数,得

$$\begin{cases} -2b_0 = 1, \\ 2b_0 - b_1 = 0. \end{cases}$$

由此求得 $b_0 = -\dfrac{1}{2}, b_1 = -1$. 于是求得所给方程的一个特解为

$$y^*(x) = x\left(-\frac{1}{2}x - 1\right)\mathrm{e}^{2x}.$$

从而所给方程的通解为

$$y = C_1 \mathrm{e}^{2x} + C_2 \mathrm{e}^{3x} - \frac{1}{2}(x^2 + 2x)\mathrm{e}^{2x}.$$

练习 9.7

1.求下列微分方程的通解:

(1) $2y'' + y' - y = 2\mathrm{e}^x$;　　　　　　(2) $y'' + a^2 y = \mathrm{e}^x$;

(3)$2y'' + 5y' = 5x^2 - 2x - 1$;　　　　(4)$y'' + 3y' + 2y = 3xe^{-x}$.

2.求下列微分方程在满足初始条件下的特解:

(1)$y'' - 10y' + 9y = e^{2x}$, $y|_{x=0} = \dfrac{6}{7}$, $y'|_{x=0} = \dfrac{33}{7}$;

(2)$y'' - y = 4xe^x$, $y|_{x=0} = 0$, $y'|_{x=0} = 1$.

§9.8　微分方程的应用

本节我们将以例题的形式介绍微分方程的应用,重点介绍如何建立微分方程,因而有的问题不进行计算和求解.

例 1　设降落伞从跳伞塔下落后,所受空气阻力与速度成正比,并设降落伞离开跳伞塔时的速度为零,求降落伞下落速度与时间的函数关系.

解　设降落伞下落速度 $v(t)$. 降落伞在空中下落时,同时受到重力 P 与阻力 R 的作用,重力大小为 mg,方向与速度 v 一致;阻力大小为 kv,方向与 v 相反,从而降落伞所受外力为

$$F = mg - kv,$$

根据牛顿第二运动定律

$$F = ma,$$

其中 a 为加速度,的函数 $v(t)$ 应满足的方程为

$$m\frac{\mathrm{d}v}{\mathrm{d}t} = mg - kv,$$

按题意,初始条件为

$$v|_{t=0} = 0.$$

例 2　在缺氧的情况下,酵母在发酵过程中会产生酒精,而酒精将抑制酵母的继续发酵. 在酵母量增长的同时,酒精量也相应增加,酒精的抑制作用也相应得到加强,致使酵母的增长率逐渐下降,直到酵母量稳定地接近一个极限值为止,上述数学形式为:

$$\frac{\mathrm{d}A}{\mathrm{d}t} = rA(K - A),$$

其中 K 为酵母量的最后极限值,是一个常数. 是在缺氧的条件下,酵母的现有量与时间 t 的函数关系.

解　对方程

$$\frac{\mathrm{d}A}{\mathrm{d}t} = rA(K - A),$$

分离变量,得

$$\frac{1}{A(K-A)}\mathrm{d}A=r\mathrm{d}t,$$

两边积分,求解得到通解为

$$A=\frac{K}{1+\dfrac{1}{C}\mathrm{e}^{-Krt}}.$$

假设在开始时酵母量为 A_0,则有

$$C=\frac{A_0}{K-A_0},$$

从而

$$A=\frac{K}{1+\dfrac{K-A_0}{A_0}\mathrm{e}^{-Krt}}.$$

例 3   设某商品的需求价格弹性 $\varepsilon=-k$(ε 为常数),求该商品的需求函数 $Q=f(P)$.

解   根据价格弹性的定义

$$\varepsilon=\frac{P}{Q}\frac{\mathrm{d}Q}{\mathrm{d}P},$$

的微分方程

$$\frac{P}{Q}\frac{\mathrm{d}Q}{\mathrm{d}P}=-k,$$

$$\frac{\mathrm{d}Q}{Q}=-k\,\frac{\mathrm{d}P}{P},$$

求得通解为

$$Q=C\mathrm{e}^{-k\ln P}=CP^{-k}.$$

本章小结

本章主要介绍了微分方程的一些基本概念和几种常用的微分方程的解法. 很多实际问题的解决是先建立微分方程,然后再通过数学方法来求解——解微分方程. 这就要求对我们微分方程基本概念要了解,对几种常用的微分方程的解法要熟悉和掌握,在以后的专业课学习中这部分知识将后很好的应用.

第9章综合练习题

1.求下面微分方程的通解：

(1)$(xy^2+x)\mathrm{d}x+(y-x^2y)\mathrm{d}y=0$;　　　　　(2)$\dfrac{\mathrm{d}y}{\mathrm{d}x}=-\dfrac{4x+3y}{x+y}$;

(3)$(\mathrm{e}^{x+y}-\mathrm{e}^x)\mathrm{d}x+(\mathrm{e}^{x+y}+\mathrm{e}^y)\mathrm{d}y=0$;　　　　(4)$y'=\dfrac{y}{2x}+\dfrac{1}{2y}\tan\dfrac{y^2}{x}$.

2.求下列初值问题的解：

(1)$\cos y\mathrm{d}x+(1+\mathrm{e}^{-x})\sin y\mathrm{d}y=0,y|_{x=0}=\dfrac{\pi}{4}$;

(2)$(x^2+2xy-y^2)\mathrm{d}x+(y^2+2xy-x^2)\mathrm{d}y=0,y|_{x=1}=1$.

3.求解方程 $y'=2\left(\dfrac{y+2}{x+y-1}\right)^2$ 的通解.

4.设一个棋牌俱乐部开始活动时($t=0$)有 N_0 个成员,毫无疑问,这个俱乐部的扩大将会与会员人数成比列.但真正对棋牌感兴趣的人最多有 M 个人,因此,当会员人数接近 M 时,速度将减少,因为新会员比较难找了.所以,实际上增长的速度和成员数和留下来的有兴趣的人数的乘积成比列.给出包含会员人数的 $N(t)$ 微分方程,找到平衡点并判断稳定性.

5.某渔场鱼量在无捕捞的情况下服从 Logistic 规律,当人们进行捕捞时,鱼量服从的规律如下：

$$\frac{\mathrm{d}x(t)}{\mathrm{d}t}=rx\left(1-\frac{x}{x_m}\right)-ex,$$

其中 r 为故有增长率,x_m 为渔场的最大容纳量,e 为单位时间的捕捞率,试求上述平衡方程的平衡点,判断稳定性,并对结果做出解释.

6.设某种商品的需求量 D 和供给量 S,各自对价格 p 的函数为 $D(p)=\dfrac{a}{p^2}$,$S(p)=bp$ 且 p 是时间 t 的函数并满足方程 $\dfrac{\mathrm{d}p}{\mathrm{d}t}=k[d(p)-S(p)]$($a,b,k$ 为正常数).求：

(1)在需求量与供给量相等时的均衡价格;

(2)当时的价格函数.

7.求下面微分方程的通解：

(1)$y''-3y'-4y=0$;　　　　　　(2)$y''-4y'+13y=0$;

(3)$2y''+5y'=5x^2-2x-1$;　　　　(4)$y''+3y'+2y=3x\mathrm{e}^{-x}$.

8.求微分方程 $y''-2y'+y=(x-1)\mathrm{e}^x$ 在满足初始条件 $y(1)=y'(1)=1$ 下的特解.

参考答案

习题及综合练习题

练习 1.1

1. (1) $[-2,2]$; (2) $(1,+\infty)$. 2. (1) 非奇非偶函数; (2) 偶函数.

3. $y=\ln(x-1)$. 4. 0; $-\dfrac{\pi}{4}$; $\arctan(x^2-1)$. 5. $1+2\cos^2 x$.

6. (1) $y=\cos u, u=x^2$; (2) $y=u^5, u=\sin x$;

(3) $y=u^2, u=\sin v, v=2x+\dfrac{\pi}{4}$; (4) $y=e^u, u=\cos v, v=3x$.

练习 1.2

1. (1) ×; (2) ×; (3) ×; (4) ×; (5) ×.
2. (1) 0; (2) 0; (3) 不存在; (4) 1.
3. (1) 不存在; (2) 0; (3) 2; (4) −4.

练习 1.3

1. (1) 无穷小; (2) 无穷小; (3) 无穷小; (4) 无穷大.
2. (1) ∞; (2) 0; (3) 0; (4) 0.

练习 1.4

(1) 4; (2) 0; (3) −4; (4) 4; (5) 0; (6) $\dfrac{m}{n}$.

练习 1.5

(1) k; (2) 1; (3) 2; (4) $2\sqrt{2}$; (5) −2; (6) 1; (7) e^{-8}; (8) e^{-1}.

练习 1.6

1. (1) 错误; (2) 正确; (3) 正确; (4) 错误.

2. $(-\infty,-3)\bigcup(-3,2)\bigcup(2,+\infty)$; 0; $-\dfrac{9}{5}$.

3. $a=1$.

5. (1)第二类间断点; (2)第一类间断点.

练习 1.7

1. 提示:运用零点定理. 2. 提示:运用零点定理.

第1章综合练习题

1. (1) $[-1,0]\bigcup(0,1]$;   (2) $(-\infty,1)\bigcup(1,2)\bigcup(2,+\infty)$;

 (3) $[2,4]$;   (4) $(-\infty,0)\bigcup(0,3]$.

2. (1)奇函数; (2)偶函数; (3)偶函数; (4)奇函数.

3. (1) $y=u^{\frac{1}{2}},u=3x-1$;   (2) $y=u^5,u=1+\lg x$;

 (3) $y=u^{\frac{1}{2}},u=\lg v,v=x^{\frac{1}{2}}$(4) $y=\ln u,u=\arccos v,v=x^3$.

4. (1)0; (2)0; (3)2; (4)1.

5. (1)23; (2)0; (3) $\dfrac{5}{3}$; (4) ∞; (5) $\dfrac{2}{3}$; (6) $\dfrac{1}{2}$; (7) $\dfrac{1}{2}$; (8)0.

6. (1) $\dfrac{3}{5}$; (2)1; (3)4; (4)2.

7. (1) e^8; (2) e^{-1}; (3) $e^{-\frac{2}{3}}$; (4) e^{-2}.

8. (1) $x=-3$,无穷间断点; (2) $x=0$,可去间断点;

 (3) $x=1$,可去间断点, $x=-1$ 是无穷间断点; (4) $x=0$,可去间断点.

9. $a=1$.

10. 略.

练习 2.1

1. (1) $-2x^{-3}$; (2) $\dfrac{2}{3}x^{-\frac{1}{3}}$; (3) $\dfrac{16}{5}x^{\frac{11}{5}}$; (4) $-\dfrac{1}{2}x^{-\frac{3}{2}}$.

2. 12(米/秒).

3. $-\dfrac{1}{2},-1$.

4. $y=x+1$.

5. (1)连续,不可导; (2)连续,可导.

6. $a=2,b=-1$.

7. $f'_-(0)=-1$, $f'_+(0)=0,f'(0)$ 不存在.

8. 略.

9. $-\dfrac{100}{\ln 10}$.

练习 2.2

1. 略.

2. (1) $-\dfrac{20}{x^6}-\dfrac{28}{x^5}+\dfrac{2}{x^2}$； (2) $15x^2-2^x\ln 2+3\mathrm{e}^x$； (3) $\sec x(2\sec x+\tan x)$；

(4) $\cos 2x$； (5) $x(2\ln x+1)$； (6) $3\mathrm{e}^x(\cos x-\sin x)$；

(7) $\dfrac{1-\ln x}{x^2}$； (8) $\dfrac{\mathrm{e}^x(x-2)}{x^3}$.

3. (1) $y'\Big|_{x=\frac{\pi}{6}}=\dfrac{\sqrt{3}+1}{2}$，$y'\Big|_{x=\frac{\pi}{4}}=\sqrt{2}$； (2) $\dfrac{\mathrm{d}\rho}{\mathrm{d}\theta}\Big|_{\theta=\frac{\pi}{4}}=\dfrac{\sqrt{2}}{4}\Big(1+\dfrac{\pi}{2}\Big)$；

(3) $f'(0)=\dfrac{3}{25}$，$f'(2)=\dfrac{17}{15}$.

4. 切线方程为 $y=2x$，法线方程为 $x+2y=0$.

5. (1) $8(2x+5)^3$； (2) $3\sin(4-3x)$； (3) $-6x\mathrm{e}^{-3x^2}$； (4) $\dfrac{2x}{1+x^2}$；

(5) $\sin 2x$； (6) $-\dfrac{x}{\sqrt{a^2-x^2}}$； (7) $2x\sec^2(x^2)$.

6. (1) $\dfrac{x}{(1-x^2)\sqrt{1-x^2}}$； (2) $-\dfrac{1}{2}\mathrm{e}^{-\frac{x}{2}}(\cos 3x+6\sin 3x)$；

(3) $-\dfrac{2}{x(1+\ln x)^2}$； (4) $\dfrac{2x\cos 2x-\sin 2x}{x^2}$； (5) $\dfrac{2\sqrt{x}+1}{4\sqrt{x}\cdot\sqrt{x+\sqrt{x}}}$；

(6) $\dfrac{1}{x^2}\tan\dfrac{1}{x}$； (7) $\dfrac{1}{x^2}\cdot\sin\dfrac{2}{x}\cdot\mathrm{e}^{-\sin^2\frac{1}{x}}$.

7. $\dfrac{m_0 v}{(c^2-v^2)\sqrt{1-\dfrac{v^2}{c^2}}}$.

练习 2.3

1. (1) $4-\dfrac{1}{x^2}$； (2) e^{2x-1}； (3) $-2\sin x-x\cos x$； (4) $-2\mathrm{e}^{-t}\cos t$；

(5) $-\dfrac{a^2}{(a^2-x^2)\sqrt{a^2-x^2}}$； (6) $-\dfrac{2(1+x^2)}{(1-x^2)^2}$； (7) $2\sec^2 x\tan x$；

(8) $\dfrac{6x(2x^3-1)}{(x^3+1)^3}$； (9) $2\arctan x+\dfrac{2x}{1+x^2}$； (10) $\dfrac{\mathrm{e}^x(x^2-2x+2)}{x^3}$.

2. 略.

3. (1) $(-1)^n\dfrac{(n-2)!}{x^{n-1}}$； (2) $\mathrm{e}^x(n+x)$.

4. (1) $-4\mathrm{e}^x\cos x$； (2) $2^{50}\Big(-x^2\sin 2x+50x\cos 2x+\dfrac{1225}{2}\sin 2x\Big)$.

练习 2.4

1. (1) $\dfrac{y}{y-x}$;　(2) $\dfrac{ay-x^2}{y^2-ax}$;　(3) $\dfrac{e^{x+y}-y}{x-e^{x+y}}$;　(4) $-\dfrac{e^y}{1+xe^y}$.

2. 切线方程为 $x+y=\dfrac{\sqrt{2}}{2}a$. 法线方程为 $x-y=0$.

3. (1) $-\dfrac{1}{y^3}$;　(2) $-\dfrac{b^4}{a^2y^3}$;　(3) $-\dfrac{2(1+y^2)}{y^5}$;　(4) $\dfrac{e^{2y}(3-y)}{(2-y)^3}$.

4. (1) $\left(\dfrac{x}{1+x}\right)^x\left[\ln\dfrac{x}{1+x}+\dfrac{1}{1+x}\right]$;　(2) $\left[\dfrac{1}{x-5}-\dfrac{1}{5}\cdot\dfrac{2x}{x^2+2}\right]\sqrt[5]{\dfrac{x-5}{\sqrt{x^2+2}}}$;

(3) $\dfrac{\sqrt{x+2}(3-x)^4}{(x+1)^5}\left[\dfrac{1}{2(x+2)}+\dfrac{4}{x-3}-\dfrac{5}{x+1}\right]$;

(4) $\dfrac{1}{4}\sqrt{x\sin x\sqrt{1-e^x}}\left[\dfrac{2}{x}+2\cot x+\dfrac{e^x}{e^x-1}\right]$.

练习 2.5

1. $\Delta y|_{x=2,\Delta x=1}=18,\mathrm{d}y|_{x=2,\Delta x=1}=11$;

$\Delta y|_{x=2,\Delta x=0.1}=1.161,\mathrm{d}y|_{x=2,\Delta x=0.1}=1.1$;

$\Delta y|_{x=2,\Delta x=0.01}=0.110601,\mathrm{d}y|_{x=2,\Delta x=0.01}=0.11$.

2. (a) $\Delta y>0,\mathrm{d}y>0,\Delta y-\mathrm{d}y>0$;　(b) $\Delta y>0,\mathrm{d}y>0,\Delta y-\mathrm{d}y<0$;

(c) $\Delta y<0,\mathrm{d}y<0,\Delta y-\mathrm{d}y<0$;　(d) $\Delta y<0,\mathrm{d}y<0,\Delta y-\mathrm{d}y>0$.

3. (1) $\left(-\dfrac{1}{x^2}+\dfrac{1}{\sqrt{x}}\right)\mathrm{d}x$;　(2) $(\sin 2x+2x\cos 2x)\mathrm{d}x$;

(3) $\dfrac{1}{(x^2+1)\sqrt{x^2+1}}\mathrm{d}x$;　(4) $\dfrac{2}{x-1}\ln(1-x)\mathrm{d}x$;

(5) $2x(1+x)e^{2x}$;　(6) $e^{-x}[\sin(3-x)-\cos(3-x)]\mathrm{d}x$;

(7) $-\dfrac{x}{|x|\sqrt{1-x^2}}\mathrm{d}x$;　(8) $8x\tan(1+2x^2)\sec^2(1+2x^2)\mathrm{d}x$.

4. (1) $\mathrm{d}(2x+C)=2\mathrm{d}x$;　(2) $\mathrm{d}\left(\dfrac{3}{2}x^2+C\right)=3x\mathrm{d}x$;　(3) $\mathrm{d}(\sin t+C)=\cos t\mathrm{d}t$;

(4) $\mathrm{d}\left(-\dfrac{1}{\omega}\cos\omega x+C\right)=\sin\omega x\mathrm{d}x$;　(5) $\mathrm{d}(\ln(1+x)+C)=\dfrac{1}{x+1}\mathrm{d}x$;

(6) $\mathrm{d}\left(-\dfrac{1}{2}e^{-2x}+C\right)=e^{-2x}\mathrm{d}x$;　(7) $\mathrm{d}(2\sqrt{x}+C)=\dfrac{1}{\sqrt{x}}\mathrm{d}x$;

(8) $\mathrm{d}\left(\dfrac{1}{3}\tan 3x+C\right)=\sec^2 3x\mathrm{d}x$.

5. (1) $-43.63(\mathrm{cm}^2)$;　(2) $104.72(\mathrm{cm}^2)$.

6. (1) $\cos 29°=0.87467$;　(2) $\tan 136°=-0.96509$.

7. (1) 9.987;　(2) 2.0052.

8. 略.

第 2 章综合练习题

1.(1)充分,必要；ㅤ(2)充分必要；ㅤ(3)充分必要.

2.略.

3.略.

4.(1)$\dfrac{\cos x}{|\cos x|}$；ㅤ(2)$\dfrac{1}{1+x^2}$；ㅤ(3)$\sin x \cdot \ln \tan x$；ㅤ(4)$\dfrac{e^x}{\sqrt{1+e^{2x}}}$；ㅤ(5)$\dfrac{\sqrt[x]{x}}{x^2}(1-\ln x)$.

5.(1)$-2\cos 2x \cdot \ln x - \dfrac{2\sin 2x}{x} - \dfrac{\cos^2 x}{x^2}$；ㅤ(2)$(1-x^2)^{-\frac{3}{2}}$.

6.(1)$y^{(n)} = \dfrac{1}{m}\left(\dfrac{1}{m}-1\right)\left(\dfrac{1}{m}-2\right)\cdots\left(\dfrac{1}{m}-n+1\right)(1+x)^{\frac{1}{m}-n}$；

ㅤ(2). $y^{(n)} = 2(-1)(-2)(-3)\cdots(-n)(1+x)^{-(n+1)} = \dfrac{2(-1)^n n!}{(1+x)^{n+1}}$.

7.$y''(0) = \dfrac{1}{e^2}$.

8.1.007.

练习 3.1

1.略.

2.略.

3.略.

4.证设 $f(x) = \arcsin x + \arccos x$. 因为 $f'(x) = \dfrac{1}{\sqrt{1-x^2}} - \dfrac{1}{\sqrt{1-x^2}} \equiv 0$,

所以 $f(x) \equiv C$,其中 C 是一常数. 因此 $f(x) = f(0) = \arcsin x + \arccos x = \dfrac{\pi}{2}$,

即 $\arcsin x + \arccos x = \dfrac{\pi}{2}$.

5.略

6.略.

7.略.

8.略.

9.略.

10.略.

练习 3.2

1.(1)1；ㅤ(2)2；ㅤ(3)$\cos a$；ㅤ(4)$-\dfrac{3}{5}$；ㅤ(5)$-\dfrac{1}{8}$；ㅤ(6)$\dfrac{m}{n}a^{m-n}$；ㅤ(7)1；ㅤ(8)3；

ㅤ(9)1；ㅤ(10)1；ㅤ(11)$\dfrac{1}{2}$；ㅤ(12)$+\infty$；ㅤ(13)$-\dfrac{1}{2}$；ㅤ(14)1；ㅤ(15)1.

2.略.

练习 3.3

1. $f(x)$ 在 $(-\infty, +\infty)$ 内单调减少.

2. 单调增加.

3. (1) 在 $(-\infty, -1]$ 和 $[3, +\infty)$ 内单调增加,在 $[-1, 3]$ 内单调减少;

(2) 在 $(0, 2]$ 内单调减少,在 $[2, +\infty)$ 内单调增加;

(3) $(-\infty, 0)$, $\left(0, \dfrac{1}{2}\right]$, $[1, +\infty)$ 内单调减少,在 $\left[\dfrac{1}{2}, 1\right]$ 上单调增加;

(4) 在 $(-\infty, +\infty)$ 内单调增加;

(5) 在 $\left(-\infty, \dfrac{1}{2}\right]$ 内单调减少,在 $\left[\dfrac{1}{2}, +\infty\right)$ 内单调增加.

4. 略.

练习 3.4

1. (1) 在 $x = -1$ 处取得极大值 17,在 $x = 3$ 处取得极小值 -47;

(2) 在 $x = 0$ 处取得极小值 0;

(3) 在 $x = 0$ 处取得极小值 0,在 $x = -1$ 处取得极大值 1 在 $x = 1$ 处取得极大值 1;

(4) 在 $x = 1$ 处取得极大值 $\dfrac{5}{4}$;

(5) 在 $x = \dfrac{12}{5}$ 处取得极大值 $\dfrac{\sqrt{205}}{10}$;

(6) 在 $x = -2$ 处取得极小值 $\dfrac{8}{3}$,在 $x = 0$ 处取得极大值 4;

(7) 在 $x = \dfrac{\pi}{4} + 2(k+1)\pi$ 处取得极小值 $-e^{\frac{\pi}{4} + 2(k+1)\pi} \cdot \dfrac{\sqrt{2}}{2}$,

在 $x = \dfrac{\pi}{4} + 2k\pi$ 处取得极大值 $e^{\frac{\pi}{4} + 2k\pi} \cdot \dfrac{\sqrt{2}}{2}$;

(8) 在 $x = e$ 处取得极大值 $e^{\frac{1}{e}}$;

(9) 无极值;

(10) 无极值.

2. 略.

3. 当 $a = 2$ 时,函数 $f(x)$ 在 $x = \dfrac{\pi}{3}$ 处取得极值,而且取得极大值,极大值为 $f\left(\dfrac{\sqrt{3}}{2}\right) = \sqrt{3}$.

4. (1) 最小值为 $y(-1) = -5$,最大值为 $y(4) = 80$;

(2) 最小值为 $y(2) = -14$,最大值为 $y(3) = 11$;

(3) 最小值为 $y(-5) = -5 + \sqrt{6}$,最大值为 $y\left(\dfrac{3}{4}\right) = \dfrac{5}{4}$.

5.在 $x=1$ 处取得最大值－29.

6.在 $x=-3$ 处取得最小值 27.

7.在 $x=1$ 处取得最大值,最大值为 $f(1)=\dfrac{1}{2}$.

8.当宽为 5 米,长为 10 米时这间小屋面积最大.

9.在 $r=\sqrt[3]{\dfrac{V}{2\pi}}$ 处取得最小值. $h=\dfrac{V}{\pi r_0^2}=2r.$ 底直径与高的比为 $2r:h=1:1.$

练习 3.5

1.(1)曲线在 $(-\infty,+\infty)$ 内是凸的;

(2)曲线在 $(0,+\infty)$ 内是凹的;

(3)曲线在 $(-\infty,+\infty)$ 内是凹的;

2.(1)曲线在 $\left(-\infty,\dfrac{5}{3}\right]$ 内是凸的,在 $\left[\dfrac{5}{3},+\infty\right)$ 内是凹的,

拐点为 $\left(\dfrac{5}{3},\dfrac{20}{27}\right)$;

(2)曲线在 $(-\infty,2]$ 内是凸的,在 $[2,+\infty)$ 内是凹的,拐点为 $(2,2\mathrm{e}^{-2})$;

(3)曲线在 $(-\infty,+\infty)$ 内是凹的,无拐点;

(4)曲线在 $(-\infty,-1]$ 和 $[1,+\infty)$ 内是凸的,在 $[-1,1]$ 内是凹的,拐点为 $(-1,$ $\ln 2)$ 和 $(1,\ln 2)$;

(5)曲线在 $\dfrac{1}{2}$ 内是凹的,在 $\left[\dfrac{1}{2},+\infty\right)$ 内是凸的,拐点是 $\left(\dfrac{1}{2},\mathrm{e}^{\arctan\frac{1}{2}}\right)$;

(6)曲线在 $(0,1]$ 内是凸的,在 $[1,+\infty)$ 内是凹的,拐点为 $(1,-7)$;

3.$a=-\dfrac{3}{2},b=\dfrac{9}{2}.$

4.$a=1,b=-3,c=-24,d=16.$

5.$a=-1-\mathrm{e},b=-1,c=\dfrac{2+2\mathrm{e}}{\mathrm{e}}.$

6.略.

练习 3.6

略.

练习 3.7

1.$x=400.$

2.$x=10,L(x)=20.$

3.直径:高 $=b:a.$

4.略.

第 3 章综合练习题

1.略.

2.略.

3.略.

4.略.

5.(1)2;　(2)$\dfrac{1}{2}$;　(3)$e^{-\frac{2}{\pi}}$.

6.略.

7.$h:r=1:1$.

8.纵坐标最大和最小的点分别为$(1,2)$和$(-1,-2)$.

9.(1)$p<-2$ 或 $p>2$;　(2)$p=\pm 2$;　(3)$-2<p<2$.

练习 4.1

1.(1)$\dfrac{2}{5}x^{\frac{5}{2}}+\dfrac{2}{3}x^{\frac{3}{2}}+C$;　(2)$5e^x+2\ln|x|+C$;　(3)$8\arctan x+C$;

(4)$5\arcsin u+C$;　(5)$\dfrac{1}{2}\sin t+\dfrac{1}{2}t+C$;　(6)$\tan x-\sec x+C$;

(7)$6\cot x+C$;　(8)$\dfrac{2^x e^x}{1+\ln 2}+C$;　(9)$x-\cos x+C$.

2.(1)$y=\dfrac{1}{3}(x-2)^3$;　(2)$x=\dfrac{1}{t}+2t-2$.

3.48 m/s.

练习 4.2

1.(1)$\dfrac{1}{5}$;　(2)$\dfrac{-1}{2}$;　(3)$\dfrac{1}{16}$;　(4)$\dfrac{1}{2}$;　(5)2;　(6)$\dfrac{1}{2}$;　(7)-1(8)-1.

2.(1)$\dfrac{1}{202}(2x-3)^{101}+C$;　(2)$\dfrac{1}{5}\ln|5s+4|+C$;　(3)$\dfrac{3}{2-x}+C$;

(4)$\dfrac{1}{12}\sin 6x+\dfrac{1}{2}x+C$;　(5)$-\dfrac{1}{3}(7-3y^2)^{\frac{3}{2}}+C$;　(6)$-2\cos\sqrt{x}+C$;

(7)$-\dfrac{1}{2}\dfrac{a^{1-2x}}{\ln a}+C$;　(8)$\dfrac{\tan^{11}x}{11}+C$;　(9)$\ln|\tan x|+C$;　(10)$\arctan e^x+C$;

(11)$-\dfrac{1}{3}\sqrt{2-3x^2}+C$;　(12)$\dfrac{1}{4}\arctan 2x^2+C$;

(13)$\dfrac{1}{101}(1-x)^{101}-\dfrac{1}{100}(1-x)^{100}+C$;　(14)$-2\sqrt{1-u^2}-\arcsin u+C$;

(15)$-\dfrac{1}{10}\cos 5x+\dfrac{1}{2}\cos x+C$;　(16)$\dfrac{1}{3}\sec^3 x-\sec x+C$;

(17)$\ln\ln\ln x+C$;　(18)$\sqrt{x^2-9}+3\arctan\left(\dfrac{3}{\sqrt{x^2-9}}\right)+C$;

(19)$\dfrac{-\sqrt{x^2+1}}{x}+C$;　(20)$-\dfrac{1}{x}+\dfrac{\sqrt{1-x^2}}{x}+\arcsin x+C$;

(21)$\dfrac{2}{3}\left(1-\dfrac{1}{x}\right)^{\frac{3}{2}}+C$.

3. 略.

4. 略.

练习 4.3

1. $x^2\sin x+2x\cos x-2\sin x+C$.

2. $-xe^{-x}-e^{-x}+C$.

3. $\dfrac{1}{3}x^3\ln x-\dfrac{1}{9}x^3+C$.

4. $2\sqrt{x}\ln x-4\sqrt{x}+C$.

5. $2x\sin\dfrac{x}{2}+4\cos\dfrac{x}{2}+C$.

6. $x\tan x+\ln|\cos x|-\dfrac{1}{2}x^2+C$.

7. $\dfrac{-x}{4}\cos 2x+\dfrac{1}{8}\sin 2x+C$.

8. $3\sqrt[3]{s^2}e^{\sqrt[3]{s}}-6\sqrt[3]{s}e^{\sqrt[3]{s}}+6e^{\sqrt[3]{s}}+C$.

9. $\dfrac{1}{2}(\sin t-\cos t)e^{-t}+C$.

10. $\dfrac{1}{2}x[\cos(\ln x)+\sin(\ln x)]+C$.

第 4 章综合练习题

1. (1)$\dfrac{1}{2x^2}+C$;　(2)$e^{\sin^2 x}+C$;　(3)$\dfrac{-1}{x^2}$;　(4)如 $f(x)=x$.

2. B　C　D　A

3. (1)$\dfrac{-1}{3}(3-2s)^{\frac{3}{2}}+C$;　(2)$\dfrac{1}{3}e^{3x}+C$;　(3)$\dfrac{2}{5}\sqrt{5x+8}+C$;

(4)$\dfrac{3}{2}(z^2+1)^{\frac{2}{3}}+C$;　(5)$-\sqrt{+a^2-x^2}+2a\arctan\dfrac{x}{\sqrt{2a^2-x^2}}+C$;

(6)$\sqrt{1+x^2}\arctan x-\ln|x+\sqrt{1+x^2}|+C$;　(7)$x\ln^2 x-2x\ln x+2x+C$;

(8)$\ln x(\ln\ln x-1)+C$;　(9)$-\dfrac{1}{2}\csc x\cot x+\dfrac{1}{2}\ln|\csc x-\cot x|+C$;

(10)$\dfrac{1}{2}x^2e^{x^2}+C$;　(11)$-\dfrac{8}{17}\sin\dfrac{x}{2}e^{-2x}-\dfrac{2}{17}\cos\dfrac{x}{2}e^{-2x}+C$;

(12)$x\ln(1+x^2)-2x+2\arctan x+C$;　(13)$\dfrac{1}{3}\ln\left|\dfrac{x-2}{x+1}\right|+C$;

$(14)\dfrac{1}{4\omega}\sin(2\omega t+\varphi)+\dfrac{t}{2}+C$；　$(15)-\dfrac{10^{2\arccos x}}{2\ln10}+C$；　$(16)-\dfrac{1}{x\ln x}+C$；

$(17)\left(\dfrac{r^3}{18}-1\right)^6+C$；　$(18)-2\csc\sqrt{\theta}+C$.

4. $\cos x-\dfrac{2\sin x}{x}+C$.

5. $-x^2-\ln|1-x|+C$.

6. $x^2-\dfrac{1}{2}x^4+C$.

练习 5.1

1. 略.

2. 略.

3. $(1)\,6\leqslant\displaystyle\int_1^4(x^2+1)\mathrm{d}x\leqslant51$；　$(2)\,\pi\leqslant\displaystyle\int_{\frac{\pi}{4}}^{\frac{5\pi}{4}}(1+\sin^2 x)\mathrm{d}x\leqslant2\pi$；

$(3)\,\dfrac{\pi}{9}\leqslant\displaystyle\int_{\frac{1}{\sqrt{3}}}^{\sqrt{3}}x\arctan x\,\mathrm{d}x\leqslant\dfrac{2\pi}{3}$；　$(4)-2\mathrm{e}^2\leqslant\displaystyle\int_2^0\mathrm{e}^{x^2-x}\mathrm{d}x\leqslant-2\mathrm{e}^{-\frac{1}{4}}$.

4. 略.

5. $(1)>$；　$(2)<$；　$(3)>$.

练习 5.2

1. $0,\dfrac{\sqrt{2}}{2}$.

2. $\dfrac{\mathrm{d}y}{\mathrm{d}x}=-\dfrac{\cos x}{\mathrm{e}^y}$.

3. $x=0$.

4. $(1)\,2x\sqrt{1+x^4}$；　$(2)-\dfrac{2x}{\sqrt{1+x^8}}+\dfrac{3x^2}{\sqrt{1+x^{12}}}$；　$(3)(\sin x-\cos x)\cos(\pi\sin^2 x)$.

5. $(1)\,a^3-\dfrac{1}{2}a^2+a$；　$(2)\,\dfrac{5}{4}$；　$(3)\,\dfrac{15}{2}$；　$(4)\,\dfrac{\pi}{6}$；　$(5)\,\dfrac{\pi}{3}$；　$(6)\,\dfrac{\pi}{3a}$；　$(7)\,\dfrac{\pi}{6}$；

$(8)\,1+\dfrac{\pi}{4}$；　$(9)-1$；　$(10)\,1-\dfrac{\pi}{4}$；　$(11)\,4$；　$(12)\,\dfrac{8}{3}$.

6. 略.

7. 略.

8. $(1)\,1$；　$(2)\,\mathrm{e}$.

9. $\varphi(x)=\begin{cases}0, & x<0,\\[2mm]\dfrac{1}{2}(1-\cos x), & 0\leqslant x\leqslant\pi,\\[2mm]1, & x\geqslant\pi.\end{cases}$

10. $\dfrac{20}{3}$.

11. (1) $x_1 \approx 3, x_3 \approx 5, x_5 \approx 7.1, x_7 \approx 9$ 为极大值点；$x_2 \approx 3.8, x_4 \approx 5.8, x_6 \approx 7.9$,

$x_8 \approx 9.9$ 为极小值点； (2) $G(x)$ 在 $x=0$ 处取得最小值 0,而在 $x = x_7 \approx 9$

处取得最大值； (3) $[3.4, 4.3]$.

练习 5.3

1. (1) $\dfrac{1}{4}$; (2) $\dfrac{a^4 \pi}{16}$; (3) $\sqrt{2} - \dfrac{2\sqrt{3}}{3}$; (4) $\dfrac{1}{6}$; (5) $2\left(1 + \ln \dfrac{2}{3}\right)$; (6) $1 - 2\ln 2$;

(7) $2(\sqrt{3} - 1)$; (8) $\dfrac{\pi}{2}$; (9) $2\sqrt{2}$; (10) $\left(\dfrac{1}{4} - \dfrac{\sqrt{3}}{9}\right)\pi + \dfrac{1}{2}\ln \dfrac{3}{2}$;

(11) $8\ln 2 - 4$; (12) $\dfrac{\pi}{4} - \dfrac{1}{2}$; (13) $\dfrac{1}{5}(e^{\pi} - 2)$; (14) $\dfrac{\pi^3}{6} - \dfrac{\pi}{4}$;

(15) $\dfrac{e}{2}(\sin 1 - \cos 1 + 1)$; (16) $\dfrac{4}{3} - \dfrac{\sqrt[4]{2}}{3}$; (17) $\sqrt{2} + \dfrac{\pi}{4} - 2$;

(18) $\dfrac{\pi^2}{4}$ (19) $\dfrac{1}{2} - \dfrac{3}{8}\ln 3$.

2. (1) 0; (2) $\dfrac{3\pi}{2}$; (3) 0; (4) $\dfrac{\pi^3}{324}$.

3. 略.

4. 略.

5. 略.

6. (1) $1 - 2e^{-1}$; (2) $\dfrac{1}{4}(e^2 + 1)$; (3) $\left(\dfrac{1}{4} - \dfrac{\sqrt{3}}{9}\right)\pi + \dfrac{1}{2}\ln \dfrac{3}{2}$;

(4) $4(2\ln 2 - 1)$; (5) $\dfrac{\pi}{4} - \dfrac{1}{2}$; (6) $\dfrac{1}{5}(e^{\pi} - 2)$; (7) $2 - \dfrac{3}{4\ln 2}$;

(8) $\dfrac{\pi^3}{6} - \dfrac{\pi}{4}$; (9) $\dfrac{1}{2}(e. \sin 1 - e. \cos 1 + 1)$; (10) $2\left(1 - \dfrac{1}{e}\right)$.

练习 5.4

1. (1) $\dfrac{4}{3}$; (2) $e + e^{-1} - 2$; (3) $\dfrac{3}{2} - \ln 2$; (4) $2\sqrt{2}$.

2. (1) $\dfrac{128\pi}{7}$; $\dfrac{64\pi}{5}$; (2) $\dfrac{1000\sqrt{3}}{3}$ 3. 7.6×10^5 (元/年).

练习 5.5

(1) $\dfrac{1}{3}$; (2) 发散; (3) π; (4) 1; (5) 发散; (6) $\dfrac{4}{3}$ 2. $n!$.

第 5 章综合练习题

1. $(\sin x - \cos x)\cos (\pi \sin^2 x)$.

2. $\dfrac{8}{3}$.

3. $\dfrac{\pi^2}{4}$.

4. $\varphi(x) = \begin{cases} 0, & x < 0, \\ \dfrac{1}{2}(1 - \cos x), & 0 \leqslant x \leqslant \pi, \\ 1, & x > \pi. \end{cases}$

5. $1 + \ln(1 + e^{-1})$.

6. $f(x) = x - 1$.

7. 略.

8. $\dfrac{7}{3} - \dfrac{1}{e}$.

9. 0.

10. $a = \dfrac{1}{2}, b = \ln 2 - 1$.

11. $\dfrac{512}{7}\pi$.

12. (1) $\dfrac{\pi}{2}$;　(2) $\dfrac{\pi}{8}\ln 2$;　(3) $\dfrac{\pi}{2\sqrt{2}}$;　(4) $2(\sqrt{2} - 1)$;　(5) $\dfrac{\pi}{4}$.

13. (1) 平均温度 $T = \displaystyle\int_0^{24} T(t)\mathrm{d}t / 24 \approx \dfrac{T(0) + T(4) + \cdots + T(20)}{6}$

$$= \dfrac{13 + 9 + 13 + 20 + 16 + 13}{6} = 14(℃);$$

(2) 由于 $T(t)$ 为连续函数,故由积分中值定理知必存在某时刻 $t_0 \in [0, 24]$,

使 $\dfrac{\displaystyle\int_0^{24} T(t)\mathrm{d}t}{24} = T(t_0)$,即 t_0 时刻的温度恰为该天的平均温度.

14. $s(t) = \begin{cases} \dfrac{t^2}{2}, & 0 \leqslant t < 2, \\ 2t - 2, & 2 \leqslant t < 4, \\ -\dfrac{t^2}{2} + 6t - 10, & 4 \leqslant t < 8, \\ -2t + 22, & 8 \leqslant t \leqslant 10; \end{cases}$　$a(t) = \begin{cases} 1, & 0 < t < 2, \\ 0, & 2 < t < 4, \\ -1, & 4 < t < 8, \\ 0, & 8 < t < 10. \end{cases}$

练习 6.1

1. A:Ⅳ,B:Ⅴ,C:Ⅲ,D:Ⅷ,E:Ⅶ.

2. (1) 关于 xOy 面 $(a, b, -c)$,关于 xOz 面 $(a, -b, c)$,关于 yOz 面 $(-a, b, c)$;

(2) 关于 x 轴 $(a, -b, -c)$,关于 y 轴 $(-a, b, -c)$,关于 z 轴 $(-a, -b, c)$;

(3) 关于坐标原点的对称点 $(-a, -b, -c)$.

练习 6.2

1. $(x - 1)^2 + (y - 3)^2 + (z + 2)^2 = 14$.

2. $y+5=0$.

3. 略.

第 6 章综合练习题

1. $4x+4y+10z-63=0$.

2. 以 $(-1,2,-1)$ 为球心,半径为 $\sqrt{6}$ 的球面.

3. $\left(x+\dfrac{2}{3}\right)^2+(y+1)^2+\left(z+\dfrac{4}{3}\right)^2=\dfrac{116}{9}$;它表示一球面.

4. $x^2+y^2=5z$.

5. $x^2+y^2+z^2=9$.

6. 绕 x 轴:$4x^2-9(y^2+z^2)=36$;绕 z 轴旋 $4(x^2+y^2)-9z^2=36$.

7. 略.

8. 略.

练习 7.1

1. $\dfrac{2xy}{x^2+y^2}$.

2. $t^2 f(x,y)$.

3. (1) $\{(x,y)\,|\,y^2-2x+1>0\}$;

   (2) $\{(x,y)\,|\,[2k\pi]^2\leqslant x^2+y^2\leqslant[(2k+1)\pi]^2,k=0,\pm1,\pm2,\cdots\}$;

   (3) $\{(x,y)\,|\,y-x>0,x\geqslant0,x^2+y^2<1\}$;

   (4) $\{(x,y)\,|\,x>0,-x\leqslant y\leqslant x\}\cup\{(x,y)\,|\,x<0,x\leqslant y\leqslant-x\}$.

4. (1) $\ln 2$;　(2) 0;　(3) $-\dfrac{1}{4}$;　(4) 0.

练习 7.2

1. (1) $\dfrac{\partial z}{\partial x}=2(x-y),\dfrac{\partial z}{\partial y}=-2x+3y^2$;

   (2) $\dfrac{\partial z}{\partial x}=\sin y \cdot x^{\sin y-1},\dfrac{\partial z}{\partial y}=x^{\sin y}\cdot\ln x\cdot\cos y$;

   (3) $\dfrac{\partial z}{\partial x}=\dfrac{1}{y}-\dfrac{y}{x^2},\dfrac{\partial z}{\partial y}=\dfrac{1}{x}-\dfrac{x}{y^2}$;

   (4) $\dfrac{\partial z}{\partial x}=\dfrac{1}{2x\sqrt{\ln(xy)}},\dfrac{\partial z}{\partial y}=\dfrac{1}{2y\sqrt{\ln(xy)}}$;

   (5) $\dfrac{\partial u}{\partial x}=\dfrac{z}{y}\left(\dfrac{x}{y}\right)^{z-1},\dfrac{\partial u}{\partial y}=-\dfrac{z}{y}\left(\dfrac{x}{y}\right)^z,\dfrac{\partial u}{\partial z}=\left(\dfrac{x}{y}\right)^z\ln\dfrac{x}{y}$;

   (6) $\dfrac{\partial z}{\partial x}=e^x(\cos y+\sin y+x\sin y),\dfrac{\partial z}{\partial y}=e^x(-\sin y+x\cos y)$.

2. $f_x(3,4)=\dfrac{2}{5},f_y(3,4)=\dfrac{1}{5}$.

5. (1) $\dfrac{\partial^2 z}{\partial x^2} = \mathrm{e}^x \sin y, \dfrac{\partial^2 z}{\partial y^2} = -\mathrm{e}^x \sin y, \dfrac{\partial^2 z}{\partial x \partial y} = \dfrac{\partial^2 z}{\partial y \partial x} = \mathrm{e}^x \cos y;$

(2) $\dfrac{\partial^2 z}{\partial x^2} = \dfrac{2xy}{(x^2+y^2)^2}, \dfrac{\partial^2 z}{\partial y^2} = \dfrac{-2xy}{(x^2+y^2)^2}, \dfrac{\partial^2 z}{\partial x \partial y} = \dfrac{\partial^2 z}{\partial y \partial x} = \dfrac{y^2-x^2}{(x^2+y^2)^2};$

(3) $\dfrac{\partial^2 z}{\partial x^2} = -\dfrac{1}{(x+y^2)^2}, \dfrac{\partial^2 z}{\partial y^2} = \dfrac{2x-2y^2}{(x+y^2)^2}, \dfrac{\partial^2 z}{\partial x \partial y} = \dfrac{\partial^2 z}{\partial y \partial x} = \dfrac{-2y}{(x+y^2)^2}.$

7. (1) $-\dfrac{1}{x}\mathrm{e}^{\frac{y}{x}}\left(\dfrac{y}{x}\mathrm{d}x - \mathrm{d}y\right);$

(2) $\dfrac{1}{2\sqrt{xy}}\mathrm{d}x - \dfrac{\sqrt{xy}}{2y^2}\mathrm{d}y;$

(3) $-\dfrac{x}{(x^2+y^2)^{\frac{3}{2}}}(y\mathrm{d}x - x\mathrm{d}y).$

8. 2.039.

练习 7.3

1. $\dfrac{\mathrm{d}z}{\mathrm{d}x} = \dfrac{-10}{(2\mathrm{e}^x - \mathrm{e}^{-x})^2}.$

2. $\dfrac{dz}{dt} = -(\mathrm{e}^t - \mathrm{e}^{-t}).$

3. $\dfrac{\partial z}{\partial x} = \dfrac{2x}{y^2}\ln(3x-2y) + \dfrac{3x^2}{(3x-2y)y^2},$

$\dfrac{\partial z}{\partial y} = -\dfrac{2x^2}{y^3}\ln(3x-2y) - \dfrac{2x^2}{(3x-2y)y^2}.$

5. (1) $\dfrac{\partial u}{\partial x} = 2xf'_1 + yf'_2, \dfrac{\partial u}{\partial y} = -2yf'_1 + xf'_2;$

(2) $\dfrac{\partial u}{\partial x} = \dfrac{1}{y}f'_1, \dfrac{\partial u}{\partial y} = -\dfrac{x}{y^2}f'_1 + \dfrac{1}{z}f'_2, \dfrac{\partial u}{\partial z} = -\dfrac{y}{z^2}f'_2;$

(3) $\dfrac{\partial u}{\partial x} = f'_1 + yf'_2 + yzf'_3, \dfrac{\partial u}{\partial y} = -2yf'_1 + xf'_2 + xzf'_3, \dfrac{\partial u}{\partial x} = xyf'_3.$

8. $\mathrm{d}z = \left[2(x-2y)(2x+y)^{x-2y-1} + (2x+y)^{x-2y}\ln(2x+y)\right]\mathrm{d}x + \left[(x-2y)\right.$

$\left.(2x+y)^{x-2y-1} - 2(2x+y)^{x-2y}\ln(2x+y)\right]\mathrm{d}y.$

练习 7.4

1. $\dfrac{\mathrm{d}y}{\mathrm{d}x} = \dfrac{y^2 - \mathrm{e}^x}{\cos y - 2xy}.$

2. $\dfrac{x+y}{x-y}.$

3. $\dfrac{\partial z}{\partial x} = \dfrac{yz - \sqrt{xyz}}{\sqrt{xyz} - xy}, \dfrac{\partial z}{\partial x} = \dfrac{xz - 2\sqrt{xyz}}{\sqrt{xyz} - xy}.$

4. $\dfrac{\partial z}{\partial x} = \dfrac{z}{x+z}, \dfrac{\partial z}{\partial y} = \dfrac{z^2}{y(x+z)}.$ $\left(\text{请将题改为 } \dfrac{x}{z} = \ln\dfrac{z}{y}\right)$

5. $\dfrac{\partial z}{\partial x}=\dfrac{yz}{e^z-xy}$,$\dfrac{\partial z}{\partial y}=\dfrac{xz}{e^z-xy}$.

6. $\dfrac{\partial z}{\partial x}=-\dfrac{2x}{2z-f'(u)}$,$\dfrac{\partial z}{\partial y}=-\dfrac{2y^2-yf(u)+zf'(u)}{[2z-f'(u)]y}$,$u=\dfrac{z}{y}$.

练习 7.5

1.(1)极小值 $f(1,1)=-1$; (2)极小值 $f(1,1)=-2,f(-1,-1)=-2$;

(3)极小值 $f\left(0,-\dfrac{1}{2}\right)=-\dfrac{1}{2}$; (4)极大值 $f(2,-2)=8$.

2.极大值 $z\left(\dfrac{1}{2},\dfrac{1}{2}\right)=\dfrac{1}{4}$.

3.$V\left(\dfrac{\sqrt{6}a}{6},\dfrac{\sqrt{6}a}{6},\dfrac{\sqrt{6}a}{6}\right)=\dfrac{\sqrt{6}a^3}{36}$.

4.$\left(\dfrac{8}{5},\dfrac{16}{5}\right)$.(请修改本题为"三直线的距离平方之和最小")

5.$100,25$.

6.$70,30$.(请修改本题为"$C=400+2x+3y+0.01(3x^2+xy+3y^2)$")

第 7 章综合练习题

1.(1)充分,必要; (2)必要,充分; (3)充分.

3.(1)$\dfrac{\partial z}{\partial x}=-\dfrac{y^2}{x^2+y^4}$,$\dfrac{\partial z}{\partial y}=\dfrac{2xy}{x^2+y^4}$;

(2)$\dfrac{\partial z}{\partial x}=y\cos xy-2y\cos xy\sin xy$,$\dfrac{\partial z}{\partial y}=x\cos xy-2x\cos xy\sin xy$;

(3)$\dfrac{\partial z}{\partial x}=\dfrac{1}{2x\sqrt{\ln xy}}$,$\dfrac{\partial z}{\partial y}=\dfrac{1}{2y\sqrt{\ln xy}}$;

(4)$\dfrac{\partial z}{\partial x}=y^2(1+xy)^{y-1}$, $\dfrac{\partial z}{\partial y}=(1+xy)^y\left[\ln(1+xy)+\dfrac{xy}{1+xy}\right]$;

(5)$\dfrac{\partial u}{\partial x}=\dfrac{y}{z}x^{\frac{y}{z}-1}$,$\dfrac{\partial u}{\partial x}=x^{\frac{y}{z}}\dfrac{\ln x}{z}$,$\dfrac{\partial u}{\partial z}=-\dfrac{y\ln x}{z^2}x^{\frac{y}{z}}$.

4.(1)$\dfrac{\partial^2 z}{\partial x^2}=\dfrac{1}{x}$,$\dfrac{\partial^2 z}{\partial y^2}=-\dfrac{x}{y^2}$,$\dfrac{\partial^2 z}{\partial x\partial y}=\dfrac{\partial^2 z}{\partial y\partial x}=\dfrac{1}{y}$;

(2)$\dfrac{\partial^2 z}{\partial x^2}=y^x(\ln y)^2$, $\dfrac{\partial^2 z}{\partial y^2}=x(x-1)y^{x-2}$,

$\dfrac{\partial^2 z}{\partial x\partial y}=\dfrac{\partial^2 z}{\partial y\partial x}=xy^{x-1}\ln y+y^{x-1}$;

(3)$\dfrac{\partial^2 z}{\partial x^2}=\dfrac{2y}{x^3}\sin\dfrac{x}{y}-\dfrac{2}{x^2}\cos\dfrac{x}{y}-\dfrac{1}{xy}\sin\dfrac{x}{y}$,

$\dfrac{\partial^2 z}{\partial y^2}=-\dfrac{x}{y^3}\sin\dfrac{x}{y}$,$\dfrac{\partial^2 z}{\partial x\partial y}=\dfrac{\partial^2 z}{\partial y\partial x}=-\dfrac{1}{x^2}\sin\dfrac{x}{y}+\dfrac{1}{xy}\cos\dfrac{x}{y}+\dfrac{1}{y^2}\sin\dfrac{x}{y}$;

5.(1)$dz=\left(y-\dfrac{y}{x^2}\right)dx+\left(x+\dfrac{1}{x}\right)dy$;

$(2) \mathrm{d}z = \dfrac{-xy}{(x^2+y^2)^{\frac{3}{2}}} \mathrm{d}x + \dfrac{x^2+y^2-xy}{(x^2+y^2)^{\frac{3}{2}}} \mathrm{d}y;$

$(3) \mathrm{d}u = yzx^{yz-1} \mathrm{d}x + zx^{yz} \ln x \mathrm{d}y + yx^{yz} \ln x \mathrm{d}z.$

7. $\left(\dfrac{4}{5}, \dfrac{3}{5}, \dfrac{35}{12} \right)$.

8. 当 $p_1 = 80, p_2 = 120$ 时,总利润最大,最大总利润为 605.

9. 当长为 $\sqrt[3]{60}$,高为 $\dfrac{5}{4} \sqrt[3]{60}$ 时房子造价最小.

练习 8.1

1. 略.

2. $\displaystyle\iint_D \ln(x+y) \mathrm{d}\sigma > \iint_D [\ln(x+y)]^2 \mathrm{d}\sigma.$

3. $36\pi \leqslant I \leqslant 100\pi$.

练习 8.2

1. $(1) \dfrac{2}{9};$　$(2) \dfrac{9}{8};$　$(3) \dfrac{9}{4};$　$(4) 0.$

2. $(1) \displaystyle\int_{-1}^1 \mathrm{d}x \int_{-4}^4 f(x,y) \mathrm{d}y$ 或 $\displaystyle\int_{-4}^4 \mathrm{d}y \int_{-1}^1 f(x,y) \mathrm{d}x;$

$(2) \displaystyle\int_0^4 \mathrm{d}x \int_x^{2\sqrt{x}} f(x,y) \mathrm{d}y$ 或 $\displaystyle\int_0^4 \mathrm{d}y \int_{\frac{y^2}{4}}^y f(x,y) \mathrm{d}x;$

$(3) \displaystyle\int_{-2}^2 \mathrm{d}x \int_0^{\sqrt{4-x^2}} f(x,y) \mathrm{d}y$ 或 $\displaystyle\int_0^2 \mathrm{d}y \int_{-\sqrt{4-y^2}}^{\sqrt{4-y^2}} f(x,y) \mathrm{d}x;$请在本题 $x^2+y^2=4$

后面加上 $(y \geqslant 0)$.

3. $(1) \displaystyle\int_0^1 \mathrm{d}x \int_{x^2}^x f(x,y) \mathrm{d}y;$

$(2) \displaystyle\int_{\frac{1}{2}}^1 \mathrm{d}x \int_{\frac{1}{x}}^2 f(x,y) \mathrm{d}y + \int_1^2 \mathrm{d}x \int_x^2 f(x,y) \mathrm{d}y;$

$(3) \displaystyle\int_0^1 \mathrm{d}y \int_{1-y}^{\sqrt{1-y^2}} f(x,y) \mathrm{d}x;$

$(4) \displaystyle\int_0^1 \mathrm{d}y \int_y^{2-y} f(x,y) \mathrm{d}x.$

6. $(1) \dfrac{3\pi^2}{64};$　$(2) \dfrac{3\pi^2}{64};$　$(3) \dfrac{2\pi}{3}(b^3-a^3).$

7. 6π.

8. $\dfrac{7}{2}$.

第 8 章综合练习题

1. $(1) \dfrac{3}{2} + \cos 1 + \sin 1 - \cos 2 - 2\sin 2;$　$(2) \pi^2 - \dfrac{40}{9};$　$(3) \dfrac{1}{3} R^3 \left(\pi - \dfrac{4}{3} \right).$

2.(1) $\int_{-1}^{0} \mathrm{d}y \int_{\pi-\arcsin y}^{2\pi+\arcsin y} f(x,y)\mathrm{d}x + \int_{0}^{1} \mathrm{d}y \int_{\arcsin y}^{\pi-\arcsin y} f(x,y)\mathrm{d}x$；

(2) $\int_{0}^{a} \mathrm{d}y \int_{\frac{y^2}{2a}}^{a-\sqrt{a^2-y^2}} f(x,y)\mathrm{d}x + \int_{a}^{2a} \mathrm{d}y \int_{\frac{y^2}{2a}}^{2a} f(x,y)\mathrm{d}x + \int_{0}^{a} \mathrm{d}y \int_{a+\sqrt{a^2-y^2}}^{2a} f(x,y)\mathrm{d}x.$

5. $\dfrac{A^2}{2}$.

6.(1) $\sqrt{2}-1$； (2) $\dfrac{8}{3}$.

7.(1) $\pi(\mathrm{e}^4-1)$； (2) $\dfrac{a^3}{3}$.

8. $\dfrac{1}{40}\pi^5$.

练习 9.1

1.(1)一阶； (2)二阶； (3)一阶； (4)二阶.

2.(1)是； (2)不是； (3)不是； (4)是.

3.(1) $y'=x^2$； (2) $yy'+2x=0$.

4. $\dfrac{x^2}{2}+x+C.$

练习 9.2

1.(1) $y=\mathrm{e}^{Cx}$； (2) $y^2=2\ln(1+\mathrm{e}^x)+C$； (3) $\arcsin y=\arcsin x+C$；

(4) $\mathrm{e}^{-y}=1-Cx$； (5) $\sin x\sin y=C$；

(6)当 $\sin\dfrac{y}{2}\neq 0$ 时,通解为 $\ln\left|\tan\dfrac{y}{4}\right|=C-2\sin\dfrac{x}{2}$,

当 $\sin\dfrac{y}{2}=0$ 时,通解为 $y=2k\pi(k=0,\pm1,\pm2,\cdots).$

2.(1) $\mathrm{e}^y=\dfrac{1}{2}(\mathrm{e}^{2x}+1)$； (2) $\ln y=\tan\dfrac{x}{2}.$

3.(1) $y+\sqrt{y^2-x^2}=cx^2$； (2) $\ln\dfrac{y}{x}=Cx+1$； (3) $y^3=C(y^2-x^2)$；

(4) $y^2=2x^2(\ln x+C).$

4. $Q=Q_0 2^{-\frac{t}{1600}}.$

5.8 分钟.

6.60 小时运到大概为 188 人,72 小时运到大概为 385 人.

练习 9.3

1.(1) $y=2+C\mathrm{e}^{-x^2}$； (2) $y=x^3+Cx$；

(3) $y=\mathrm{e}^{-x}(x+C)$,请将本题的 e^x 改为 e^{-x}； (4) $y=C\cos x-2\cos^2 x$；

(5) $x=Cy^3+\dfrac{1}{2}y^2$； (6) $x=\dfrac{C\mathrm{e}^{-y}}{y}+\dfrac{\mathrm{e}^y}{2y}$；

$(7)x = Ce^{\sin y} - 2(\sin y + 1)$; $(8)2x\ln y = \ln^2 y + C$.

2.$(1)y = \dfrac{2}{3}(4 - e^{-3x})$; $(2)y = x\sec x$; $(3)y = x + \sqrt{1-x^2}$;

$(4)y\sin x + 5e^{\cos x} = 1$.

3.$y = 2(e^x - x - 1)$.

4.$y(x) = e^x(x + 1)$.

练习 9.4

1.$(1)y = \dfrac{1}{6}x^3 - \sin x + C_1 x + C_2$; $(2)y = x\arctan x - \dfrac{1}{2}\ln(1+x^2) + C_1 x + C_2$;

$(3)y = C_1(\dfrac{1}{3}x^3 + x) + C_2$; $(4)y = -\ln|\cos(x + C_1)| + C_2$;

$(5)y = C_1 e^x - \dfrac{1}{2}x^2 + x + C_2$; $(6)y = C_1\ln|x| + C_2$;

$(7)y^3 = C_1 x + C_2$; $(8)y = \arcsin(C_2 e^x) + C_1$.

2.$(1)y = 2x - 2 - \dfrac{1}{2}\ln^2 x - \ln x$; $(2)y = \sqrt{2x - x^2}$; $(3)y = e^x(x-1) + 1$.

3.$y = \dfrac{x^3}{6} + \dfrac{x}{2} + 1$.

练习 9.5

1.(1)线性无关; (2)线性无关; (3)线性无关; (4)线性无关.

练习 9.6

1.$(1)y = C_1 e^{-2x} + C_2 e^{-3x}$; $(2)y = (C_1 + C_2 x)e^{\frac{3}{4}x}$;

$(3)y = e^{-4x}(C_1\cos 3x + C_2\sin 3x)$; $(4)y = (C_1 + C_2 x)e^{\frac{5}{2}x}$;

$(5)y = C_1 e^x + C_2 e^{-x}$; $(6)y = e^{2x}(C_1\cos 3x + C_2\sin 3x)$;

$(7)y = e^{2x}(C_1\cos x + C_2\sin x)$;

2.$(1)y = (2 + x)e^{-\frac{x}{2}}$; $(2)y = 3e^{-2x}\sin 5x$; $(3)y = 2e^x + e^{-2x}$,请将本题改为
$y'' + y' - 2y = 0$,其他不变; $(4)y = 2\cos 5x + \sin 5x$.

练习 9.7

1.$(1)y = C_1 e^{\frac{x}{2}} + C_2 e^{-x} + e^x$; $(2)y = C_1\cos ax + C_2\sin ax + \dfrac{e^x}{1 + a^2}$;

$(3)y = C_1 + C_2 e^{-\frac{5x}{2}} + \dfrac{1}{3}x^3 - \dfrac{3}{5}x^2 + \dfrac{7}{25}x$;

$(4)y = C_1 e^{-x} + C_2 e^{-2x} + (\dfrac{3}{2}x^2 - 3x)e^{-x}$.

2.$(1)y = \dfrac{1}{2}(e^{9x} + e^x) - \dfrac{1}{7}e^{2x}$; $(2)y = e^x - e^{-x} + e^x(x^2 - x)$.

第 9 章综合练习题

1. (1) $1+y^2=C(x^2-1)$;   (2) $\ln C(y+2x)+\dfrac{x}{y+2x}=0$;

   (3) $(e^x+1)(1-e^y)=C$;   (4) $\sin\dfrac{y^2}{x}=Cx$.

2. (1) $(1+e^x)\sec y=2\sqrt{2}$;   (2) $y=\arctan(x+y)+C$.

3. $y=Ce^{-2\arctan\frac{y+2}{x-3}}-2$.

4. $\dfrac{dN}{dt}=kN(M-N)$, $N(t)|_{t=0}=N_0$.

6. (1) $\sqrt[3]{\dfrac{a}{b}}$;   (2) $\left[\dfrac{a}{b}+(1-\dfrac{a}{b})e^{-3bkt}\right]^{\frac{1}{3}}$.

7. (1) $y=C_1e^{-x}+C_2e^{4x}$;

   (2) $y=e^{2x}(C_1\cos 3x+C_2\sin 3x)$;

   (3) $y=C_1+C_2e^{-\frac{5x}{2}}+\dfrac{1}{3}x^3-\dfrac{3}{5}x^2+\dfrac{7}{25}x$;

   (4) $y=C_1e^{-x}+C_2e^{-2x}+(\dfrac{3}{2}x^2-3x)e^{-x}$.

8. $y=\left[(\dfrac{1}{e}-\dfrac{1}{6})+\dfrac{x}{2}\right]e^x+\dfrac{1}{6}x^3e^x-\dfrac{x^2}{2}e^x$.